基于电力大数据的大气污染防控

关键技术研究

华北电力科学研究院有限责任公司 / 组织编写

吴华成　等 / 编著

中国环境出版集团 · 北京

图书在版编目（CIP）数据

基于电力大数据的大气污染防控关键技术研究 / 华
北电力科学研究院有限责任公司组织编写 ; 吴华成等编
著. -- 北京 : 中国环境出版集团, 2024. 10. -- ISBN
978-7-5111-6015-7

Ⅰ. X773

中国国家版本馆CIP数据核字第20244RW743号

责任编辑　侯华华
封面设计　宋　瑞

出版发行　中国环境出版集团
　　　　　（100062　北京市东城区广渠门内大街 16 号）
　　　　　网　　　址：http://www.cesp.com.cn
　　　　　电子邮箱：bjgl@cesp.com.cn
　　　　　联系电话：010-67112765（编辑管理部）
　　　　　发行热线：010-67125803，010-67113405（传真）
印　　刷　玖龙（天津）印刷有限公司
经　　销　各地新华书店
版　　次　2024 年 10 月第 1 版
印　　次　2024 年 10 月第 1 次印刷
开　　本　787×1092　1/16
印　　张　16.5
字　　数　245 千字
定　　价　132.00 元

中国环境出版集团郑重承诺：
中国环境出版集团合作的印刷单位、材料单位均具有中国环境标志产品认证。

编委会

前　言

　　大气污染是影响深远的全球性问题。在我国，尽管经过多年的大气污染治理，空气质量明显好转，但从量变到质变的拐点尚未出现，高质量发展过程中的高水平保护更具挑战。在大气污染防治措施方面，各地以改善空气质量为由的"一刀切"式停限产、停课等时有发生，对经济发展和社会生活影响巨大。在环保监管方面，由于近年来经济复苏，污染反弹现象显著增加，生态环境部对部分地区进行突击检查或暗访，发现企业存在监测数据造假、超标排放、重污染天气停限产措施未落实等问题，"煤改电"改而不用现象十分突出。在国际上，现今大气污染最严重的地区集中在工业化进程中的"一带一路"共建国家，这些国家亟须可借鉴的大气污染防治技术体系。

　　电力大数据是企业生产活动的"脉搏"，具有覆盖面广、难以篡改、时间分辨率高等优点。通过电力大数据复用，可实现对企业生产与排放状态的掌握，并辅助防控措施生成，满足我国精准治污与科学治污的迫切需求。对其他发展中国家而言，能显著降低环保监测网络建设与运行监管的成本。

　　2020 年，国家电网有限公司（以下简称国家电网公司）与生态环境部签署了《电力大数据助力打赢打好污染防治攻坚战战略合作协议》。构建基于电力大数据的精准化大气污染防治技术体系，尚需解决四大难题：①不同行业用电与生产相关性特征差异巨大，高频电量数据与低频生产数据难以匹配，企业级"用电—生产—排污"关系难定量；②排放清单是空气质量模拟的基础，现有排放清单依赖的统计数据存在1~2年的滞后且时空分辨率低，无法准确描述分级、分区、时空动态演变等精准化防控措施对空气质量的影响；③大气污染防治措施的综合效益不仅包括可定量的污染物浓度，还包括难定量的社会效益和经济效益等，难以进行综合评价；④多源信息匹配以及高时间分辨率下数据异常缺失等电力数据处理难题。

在国家电网公司总部科技项目的支持下，本项目研究团队系统性解决了上述难题，开发了基于电力大数据的排放清单动态更新技术，提出了精准化和动态化的大气污染防控措施，实现了"大气污染预警—防控措施生成—执行状态监测"全流程应用，并建立了大气防治效益综合评价体系。相关成果在区域大气污染防治、重大活动空气质量保障等领域和重点科研单位进行了广泛应用，受到了省部级领导、生态环境主管部门的高度评价，为大气污染防治工作提供了"电网方案"。

目　录

1.1　研究背景

国家电网公司一直在大气环境治理、大气污染防控、助力打赢蓝天保卫战等方面积极开展相关工作。2008 年，为保障北京奥运会期间的空气质量，国家电网公司建立了京津冀地区燃煤电厂烟气污染物排放信息管理系统；从 2010 年开始，为协助环境保护部门加强对燃煤电厂烟气污染物排放的监管以及环保电价的核算，各省级电网公司陆续建立了燃煤电厂烟气排放监控信息平台；从 2013 年开始，为减少重污染地区的电煤消耗，国家电网公司配合国家实施《大气污染防治行动计划》，完成"四交四直"特高压工程建设，实现跨区域远距离输电，有效降低了重污染区域的电煤消耗；从 2016 年开始，为响应京津冀及周边地区、汾渭平原等区域秋冬季大气污染综合治理攻坚行动，国家电网公司在各地政府的统筹协调下，实施"煤改电"工程，大幅降低污染地区民用散煤消耗量；自 2020 年 4 月起，基于国家大气污染防控策略和措施精准化转换的需求，国家电网公司多次提出电力大数据应用于重点企业污染防治监测分析、助力国家打赢蓝天保卫战、服务国家治理体系和治理能力现代化的战略布局，2020 年 11 月 11 日，国家电网公司和生态环境部签署《电力大数据助力打赢打好污染防治攻坚战战略合作协议》，积极推动公司各单位与当地生态环境部门开展合作，深挖电力大数据价值，提升环保督察、巡查工作效率，开启"生态环境+电力大数据"政企合作新模式，开创电力数据应用创新探索的新局面。

近期，部分省级电网公司依据国家电网公司电力大数据重点建设任务要求，率先建立了省级区域范围内的污染企业用电监测平台，通过接入辖区内污染企业的生产用电量，在重污染天气管控期间，监控污染企业生产状况，协助生态环境部门进行污染企业限产情况监控。但从电力大数据的应用形式来看，这只是数据的被动共享，未真正体现电力大数据的价值。本研究将对电力大数据进行深度挖掘，研究满足大气污染防控需求的电力大数据要求，建立满足电网信息安全要求的大数据共享和传输技术方法，提出电力大数据与气象、污染物排放等数据的共享、融合应用技术方案，建立测试数据平台；在此基础上，构建基于电力大数据的企业污染物排放预测模型、优化修正民用大气污染源排放清单，结合气象预测数据开发基于电力大数据的污染防控策略及措施的生成技术，开发基于电力网络的防控措施精准实施及实时监控技术，并在相关区域完成验证应用，得出精准化防控措施的综合效益，实现大气污染防控的精准化、动态化，有效提高大气污染防控技术水平和效果。本研究的成果，将有助于实现电力大数据在污染防控领域从被动共享到主动应用的转变，从本质上提升电力大数据在大气污染防控领域的价值。

1.2 研究目标

本研究的研究目标：提出实现精准化大气污染防控电力数据要求规范，在保障电力信息安全的基础上，开发与气象、污染物排放、企业地理信息等数据的共享、融合应用技术，搭建研究区域数据共享平台；开发基于电力大数据的重点企业污染物排放估算模型，提出冬季民用煤燃烧污染物排放清单优化技术；融合气象数据，开发基于电力大数据的污染天气预警技术，以及精准化、动态化污染防控策略及措施的生成技术；构建企业生产负荷与用电量的关系模型，提出基于电力数据、电力网络的大气污染防控措施精准实施技术、实时监测技术，建立北方地区"煤改电"用户电采暖使用实时监控技术；提出大气污染防控措施综合效益评价方法，完成精准化大气污染防控技术在选定研究区域内的验证应用及综合效益评价。

1.3　研究内容

本研究通过文献调研、理论研究、模型构建、计算模拟、数据分析等重点研究了以下 7 个方面的内容。

1.3.1　搭建满足精准化大气污染防控技术需求的数据共享平台

研究确定基于电力大数据的精准化、动态化大气污染防控技术覆盖行业范围，研究满足技术需求的电力、气象、污染物排放等数据规范及要求；结合电网企业行业特性及信息安全等要求，制定数据的获取、共享及融合应用技术方案，选定唐山地区为研究区域，搭建研究区域数据共享平台。

1.3.2　建立不同行业污染企业大气污染物排放的预测模型

基于构建的数据共享平台，动态核算企业各大气污染物（如 PM、SO_2、NO_x、VOCs 等）的排放量；结合数理统计模型，分析研究相关电力数据与企业污染物排放的动态关系，建立基于电力大数据的典型污染企业大气污染物排放预测模型；分析冬季取暖"煤改电"用户用电数据，甄别"煤改电"用户电采暖实际使用情况，优化、修正研究区域内民用源大气污染源排放清单；结合在线监测数据、离线监测数据及空气质量模型，校验模型的可靠性。

1.3.3　基于电力大数据的区域大气污染预警技术研究

在 1.3.1 和 1.3.2 的基础上，识别研究区域内的重点排放行业及企业的分布情况；结合气象预测数据及空气质量模型，模拟预测区域内污染天气的开始时间及覆盖范围，形成基于电力大数据的区域大气污染预警技术。

1.3.4　精准化区域大气污染防控措施生成技术研究

在研究区域内选定污染天气时段，研究区域内污染源减排方案、污染气象条件及空气质量改善目标值的关系，综合企业行业特点及用电情况、经济社会影响、行政干预等因素，设定多种污染防控情景，在现有区域污染防控措施制定策略的基础上，开发基于电力大数据的精准化区域大气污染防控措施生成技术。

1.3.5　基于电力网络的大气污染防控措施实时监控技术研究

选定唐山地区为研究区域，构建企业污染防控措施执行与生产用电关系模型，通过相关电力数据的实时监控，评估污染防控措施精准实施技术的运行效果，制定基于电力网络的大气污染防控措施实时监控技术方案；同时通过对研究区域"煤改电"用户采暖季期间的用电数据分析，掌握"煤改电"用户用电特征，研究建立电采暖实时监控技术；最后构建大气污染防控措施实施和实时监控系统，以及民用"煤改电"用户电采暖实时监控系统，开展示范应用。

1.3.6　大气污染防控策略、措施综合效益评价方法研究

基于动态源清单技术、空气污染数值预报技术、空气质量动态调控等，构建污染防控措施大气环境质量评估指标，在此基础上，结合区域经济、电网经济性和稳定性等评价指标，建立体现大气调控效果以及区域经济和电网经济、稳定性影响的大气防控措施综合效益评价方法；以唐山地区作为研究区域，以典型大气污染预警及应急管控期作为评价周期，评价精准化区域大气污染防控措施实施的综合效益，并与原有防控措施的综合效益进行对比。

1.3.7　基于电力大数据的精准化区域大气污染防控措施实施效果验证应用

以唐山地区为项目成果验证应用区域，选择一个大气污染预警及应急管控期作为验证应用周期，开展成果的验证性应用，通过计算、测试等对污染天气预警、精准化污染防控措施决策实施后的综合效益进行评估。

1.4　技术路线

本研究通过对电力大数据进行深入挖掘，以及与气象、地理信息、污染物排放等数据共享、融合应用，开发基于电力大数据的大气污染防控关键技术，以及精准化、动态化大气污染防控策略、措施生成技术；同时，通过构建企业污染防

控措施执行与生产用电关系模型，开发基于电力网络和电力数据的大气污染防控措施精准化实施技术、实时监控技术，通过典型"电采暖"用户用电特性分析，开发北方地区冬季"电采暖"使用实时监控技术；建立综合效益评价办法，通过与原有防控措施综合效益的比较分析，评估精准化、动态化大气污染防控措施在大气环境调控效果、电网经济性、社会经济等方面的优越性，对从污染防控策略、措施决策到措施实施，再到对污染企业的实施监控，以及措施实施后的综合效益进行评估，打造全过程、精准化的污染防控链。具体技术路线如图 1-1 所示。

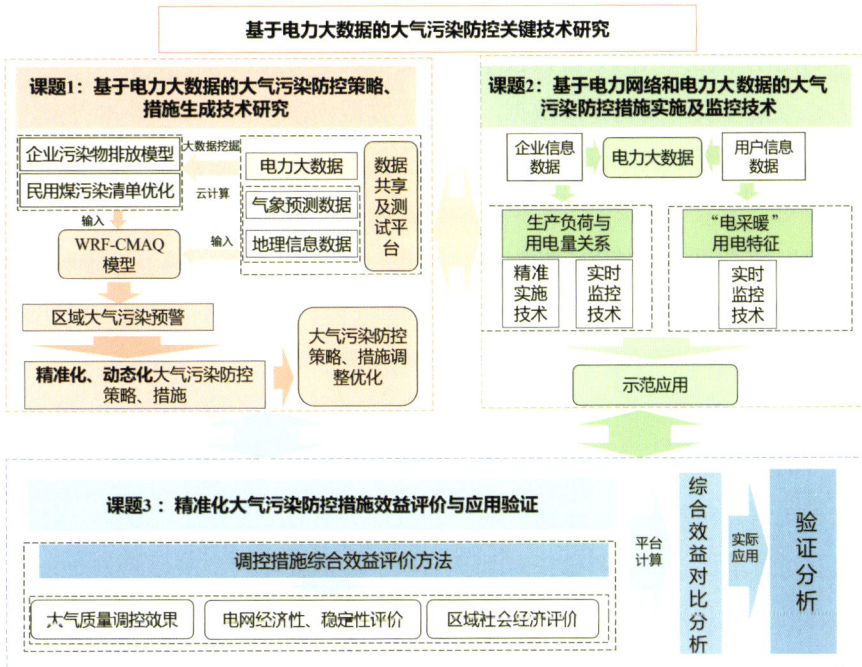

图 1-1 技术路线

第 2 章

数据共享平台搭建

为满足精准化大气污染防控技术研究需求，本研究收集了数据共享平台所需的电力、气象以及污染物排放数据，制定了数据传输、融合应用技术方案，并利用国网云平台关系型数据库服务（RDS）实现数据共享平台的搭建。综合考虑数据质量等对年度数据的影响和数据之间的匹配衔接状况，为尽可能减小数据误差和特殊情况的影响，同时提高数据的利用率，本研究以 2019 年为基准年。

2.1 重点工业行业梳理及分类统计

平台的行业和企业数据主要来自《唐山市 2020 年应急减排清单》。为保证平台企业相关信息精准可靠，本研究对应急减排清单的工业企业源分类、企业经纬度等信息进行了核查确认和修正。由于《唐山市 2020 年应急减排清单》中的行业分类存在其他行业属性不明，且其他行业企业数占比超过 50%的情况，本研究依据《国民经济行业分类》（GB/T 4754—2017）（按第 1 号修改单修订）、《城市大气污染源排放清单编制技术指南》（T/CSES 144—2024）等相关行业及排放源分类信息，对《唐山市 2020 年应急减排清单》中不合理的行业类别进行再分类，最终建立基于国民经济行业分类和行业工艺特征的四级源分类体系。

四级源分类体系包括国民经济大类、国民经济中类、国民经济小类和工艺分类，具体分类过程见图 2-1。通过梳理共确定钢铁行业，石油、煤炭及其他燃料加工业等一级源 50 类，炼钢、焦化、水泥等二级源 151 类。

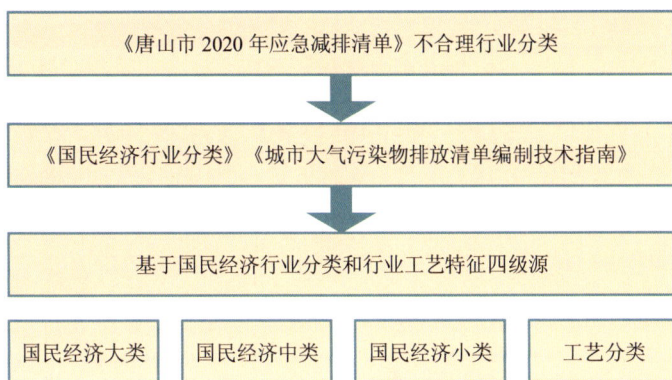

图 2-1　唐山市企业行业再分类流程

　　以唐山市钢铁行业与非金属矿物制品业中的水泥为例，分类结果见表 2-1。水泥行业归属于非金属矿物制品业大类，并可进一步分为水泥生产和水泥制品。其中水泥生产企业包括通过回转窑/立窑煅烧生产熟料的企业、基于球磨机生产水泥的企业和水泥生产原料的制造企业，水泥制品企业是指将水泥加工成水泥砖、水泥管等产品的企业。

表 2-1　唐山市钢铁行业与非金属矿物制品业分类结果

一级分类	二级分类	三级分类	四级分类
钢铁行业	钢铁原料	钢铁原料（3 家）	矿粉
			铁矿粉
			钢渣粉
	钢压延加工	钢铁产品（4 家）	焊管
			钢管
			其他
		轧钢（86 家）	轧钢
	炼铁	长流程钢铁生产（1 家）	铁水
	炼钢	长流程钢铁生产（33 家）	粗钢
			烧结、球团
			轧钢

一级分类	二级分类	三级分类	四级分类
钢铁行业	炼钢	短流程钢铁生产（3家）	轧钢
		钢铁产品（1家）	钢拉杆
非金属矿物制品业	水泥	水泥生产（97家）	粉磨站
			熟料
			熟料+粉磨站
			原料-粉煤灰
			原料-矿渣粉
			原料-矿渣微粉
		水泥制品（644家）	混凝土
			石膏
			水泥砖
			……
……		……	……

由于《唐山市 2020 年应急减排清单》涉及的工业企业行业众多，本项目在行业重新分类的基础上，利用多准则决策法，从污染物（NO_x、SO_2、PM、VOCs）排放和耗电量两个维度识别唐山市污染排放贡献高且对社会发展影响大的典型污染行业。

（1）典型大气污染行业方法甄选

①某一行业单一污染物指标得分：对该污染物指标排放量进行归一化，即得到该行业该污染物指标得分

$$P_{i,j} = \frac{(p_{i,j} - p_{j,\min})}{(p_{j,\max} - p_{j,\min})} \tag{2-1}$$

式中，$P_{i,j}$——i 行业 j 污染物指标得分；

$p_{i,j}$——i 行业 j 污染物指标排放量；

$p_{i,\max}$——该指标最大排放量行业的排放量；

$p_{i,\min}$——该指标最小排放量行业的排放量。

②行业污染物总得分：对该行业的 4 类污染物指标得分进行归一化。

$$X_{combined\ score} = \frac{(NO_{xi} + SO_{2i} + PM_i + VOCs_i)}{4} \qquad (2-2)$$

式中，$X_{combined\ score}$ —— 该行业污染物总得分；

　　　NO_{xi} —— i 行业 NO_x 指标得分；

　　　SO_{2i} —— i 行业 SO_2 指标得分；

　　　PM_i —— i 行业 PM 指标得分；

　　　$VOCs_i$ —— i 行业 VOCs 指标得分。

③行业用电量指标得分：用电量得分与单一污染物指标得分类似，采用式（2-3）计算。

$$E_i = \frac{(e - e_{min})}{(e_{max} - e_{min})} \qquad (2-3)$$

式中，E_i —— i 行业用电量指标得分；

　　　e —— i 行业用电量；

　　　e_{max} —— 各行业最大用电量；

　　　e_{min} —— 各行业最小用电量。

④行业总得分（S）：污染物总得分和行业用电量指标得分的平均值。

$$S = \frac{(X_{combined\ score} + E_i)}{2} \qquad (2-4)$$

式中，$X_{combined\ score}$ —— 该行业污染物总得分；

　　　E_i —— 该行业用电量指标得分；

　　　S 越接近于 1，则该行业典型性越高。

（2）典型大气污染行业识别结果

基于多准则决策法甄选的一级分类总得分排名前 10 的典型大气污染行业结果如图 2-2 所示，钢铁行业，电力、热力生产和供应业，石油、煤炭及其他燃料加工业，非金属矿物制品业，通用设备制造业，废弃资源综合利用业，化学原料和化学制品制造业，黑色金属矿采选业，金属制品业，煤炭开采和洗选业为污染物排放及耗电量较为显著的行业。

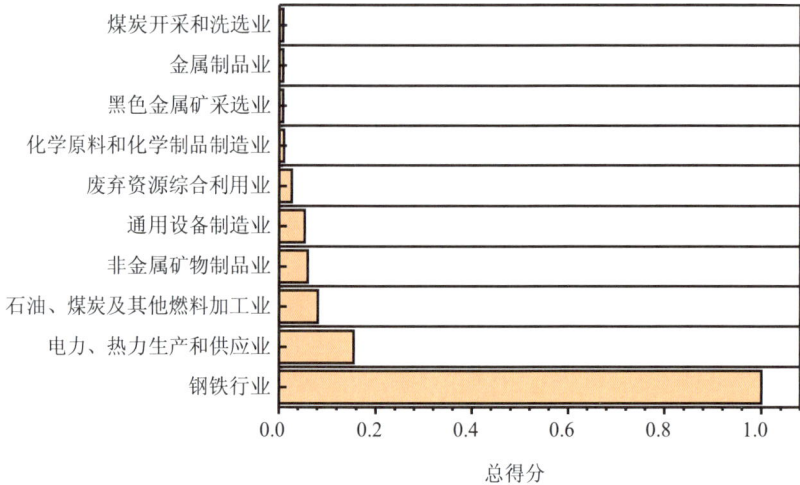

图 2-2　一级分类总得分

由图 2-3 可知,钢铁行业对 4 种主要大气污染物的排放贡献均处于主导地位,其颗粒物（PM）、二氧化硫（SO_2）、氮氧化物（NO_x）、挥发性有机物（VOCs）的排放量占比分别为 67.87%、75.91%、72.27%、72.79%。除钢铁行业外,石油、煤炭及其他燃料加工业、非金属矿物制品业对 4 种主要大气污染物的排放贡献也不容忽视。考虑到项目研究主要聚焦在用电侧。因此,后续典型大气污染行业在钢铁行业,石油、煤炭及其他燃料加工业和非金属矿物制品业中选取。

钢铁行业,石油、煤炭及其他燃料加工业和非金属矿物制品业的二级分类的甄选结果如图 2-4 所示。由图 2-4 可知,前 6 名分别为炼钢,焦化,水泥,砖瓦、石材等建筑材料制造,玻璃制造,钢压延加工。上述典型行业在相应钢铁行业,石油、煤炭及其他燃料加工业,非金属矿物制品业一级分类的 PM、SO_2、NO_x、VOCs 排放量中分别占比 97.74%、95.74%、99.80%、99.43%,能代表对应一级分类行业的特点。

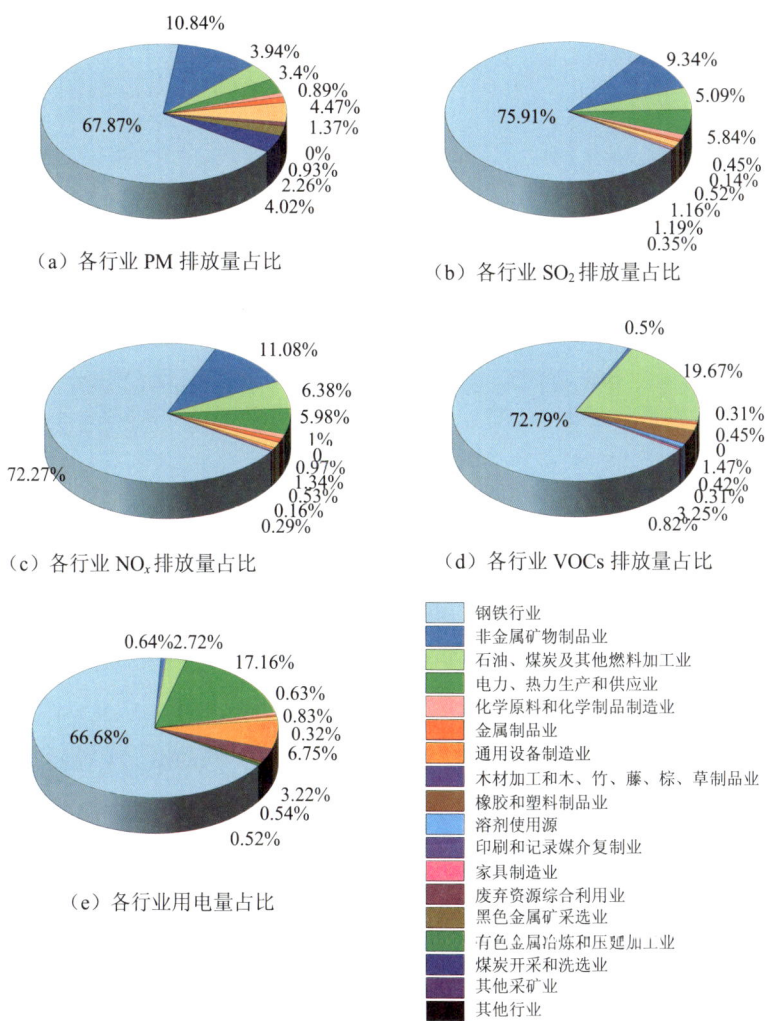

（a）各行业 PM 排放量占比

（b）各行业 SO₂ 排放量占比

（c）各行业 NOₓ 排放量占比

（d）各行业 VOCs 排放量占比

（e）各行业用电量占比

图 2-3　各行业污染物排放量和用电量占比

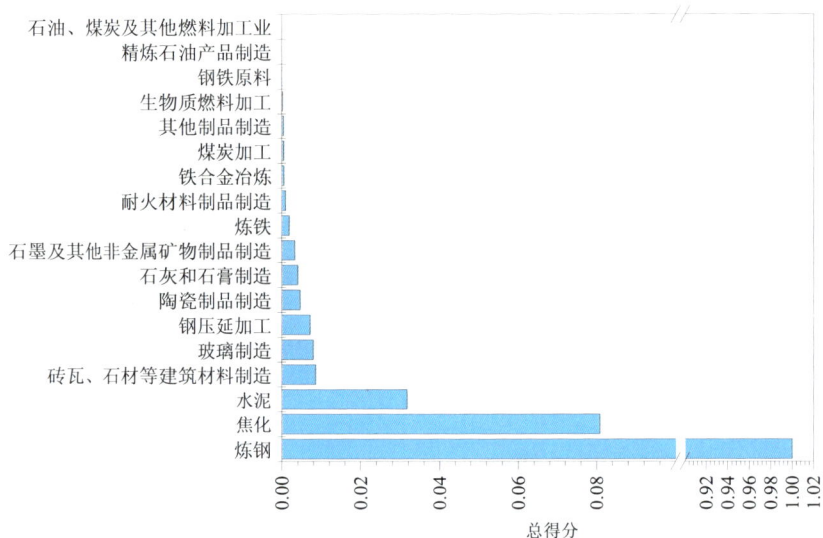

图 2-4　二级分类总得分

由图 2-5 可知，钢铁行业的主要污染来自长流程钢铁冶炼（二级分类中的炼钢），其排放约占所选二级分类 PM 排放的 80.75%、SO_2 排放的 82.92%、NO_x 排放的 78.57%及 VOCs 排放的 78.14%。焦化行业 PM、SO_2、NO_x、VOCs 4 项污染物排放量分别占所选二级分类总排放量的 4.66%、5.56%、7.04%、21.16%；水泥行业 4 项污染物排放量分别占所选二级分类总排放量的 8.17%、2.47%、7.31%、0.20%；砖瓦、石材等建筑材料制造 4 项污染物排放量分别占所选二级分类总排放量的 2.04%、1.87%、1.32%、0.14%；玻璃制造 4 项污染物排放量分别占所选二级分类总排放量的 0.82%、3.38%、0.67%、0.10%；陶瓷制品制造 4 项污染物排放量分别占所选二级分类总排放量的 1.24%、0.89%、0.81%、0.02%。

因此，本研究选定钢铁行业，焦化行业，水泥行业，砖瓦、石材等建筑材料制造行业（以下简称砖瓦行业），玻璃制造行业（以下简称玻璃行业），陶瓷制品制造行业（以下简称陶瓷行业）为唐山市的典型污染行业，后续研究主要围绕这 6 类典型污染行业开展。

（a）各二级行业 PM 排放量

（b）各二级行业 SO_2 排放量

（c）各二级行业 NO_x 排放量

（d）各二级行业 VOCs 排放量

（e）各二级行业用电量

图例：
- 炼钢
- 焦化
- 水泥
- 砖瓦、石材等建筑材料制造
- 玻璃制造
- 钢压延加工
- 陶瓷制品制造
- 石灰和石膏制造
- 石墨及其他非金属矿物制品制造
- 炼铁
- 耐火材料制品制造
- 铁合金冶炼
- 煤炭加工
- 其他制品制造
- 生物质燃料加工
- 钢铁原料
- 精炼石油产品制造
- 石油、煤炭及其他燃料加工业

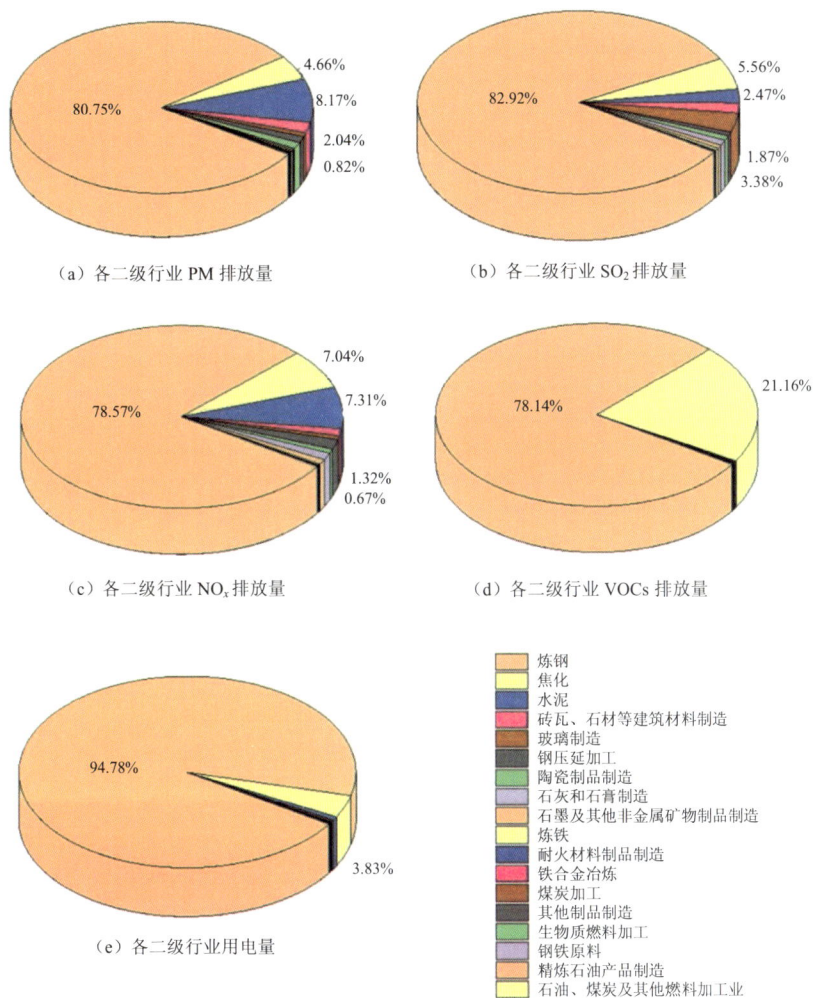

图 2-5　各二级行业污染物排放量和用电量占比

2.2　电力数据与环保数据匹配

根据 2.1 节修正源分类体系后的《唐山市 2020 年应急减排清单》中的 6 379 家企业，将环保数据与电力数据进行匹配。在实际匹配过程中，以企业名称为指标采用精准匹配和模糊匹配相结合的方法，其中模糊匹配的初步结果进一步进行人工修正。由图 2-6 可知，研究共完成 4 429 家企业的环保数据与电力数据信息匹配，1 950 家企业未成功匹配，匹配数据成果基本满足项目研究数据基础要求。

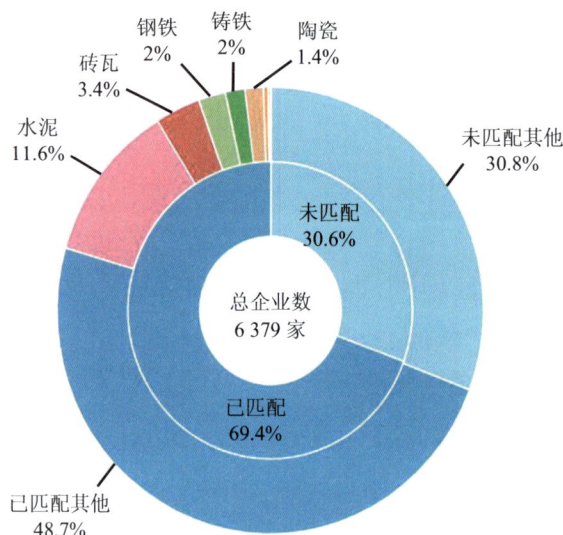

图 2-6　唐山市电力数据与环保数据匹配结果

2.3　电力数据的预处理

在本研究过程中发现电力数据存在一定的缺失和异常情况。因此，本研究提出了电力数据优化方法，对电力数据进行了异常值的剔除和缺失值的补全处理。具体方法如下：

在 2.2 节匹配完成的唐山市企业数据中，选取钢铁、焦化、水泥、砖瓦、玻璃和陶瓷 6 个行业 2019 年日用电量数据进行数据质量评估。其中，钢铁行业共计 119 家企业的 59 211 条数据；焦化行业共计 11 家企业的 2 570 条数据；水泥行业共计 564 家企业的 192 567 条数据；砖瓦行业共计 151 家企业的 56 898 条数据；玻璃行业共计 14 家企业的 5 174 条数据；陶瓷行业共计 60 家企业的 23 509 条数据。由于存在一家企业装备多块电表的情况，因此数据数量并不等于企业数量乘以年天数。本研究进一步对电力数据的实际数量与理论数量进行比对分析，获得行业电力数据的缺失分布情况。同时，本研究设定单个企业数据中小于 0 且大于 3 倍数据均值的数据为异常值，并进行数据异常值的统计。

由表 2-2 可知，各行业数据均存在数据缺失现象且数据缺失率在 30%以上，其中焦化行业数据缺失率高达 63.20%。数据中虽然存在异常值但数据异常率较低，均在 3%以下。针对此现象，数据直接使用价值较低，应首先对所有数据进行剔除异常值和补充缺失值的数据预处理工作。由于数据异常率较低，本研究在数据异常检测后采用异常数据直接剔除的手段优化数据。对于缺失值来说，本研究针对不同企业的不同数据缺失状态，采用不同方法补充缺失数据，且每次仅对一家企业进行数据优化。

表 2-2　重点行业数据概况

行业	理论数据量/条	数据缺失量/条	数据缺失率/%	数据异常量/条	数据异常率/%
钢铁	93 440	45 455	48.65	1 319	1.41
焦化	6 935	4 383	63.20	6	0.01
水泥	272 655	96 728	35.48	6 504	2.39
砖瓦	83 950	31 315	37.30	2 453	2.92
玻璃	8 395	2 658	31.66	73	0.87
陶瓷	35 770	15 531	43.42	550	1.51

存在数据缺失以及数据异常的真实企业实例见图 2-7 和图 2-8。异常数据会降低数据可信度和破坏数据关联性，缺失数据会破坏数据的整体规律性，减少有效数据量。本研究尤为关注电力数据的连贯性，可用连贯数据量的减少会给下一步使用依赖数据训练和数据驱动的算法以及模型带来巨大偏差，甚至可能产生结论性误判。由图 2-7 和图 2-8 可知，电力大数据的异常值表现出孤立且不重复出现的特征。电力大数据的缺失情况较为复杂，分为单点数据随机孤立缺失、多点数据连续缺失、完全缺失等几种情况。

为满足研究数据的质量要求，本研究提出了一种普适性高、易共享、实用性强的电力大数据优化方法，包括行业数据提取、数据分类、数据清洗 3 个步骤。采用本方法优化电力数据，能够有效应对不同行业电力数据缺失和异常情况的差异，反映特定行业的总体情况，提高不同行业电力数据的连续性和可用性。

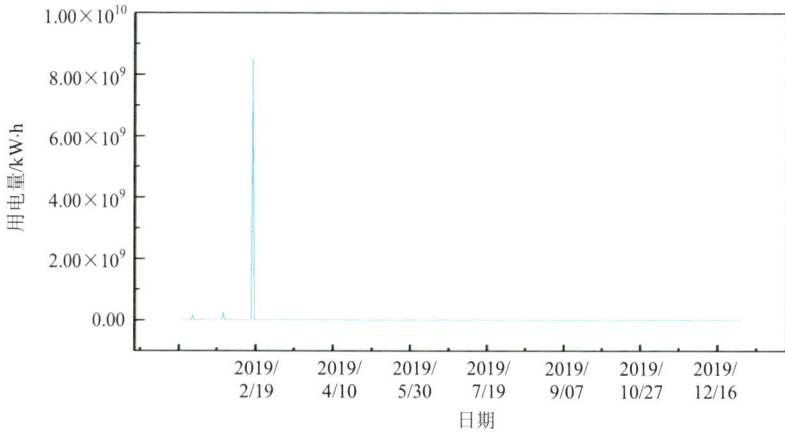

图 2-7 数据异常实例

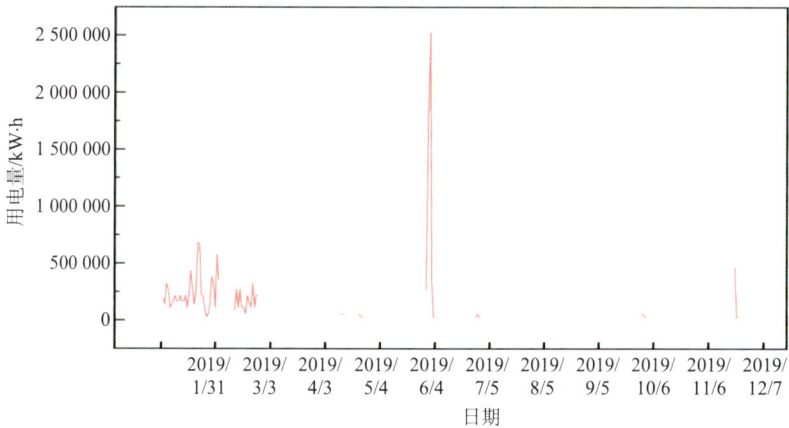

图 2-8 数据缺失实例

首先，根据已分类行业企业对照表提取特定行业的电力数据，并根据企业名称分为不同种类数据。由于特定行业内企业数量多及工艺复杂等，可以依据各企业数据缺失率分布情况将企业数据划分为特定类型。对所含企业统计缺失率数据集并计算行业缺失边界（L），求出行业下所有企业的缺失率数据，并由小到大排序得到数据集 $C_{miss}=\{C_1，C_2，,,，C_n\}$，其中 n 为企业数目，求出 4 分位数 $Q_1=C_{(n+1)/4}$、$Q_2=C_{(n+1)/2}$、$Q_3=C_{3(n+1)/4}$、$Q_4=C_n$，并计算缺失率上限 $L=Q_3+1.5(Q_3-Q_1)$，按数据缺失率（Q）将各企业数据分成完整企业数据、待补充企业数据与舍弃企业数据，分类依据见表 2-3。

表 2-3　数据分类依据

企业数据类型	数据缺失率/%	数据特征
完整企业数据	$Q=0$	数据无缺失，可用
待补充企业数据	$0<Q<L$	数据存在缺失、异常，处理后可用
舍弃企业数据	$L \leqslant Q \leqslant 100$	数据大量缺失，不可用

其次，对完整企业数据、待补充企业数据中的异常值进行剔除。依据实际数据分析及经验，数据中往往会存在较为明显的异常值，如某点出现跳跃数量级数据（百倍变化以上）、异常数据（当日数据小于 0）等。本方法利用 3σ 标准限定数据范围 $x \in [\bar{x}+3\sigma, \ \bar{x}-3\sigma]$，将 $x \notin [\bar{x}+3\sigma, \ \bar{x}-3\sigma]$ 赋予空值，将异常值剔除；同时结合长度为 5 的移动窗口 $W=\{x_{n-2}, x_{n-1}, x_n, x_{n+1}, x_{n+2}\}$ 进行数据跳跃量级识别，如 $x_n \gg x_{n-2}, x_{n-1}, x_n, x_{n+1}, x_{n+2}$（远大于指大于前日百倍变化），将异常值赋予空值并剔除 $x_n<0$ 的异常值。在上述数据分类过程中，如某企业数据完整且异常值被剔除，归入待补充企业数据集合。

最后，对所含待补充数据进行数据补充。通过分析实际数据可知，各企业数据缺失率与最大连续缺失天数均不一致，采用单一方法补充数据普适性不高。在传统的电力数据缺失处理中对少量缺失数据采用邻值（前一时刻）电量补充，此方法简单方便但精度不高，对长时间连续缺失数据适用性低，因此需做出一定的改进，以满足本研究的数据要求。本研究依次输入待补充企业数据，计算其最大连续缺失天数（MMD），并选用不同方法填充：当 MMD=1 时，考虑到短时间内用电量不会产生突变，选用邻值补充法填充，$x_n=x_{n-1}$；当 $2 \leqslant MMD \leqslant 7$ 时，使用传统时间序列预测方法移动平均法对缺失数据进行补充。具体为，在缺失发生处，

计算最大连续缺失天数 $i \in (2,7)$，填充 $x_n = \dfrac{\sum\limits_{i} x_{n-i}}{i}$，示例见图 2-9。

当 $8 \leqslant MMD \leqslant 30$ 时，使用历史相似值法补充数据。提取近 1 年数据，使用历史数据中相似日数据对数据进行补充，将数据构建为数据集 $S=\{A,B,C,D,E\}$，$T=\{T_1,T_2,T_3,\cdots,T_n\}'$，$T \in A,B,C,D,E$，数据集合中 A 列代表用电量数据，依据用电量是否缺失得出 B 列，B 列是缺失标签（0 代表缺失，1 代表非缺失），基于电

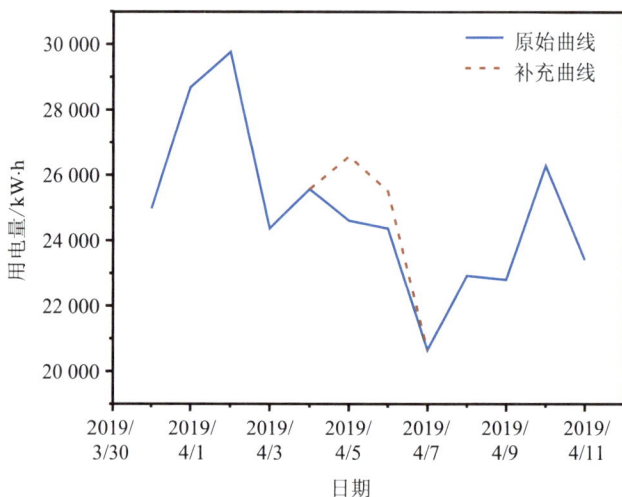

图 2-9　移动平均法示例

力缺失数据对应时间段内的用电量存在较为相似的周期性波动假设，根据节假日、日期和星期属性标定日标签。C 列是节假日标签（0 代表节假日，1 代表工作日），D 列是日期标签（1：31），E 列是星期数据（0：6）。以 B 列数值不同划分为缺失数据集合 S' 和完整数据集 S''，使用 S' 中的单条缺失数据 $f = \{a_m, b_m, c_m, d_m, e_m\}$ 与完整数据集 S'' 分别计算相似日 $d_i = \sqrt[2]{(c_m - c_i)^2 + (d_m - d_i)^2 + (e_m - e_i)^2}$。对 d_i 由大到小排列得到 d'_j，相似日的数量选取对数据补全有较重要的影响，单一的相似日具备偶然性，过多的相似日会增加数据的不确定性，根据 95% 置信区间检验法，本方法设定非相似日占整体天数的 95%，相似日距离阈值 $d_{\text{limit}} = d'_m$，其中 m 为 $j \times 95\%$ 后取整，动态选取 $d_i < d_{\text{limit}}$ 的 N 个相似日。此时填补 $a_m = \dfrac{\sum\limits_1^N a_j}{N}$，$a_j$ 为 d_j 对应的日电量，数据 f 移动到 S''，重复直至 S' 为空，将完整数据集 S'' 按需求修复企业数据，具体示例见图 2-10。

当 MMD≥30 时，用电费月度计算，1 个月以上电量数据缺失认为该企业数据不可信，舍弃相应企业数据。

本研究采用数据评价指标对补充结果进行可靠性验证。评价指标包括相关性系数（R）、均方根误差（RMSE）、平均偏差（MB）、标准平均偏差（NMB）、绝对平均偏差（NME）。其中，相似度（R）表示两条曲线的相似度，RMSE 表示两

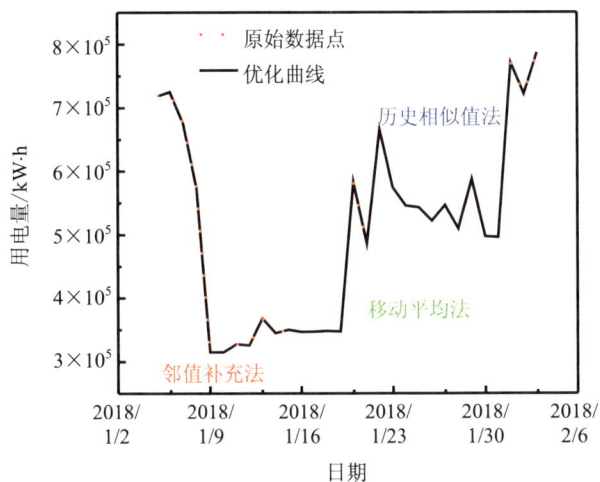

图 2-10　历史相似值法示例

条曲线的平均偏离情况。本研究基于选取的某个数据完整企业，人为建立随机缺失 10%数据的数据集，然后用上述方法对缺失数据进行补充。由图 2-11 可知，补全数据与原始数据的 RMSE（0.49）、R（0.98）、MB（0.02）、NMB（7.7%）、NME（9.4%）均表现出较好的性能，说明本研究提出的电力数据预处理方法可以较好地实现电力数据的优化。

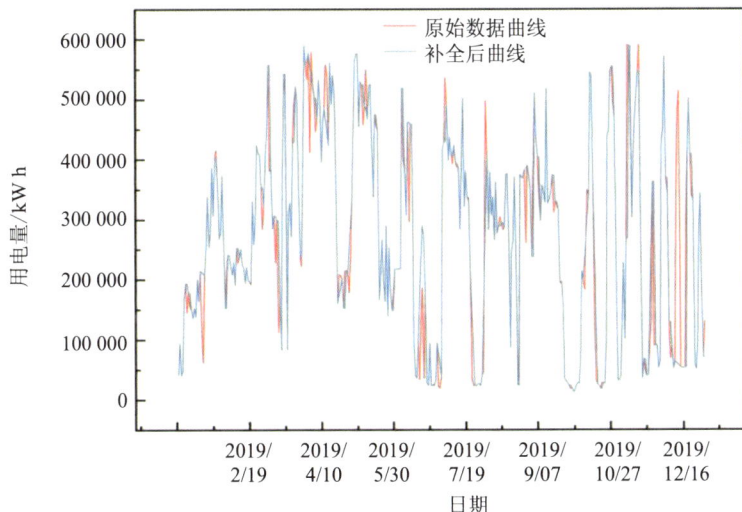

图 2-11　数据补全对比

2.4　本章小结

　　本章围绕满足精细化大气污染防控技术需求的数据共享平台搭建工作，研究了重点行业的分类方法；进行了电力数据与环保数据的匹配；针对电力数据异常和缺失等问题，建立了电力数据的优选和预处理方法；搭建了唐山地区大气污染防治技术共享平台，建立了电力数据与气象数据、企业用电与排放数据等展示模块。具体如下：

　　①针对现有应急减排清单中行业分类信息不准确的问题，依据《国民经济行业分类》（GB/T 4754—2017）（按第 1 号修改单修订）、《城市大气污染源排放清单编制技术指南》的相关行业及排放源分类信息，研究建立了基于国民经济行业分类和行业工艺特征的四级源分类体系，对行业里不同生产工艺进行了细分，为后续"用电—生产—排放"模型搭建奠定了基础。

　　②提出了多准则决策法，从污染物排放（NO_x、SO_2、PM、VOCs）和耗电量两个维度对各一级分类和二级分类进行打分优选，选定钢铁行业、焦化行业、水泥行业、砖瓦行业、玻璃行业、陶瓷行业为唐山市的典型污染行业。上述典型行业在相应钢铁行业，石油、煤炭及其他燃料加工业，非金属矿物制品业一级分类的 PM、SO_2、NO_x、VOCs 排放量中分别占比 97.74%、95.74%、99.80%、99.43%，能代表相应典型污染行业特点。

　　③以应急减排涵盖的 6 379 家企业为依据，采用精准匹配和模糊匹配的方法，共完成 4 429 家（69.4%）企业数据信息匹配，1 950 家企业（30.6%）未成功匹配，匹配数据成果基本满足项目研究数据基础要求。

　　④针对不同行业电力数据缺失和异常等问题，提出了 3σ 标准限定方法剔除异常值；提出了最大连续缺失天数指标，分别设置了邻值补充法、移动平均法和历史相似值法对数据进行补全，并通过了数据可靠性验证。

第 3 章

基于电力大数据的大气
污染物排放预测模型

唐山市为典型的工业城市，其工业用电占全社会用电的 83%，钢铁行业（黑色金属冶炼和压延加工业）用电占规模以上行业总用电的 69%。鉴于电力在唐山市工业企业中的重要地位，本研究在分析不同企业生产负荷与用电量关系的基础上，提出基于电力大数据的工业企业大气污染物排放预测模型及民用大气污染物排放清单优化技术，并利用与传统排放清单定量分析比较、与企业 CEMS 数据定性比较、基于空气质量模型模拟校验等综合分析手段，评估电力大数据的大气污染物排放预测模型的准确性。

3.1 污染物排放与用电关系分析

3.1.1 典型污染行业用电特征

行业用电时间廓线可以直观反映行业用电特征。因此，本研究将从数据共享平台中获取的唐山市典型污染行业（钢铁行业、焦化行业、水泥行业、砖瓦行业、玻璃行业、陶瓷行业）用电数据，绘制不同行业季度、月度、日与小时尺度的用电廓线。其中，季度时间廓线，指依据行业用电总量按季尺度绘制曲线，用于分析行业用电的四季差异；月度时间廓线，指依据行业用电总量按月尺度绘制曲线，用于分析行业是否存在按月错峰生产现象以及受政策影响特征；日时间廓线，指依据行业用电总量按日尺度绘制曲线,用于在全年尺度上分析行业日用电差异情况是否有较为明显的节假日特征;小时时间廓线,指将行业全年内各小时平均用电用于分析该行业主要生产时段及是否为全天稳定生产。

3.1.1.1 钢铁行业

唐山市钢铁行业是高耗电与高排放行业,根据重点行业选取分析,其用电量与污染物排放占比较高。经预处理,唐山市有 50 家钢铁企业的电力数据质量较好。这 50 家钢铁企业各项污染物排放量占该市钢铁行业总体排放量的 75%以上(图 3-1),可用于客观反映钢铁行业的用电特征。

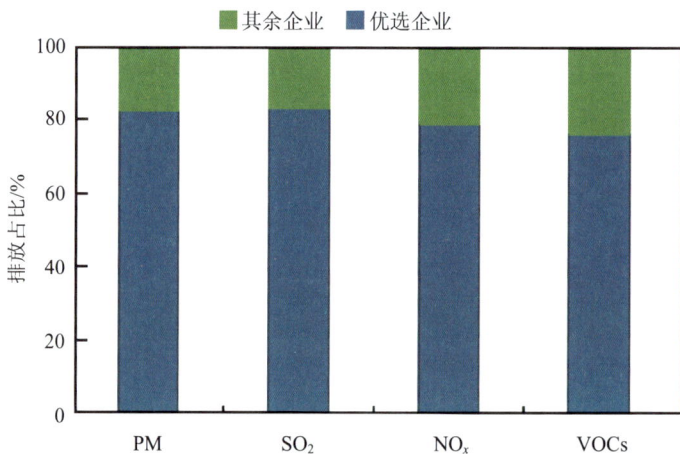

图 3-1　50 家钢铁企业各项污染物排放量占唐山市钢铁行业总排放量的比例

钢铁行业各时间尺度用电廓线见图 3-2,根据图中信息可以得出以下结论:

①钢铁行业季度用电呈现"√"形,表现为第二季度为钢铁用电低谷,第四季度为用电高峰。查询唐山市 2019 年错峰生产政策可知,唐山市 2019 年钢铁行业错峰生产时间安排在第二季度和第三季度,可能导致第二季度用电的下降。

②各月用电量相差较大,2 月因春节假期出现了一次用电低谷,5 月、6 月因限产政策影响为 2019 年用电最低的两个月份,10 月出现全年用电最高峰,11 月因污染应急出现了一次用电低谷。

③钢铁行业日用电曲线表现出节假日特征,短时间内呈现较大用电差异,行业整体无明显的长时间连续稳定用电时段。

④小时用电时间廓线表明，钢铁行业 8:00—20:00 用电量较低，20:00 至次日 8:00 用电负荷较高，说明钢铁行业根据分时电价与峰谷电价优惠政策动态调整了自身的生产工作时间。

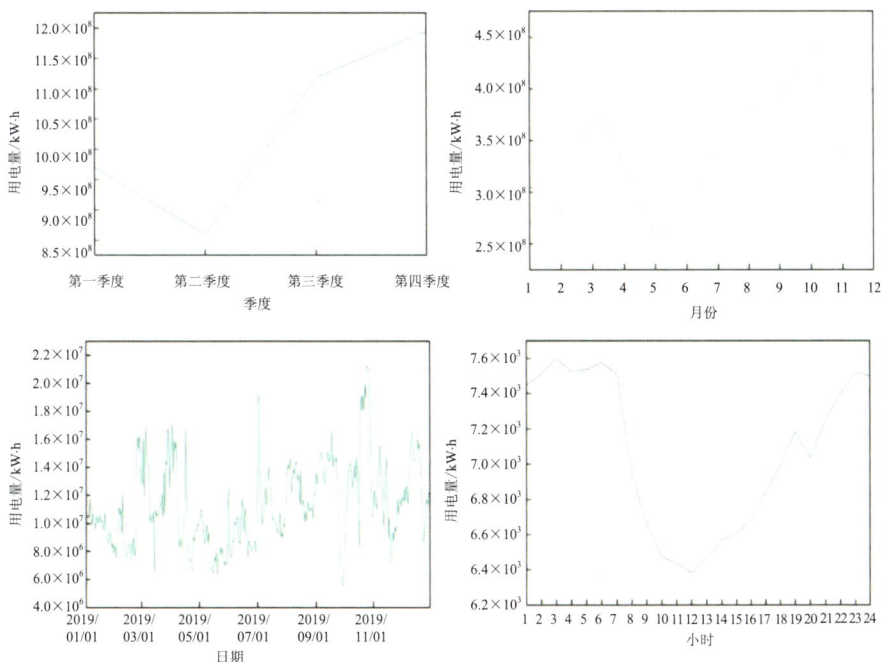

图 3-2　钢铁行业不同时间尺度用电廓线

3.1.1.2　水泥行业

经预处理，唐山市有 410 家水泥企业电力数据质量较好。这 410 家企业的 PM、SO_2 与 NO_x 排放量均占该市整体行业的 50% 以上，VOCs 排放量占该市整体行业的 13%（图 3-3），可用于客观反映水泥行业的用电特征。

水泥行业各时间尺度用电廓线见图 3-4，依据图中信息可以得出以下结论：

①水泥行业全年用电量递增，第二季度较第一季度用电量增幅大，其余各季度用电量较为接近。

②水泥行业有错峰生产特征。水泥行业在 4 月、8 月、11 月耗电量较高，其余月份用电总量有所下降，为错峰生产月，且除去 1 月、2 月较特殊外，其余月份总电量相差不大。

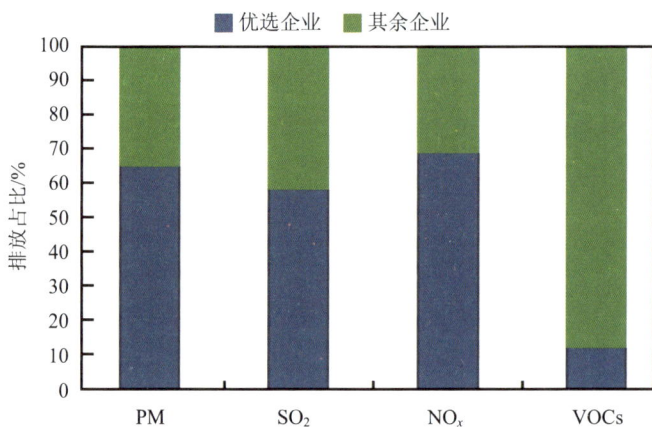

图 3-3 410 家水泥企业各项污染物排放量占水泥行业总排放量的比例

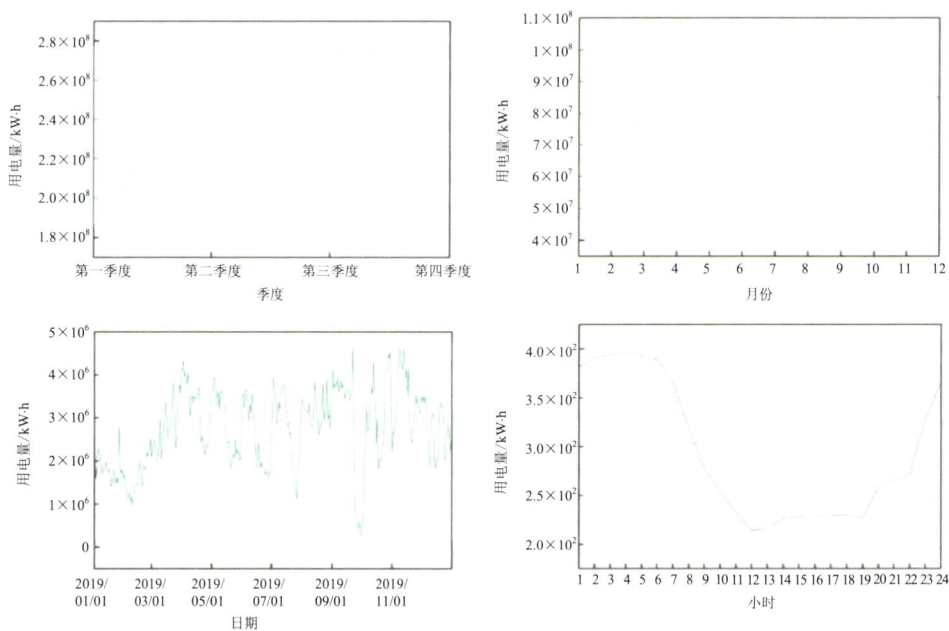

图 3-4 水泥行业不同时间尺度用电廓线

③水泥行业有节假日特征与用电平稳特征,有较长的相对平稳用电时段,但整体电量波动较大。水泥行业日用电在春节、国庆期间均有一定程度的用电量下滑现象,4—8月表现为生产-管控状态交替,即在一段时间内保持生产状态,然后

一段时间受到管控影响用电量回落。

④水泥行业倾向于晚间用电。小时用电时间廓线反映出水泥行业生产用电高峰在 22:00 至次日 8:00，水泥行业倾向于夜间生产以合理利用分时电价政策优惠。

3.1.1.3 焦化行业

经预处理，唐山市有 5 家焦化企业的电力数据质量较好。这 5 家企业各项污染物排放量占该市焦化行业总体排放量的比例小于 30%（图 3-5），对整体排放反映程度不足。

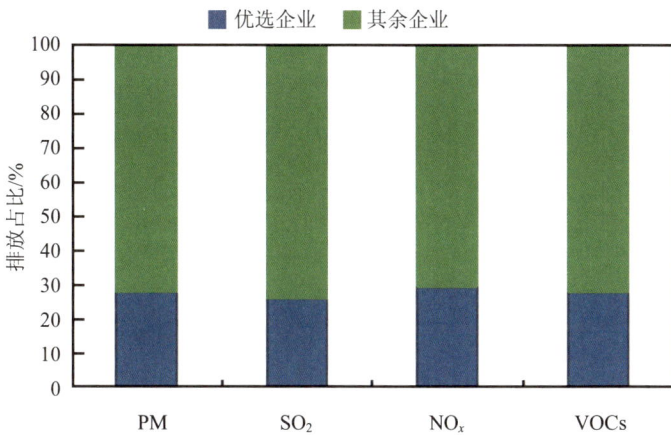

图 3-5 5 家焦化企业各项污染物排放量占焦化行业总排放量的比例

唐山市焦化行业涵盖样本较少，但在唐山市典型污染行业中用电量仅次于钢铁行业、水泥行业，因其污染物排放量高且与钢铁行业联系密切，被列为重点管控行业。仅从现有样本分析，根据图 3-6 中的信息可以得出以下结论：

①焦化行业季度用电呈单峰形。第一季度用电量低，第三季度用电量高。

②焦化行业无明显的错峰生产特征。8 月前，月用电量逐渐递增，且 10 月因有国庆假期，用电量大幅回落。

③焦化行业没有出现较长时段的稳定生产用电时段。行业逐日用电量变化大，且焦化行业应该包含部分自发电力，对此信息掌握不足，应收集更多数据进行分析。

④焦化行业全天用电，样本显示更偏向白天用电。全天用电差距不大表明全天用电生产，由图 3-6 可知样本更倾向于在白天工作时间内从事生产活动。

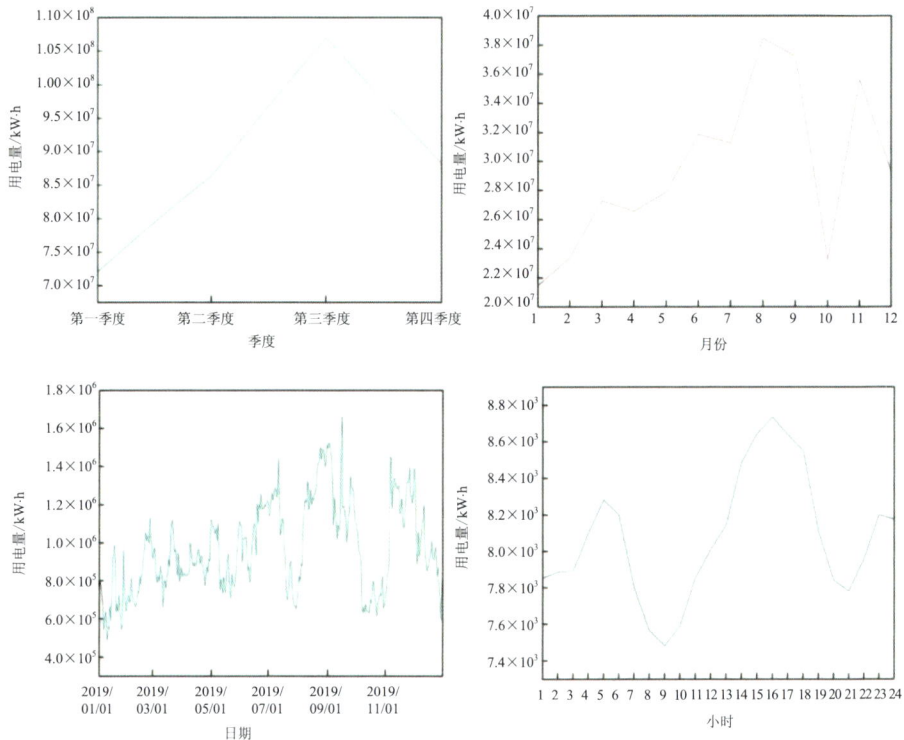

图 3-6　焦化行业不同时间尺度用电廓线

3.1.1.4　砖瓦行业

经电力数据预处理，唐山市有 12 家砖瓦企业的电力数据质量较好。这 12 家企业各项污染物排放量占砖瓦行业总体排放量的 50%以上（图 3-7），可用于客观反映砖瓦行业的用电特征。

砖瓦行业各时间尺度用电廓线见图 3-8，依据图中信息可以得出以下结论：

①砖瓦行业用电量呈双峰形。第一季度用电量低，第二季度为用电量次峰，第三季度用电量下降，第四季度用电量最高。

②砖瓦行业有明显的错峰生产特征。月度用电时间廓线反映出砖瓦行业 4 月、5 月、10 月、11 月为生产高峰，其余月份存在一定的错峰生产用电现象。

③砖瓦行业有节假日特征，逐日用电量变化平稳。日用电时间廓线表明，砖瓦行业节假日特征明显，其中春节、国庆期间出现明显的假期用电量回落现象，且用电量处于全年最低水平，其余时段用电量变化规律明显且在较长时间内保持同一种变化方向。

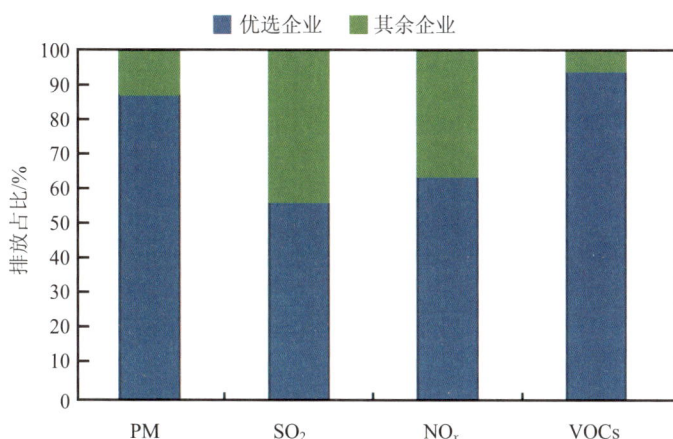

图 3-7　12 家砖瓦企业各项污染物排放量占砖瓦行业总排放量的比例

④砖瓦行业倾向于晚间用电。小时用电时间廓线反映出砖瓦行业主要用电时间为晚间时段，中午用电量较低，考虑砖瓦行业基本以各种窑为炼制工艺（开窑时间一般选在中午），符合行业工艺用电特征。

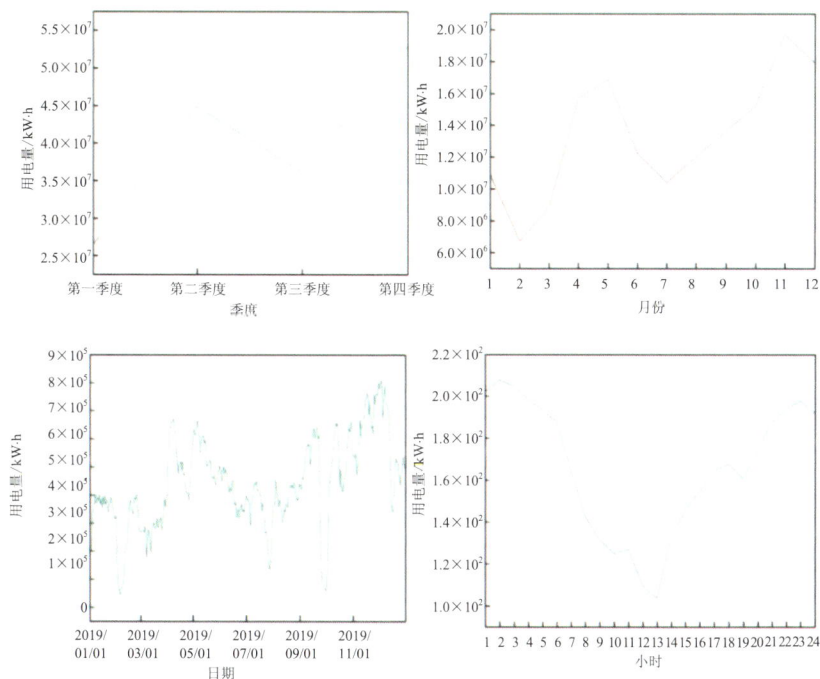

图 3-8　砖瓦行业不同时间尺度用电廓线

3.1.1.5　陶瓷行业

经预处理，唐山市有 41 家陶瓷企业的电力数据质量较好。这 41 家企业各项污染物排放量占陶瓷行业总体排放量的 70%以上（图 3-9），可用于客观反映陶瓷行业的用电特征。

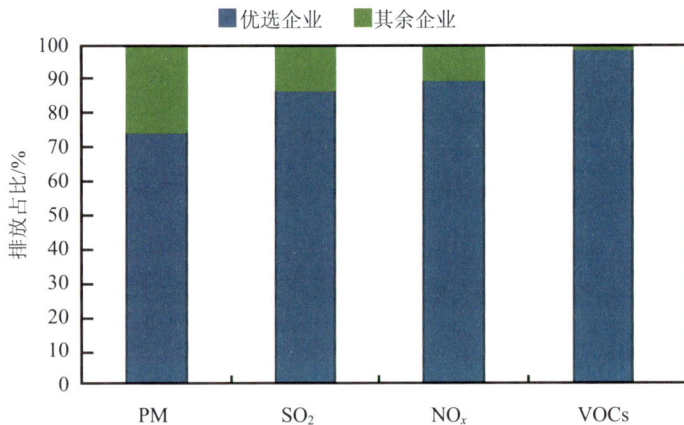

图 3-9　41 家陶瓷企业各项污染物排放量占陶瓷行业总排放量的比例

陶瓷行业各时间尺度用电廓线见图 3-10，根据图中信息可以得出以下结论。

①陶瓷行业全年用电量递增。第一季度用电量最低，第四季度用电量最高，曲线呈现一定的线性增长特征。

②陶瓷行业有错峰生产特征。除 2 月因春节假期用电量较低以外，其余月份用电波动水平不高，在 6 月、9 月有错峰生产下降峰。

③陶瓷行业节假日特征明显，行业用电量相对平稳。日用电时间廓线反映出春节与国庆假期用电特征明显，其用电量处于全年最低水平，节假日对陶瓷行业用电影响较大（用电量水平低，没有其他时段用电量下降至相同水平），其余时间用电量保持在一定范围内波动，该行业属于用电量平稳型行业。

④陶瓷行业倾向于白天用电，陶瓷行业小时用电时间廓线也属于单峰形曲线，用电量低谷出现在 5:00 左右，用电量高峰在 9:00—20:00，属于全天生产型行业。

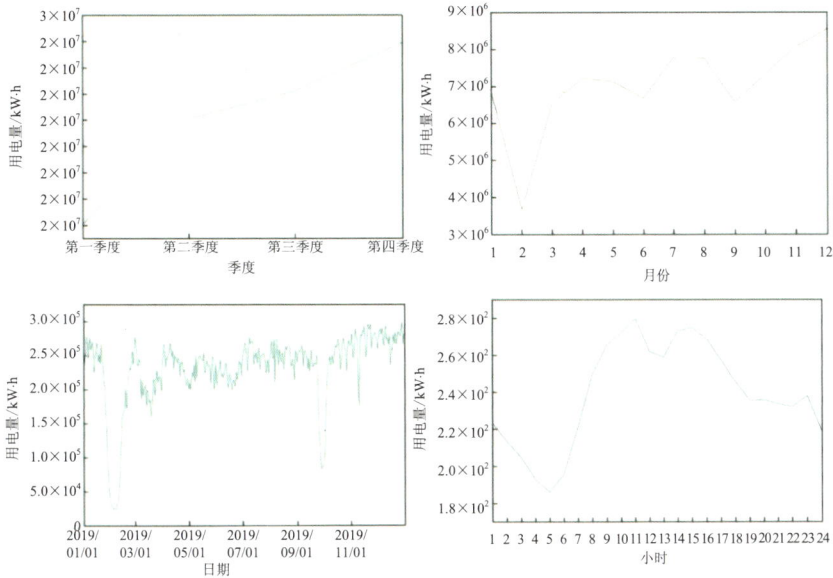

图 3-10　陶瓷行业不同时间尺度用电廓线

3.1.1.6　玻璃行业

经预处理，唐山市有 9 家玻璃企业的电力数据质量较好。这 9 家企业 PM、SO_2 与 NO_x 排放量均占该市整体行业的 45% 以下，VOCs 排放量占比较高，占该市整体行业的 92%（图 3-11），考虑玻璃行业的主要管控污染物为 VOCs，9 家企业可用于客观反映玻璃行业的用电特征。

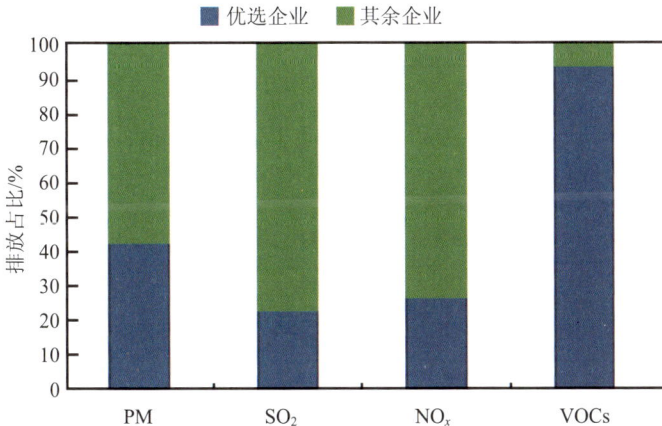

图 3-11　9 家玻璃企业各项污染物排放量占玻璃行业总排放量的比例

玻璃行业各时间尺度用电廓线见图 3-12，根据图中信息可以得出以下结论。

①玻璃行业用电量全年递增。玻璃行业全年用电量在稳步上升，并在第四季度达到最高峰，用电曲线明显符合线性增长。

②玻璃行业有错峰生产特征。月度时间廓线显示，除 2 月因春节假期用电量较低以外，其余月份用电量波动水平变化不高，在 5 月、6 月、9 月、10 月用电量略微下降，推测应由错峰生产导致，12 月出现用电高峰。

③玻璃行业节假日特征明显，行业用电相对平稳。日廓线进一步反映逐日用电量情况，春节、五一、国庆假期特征明显，属于用电平稳型行业，逐日用电量变化规律清晰且无跳变现象，在 5—9 月有较长的相对稳定用电时段。

④玻璃行业用电更倾向于白天两班型生产用电。玻璃行业小时用电时间廓线也属于双峰形曲线，用电低谷出现在 18:00 后的夜间，用电高峰在白天正常工作时段内。

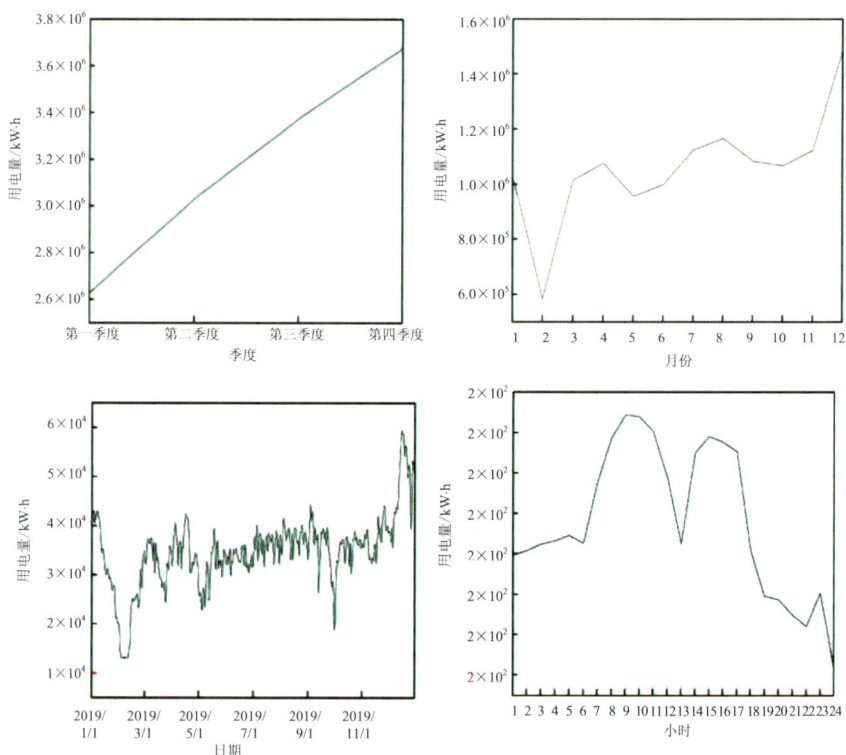

图 3-12　玻璃行业不同时间尺度用电廓线

3.1.2　典型污染行业排放与用电相关性分析

电力数据贯穿工业生产各个环节，用电信息一定程度上可以反映企业生产状况，然而部分行业中化石能源的使用一定程度上会影响"用电量—生产负荷—污染排放"的线性关系，如玻璃、陶瓷、砖瓦等行业，一般能源使用为天然气或煤矸石时，用电量与生产、污染物排放的相关性可能较弱。为进一步探明以用电信息构建行业排放模型的可行性，需考察行业污染物排放量与用电量之间的相关性。

考虑数据源的一致性及行业排放特点等，研究将 2019 年唐山市应急减排清单中用电量数据和颗粒物排放数据进行拟合，随后进行 Pearson 相关性分析 [见式（3-1）]。各典型污染行业排放量与用电量关系拟合结果如图 3-13 所示。

$$r = \frac{\sum_{i=1}^{n}\left(X_i - \bar{X}\right)\left(Y_i - \bar{Y}\right)}{\sqrt{\sum_{i=1}^{n}\left(X_i - \bar{X}\right)^2}\sqrt{\sum_{i=1}^{n}\left(Y_i - \bar{Y}\right)^2}} \qquad (3\text{-}1)$$

式中，$\bar{X}$ 和 $\bar{Y}$ 分别为变量 X 和 Y 的样本平均值。

由图 3-13 可知，焦化行业、砖瓦行业、水泥行业、玻璃行业、钢铁行业、陶瓷行业颗粒物排放量与用电量的相关性指数（R^2）分别为 0.97、0.65、0.72、0.69、0.94、0.63。相关程度判定依据如表 3-1 所示，可见 6 个行业中用电量与污染物排放量的相关性分别为强相关、相关、强相关、相关、强相关、相关，由此可知，使用用电量构建污染物排放模型具有可行性。

表 3-1　相关程度判定依据

相关性指数	相关程度
0＜|R|≤0.3	弱相关
0.3＜|R|≤0.7	相关
0.7＜|R|≤1	强相关

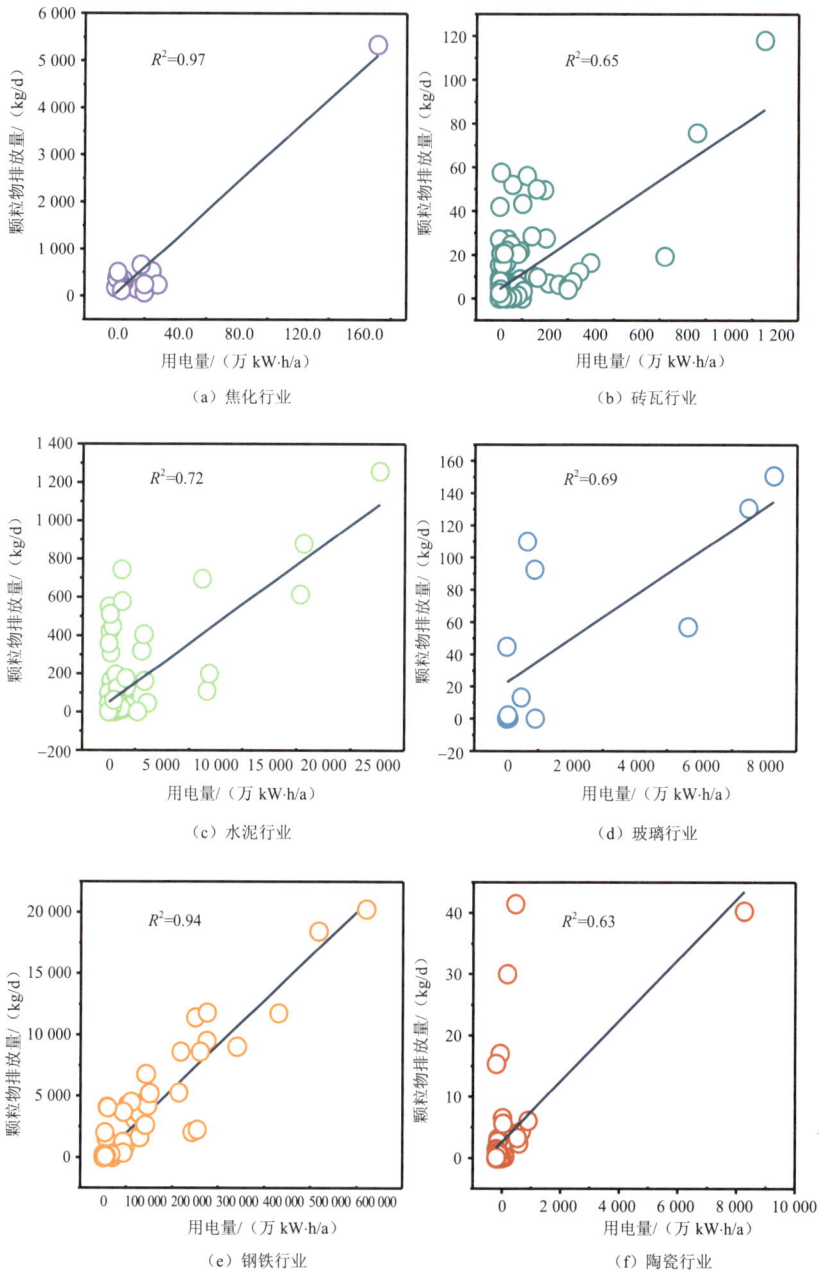

图 3-13　典型污染行业排放量与用电量相关性分析

3.2　基于电力大数据的企业生产与用电关系模型

3.2.1　生产与用电关系模型构建思路

本研究实地调研了长流程钢铁、短流程钢铁、水泥、陶瓷、焦化、砖瓦、玻璃等行业企业。通过调查问卷及座谈等方式，归纳了不同行业的生产规律，并将电力数据与生产规律进行总结概括。不同行业的一般年生产时间、实际生产时间和停产期间的最低生产负荷见表 3-2。钢铁、水泥、焦化、砖瓦、陶瓷、玻璃等长流程工业企业，均具备炉、窑等关键设备，无法短时间内完全停产，因而存在最低生产负荷。通过电力数据与生产数据分析，钢铁、水泥等高电力依赖行业具备较强的线性相关性，焦化、砖瓦、陶瓷、玻璃等行业因存在其他能源的使用干扰，行业生产-用电线性相关程度为相关或弱相关等差异性分布。

表 3-2　用电量与不同行业产品产量的相关性分析

行业	一般年生产时间/d	实际生产时间/d	最低生产负荷/%	行业用电-生产线性相关性
钢铁	300	243	80	强相关
水泥	310	253	30	强相关
焦化	300	243	30	相关
砖瓦	254	197	0	相关
陶瓷	330	273	10	相关
玻璃	365	308	90	弱相关

典型行业生产负荷与用电量相关性明显，且通过用电量数据可知，生产负荷在不同区间内较为稳定。因此，本研究基于聚类分析对不同企业用电数据进行分档处理，进而获得各用电区间范围。随后基于分档电量数据拟合确定分档区间内用电量与生产负荷的函数关系，以实现通过用电量确定企业生产情况的目的，具体构建流程见图 3-14。考虑到唐山为我国主要钢铁产地，且钢铁行业耗电量中的

自发电占比往往接近或超过 50%。因此，本研究将钢铁行业与其他行业剥离，单独构建排放模型。

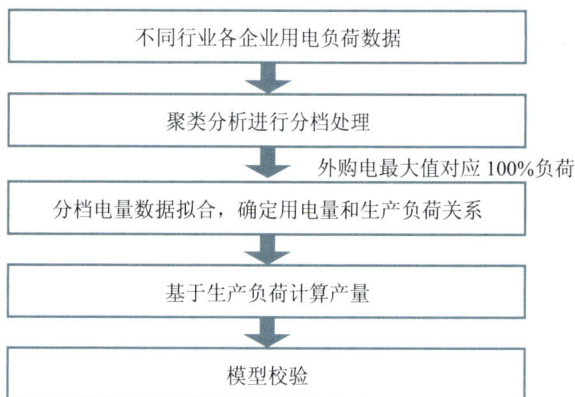

```
┌──────────────────────────────┐
│    不同行业各企业用电负荷数据      │
└──────────────────────────────┘
               ↓
┌──────────────────────────────┐
│      聚类分析进行分档处理          │
└──────────────────────────────┘
               ↓  外购电最大值对应100%负荷
┌──────────────────────────────┐
│ 分档电量数据拟合，确定用电量和生产负荷关系 │
└──────────────────────────────┘
               ↓
┌──────────────────────────────┐
│      基于生产负荷计算产量          │
└──────────────────────────────┘
               ↓
┌──────────────────────────────┐
│          模型校验               │
└──────────────────────────────┘
```

图 3-14　模型构建流程

3.2.2　钢铁行业生产与用电量关系模型

本研究基于《唐山市 2020 年应急减排清单》和各长流程钢铁企业用电量进行模型构建，并使用钢铁企业实际用电量进行模型校验。本研究通过实地调研、线上咨询及文献调研等方式，共获得 3 家钢铁企业的总/工序用电和分工序产品产量数据，具体数据情况如表 3-3 所示。在所获取的实际数据中，外购电和总用电数据、烧结产量和工序用电数据较全。高炉产量数据较全，但工序用电量数据缺失。其中钢铁企业 A 具有外购电量、总用电量及各工序产量（球团除外）数据，钢铁企业 B、企业 C 的烧结工序具有产量及用电量数据。

表 3-3　实际数据情况

企业名称	电量数据		烧结		球团		高炉		转炉	
	外购电量	总用电量	产量	用电量	产量	用电量	产量	用电量	产量	用电量
唐山某钢铁企业 A	√	√	√				√		√	
唐山某钢铁企业 B	√	√	√	√			√			
唐山某钢铁企业 C	√	√	√	√			√			

3.2.2.1　外购电量与总用电量关系

由于大多数钢铁企业具有自备电厂，且自备电厂发电量通常高于 50%，故钢铁企业实际生产用电和外购电不一致。因此需要率先建立外购电量和总用电量的关系。由图 3-15 可知，外购电量与总用电量相关性较好，拟合曲线外的离散点大多对应外购电的峰/谷值。故本书假设钢铁行业的外购电量与总用电量间存在线性关系。

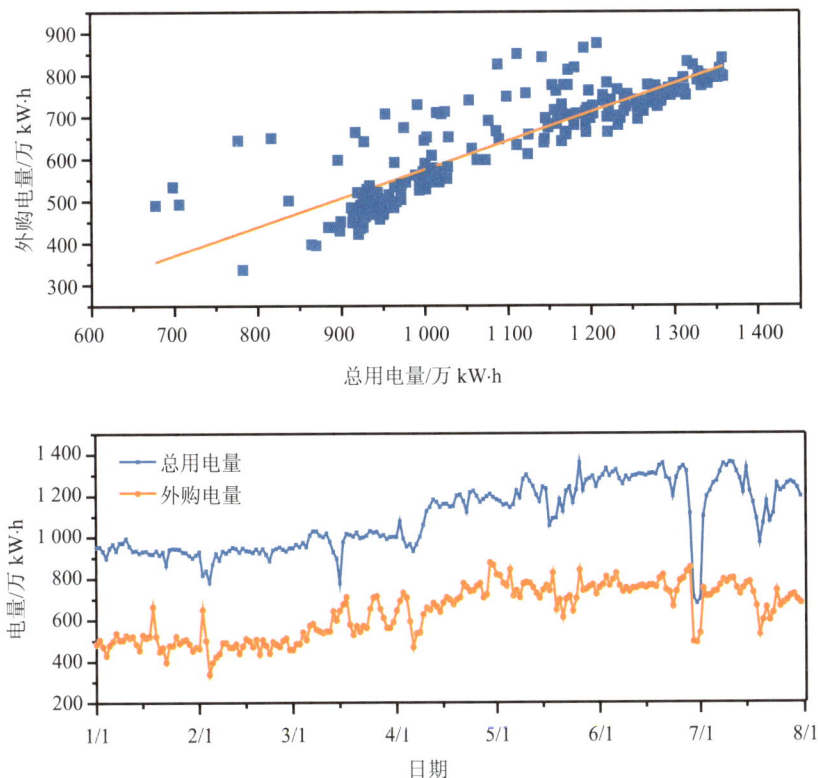

图 3-15　钢铁外购电量和总用电量关系

此外，为避免不同钢铁企业产能差异对模型结果的干扰，研究引入钢铁企业核心工序的高炉生铁产量对用电数据进行修正和归一化，建立归一化后的单位铁水生产所需的外购电量与归一化后的单位铁水生产所需总用电量的拟合关系。外购电量通过式（3-2）进行修正，总用电量通过式（3-3）进行修正，归一化采用正向指标归一化的方法，见式（3-4）。

$$W_i = \frac{w_i}{E_i} \qquad (3\text{-}2)$$

$$Z_j = \frac{z_j}{E_j} \qquad (3\text{-}3)$$

$$P_k = \frac{p_k - p_{\min}}{p_{\max} - p_{\min}} \qquad (3\text{-}4)$$

式中，W_i —— 钢铁企业 i 修正后的平均吨铁水外购电量；

w_i —— 钢铁企业 i 的日外购电量；

E_i —— 钢铁企业 i 的高炉日产能；

Z_j —— 钢铁企业 j 修正后的平均吨铁水总用电量；

z_j —— 钢铁企业 j 的日外购电量；

E_j —— 钢铁企业 j 的高炉日产能；

P_k —— 钢铁行业 k 指标对应值（平均吨铁水总用电量或平均吨铁水外购电量）；

p_k —— k 指标排放量；

$p_{\max}$ —— 该指标排放量最大值；

$p_{\min}$ —— 该指标排放量最小值。

3 家钢铁企业拟合结果见图 3-16，由图可知，钢铁行业的外购电量和总用电量间存在显著的线性关系。本研究随后使用此线性函数进行所有钢铁长流程企业的总用电量的估算。

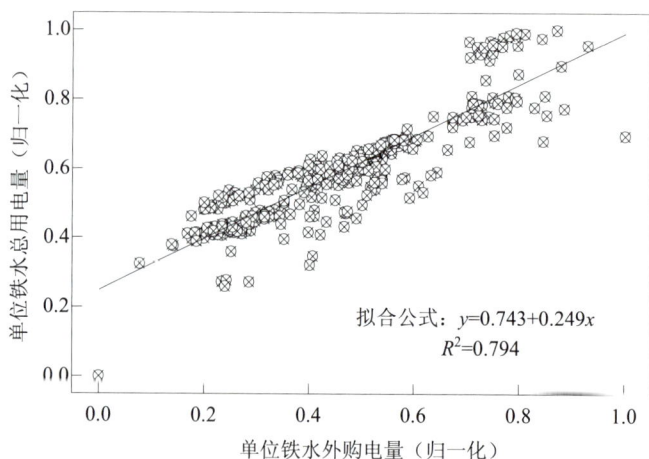

图 3-16　3 家钢铁企业吨铁水外购电量和总用电量关系

3.2.2.2 工序用电量占比

长流程钢铁行业工序复杂，不同企业工序情况略有不同，各长流程企业工序
生产情况由《唐山市 2020 年应急减排清单》获得。本研究采用线上咨询及文献调
研等多种方式，确定各工序用电量占比。由图 3-17 可知，长流程钢铁企业各工序
用电量占比分别为：焦化 8.06%、烧结 7.86%、球团 2.47%、高炉 15.06%、转炉
9.47%、热轧 20.12%、冷轧 26.58%。

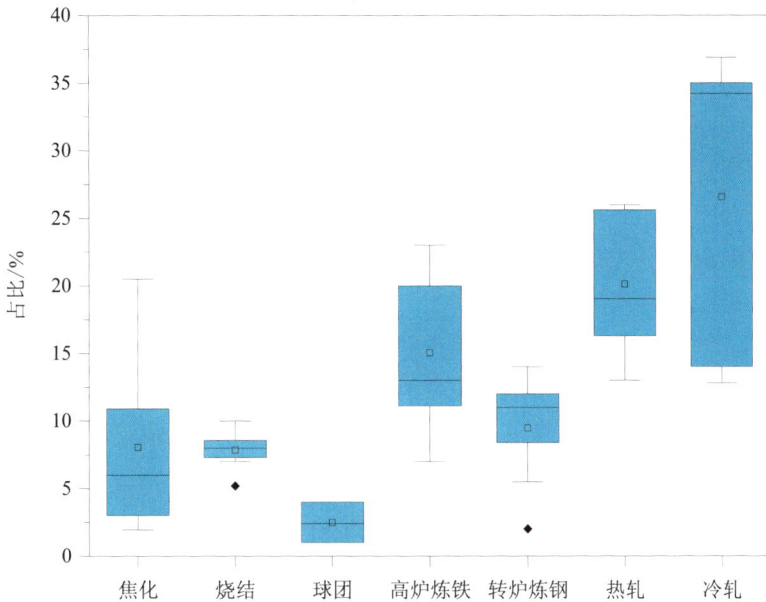

图 3-17 钢铁企业各工序用电量占比

3.2.2.3 钢铁行业生产与用电量关系模型的构建

考虑到钢铁企业的生产特性，本研究首先使用聚类分析，将企业总用电量分
为几个电量区间（分档），从而对企业用电状态进行区分。聚类分析是指将物理对
象或抽象对象的集合进行分组，从而形成由类似的对象组成的多个类的分析过程。
本研究基于聚类分析可将钢铁企业总用电数据分为 3 个电量区间，分别对应检修
时段、正常生产时段和非正常生产时段。

唐山某钢铁企业总用电量数据聚类分析分档结果如图 3-18 所示。根据分档结
果，将最高档定义为检修时段，最低档定义为非正常生产时段，中间档定义为正

常生产时段；将正常生产时段最大用电量定义为100%负荷用电。

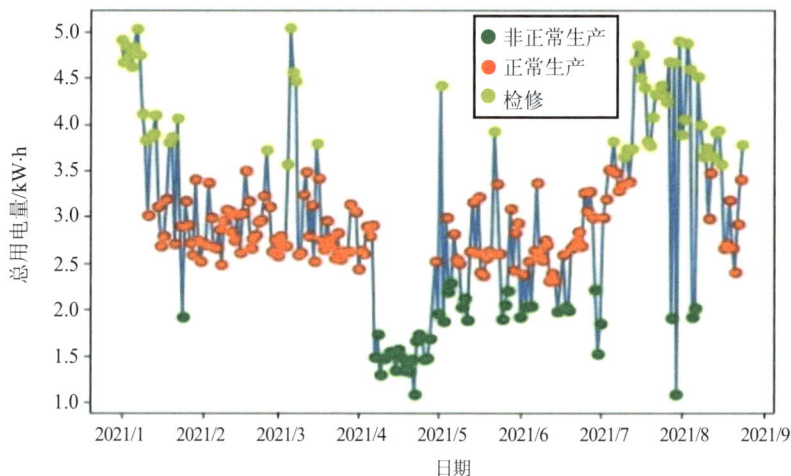

图3-18　唐山某钢铁企业总用电量聚类分析分档结果

考虑到企业实际产量会略小于产能或大于产能。为减小直接构建模型带来的误差，本研究引入工序修正系数，根据工序产能与产量信息对生产负荷进行修正［式（3-6）］，根据100%负荷用电，使用日用电量和工序用电量的比例得出各工序用电量。各工序用电量乘以修正系数再除以100%负荷用电即可得出工序用电负荷。

$$E_i = E \times I \tag{3-5}$$

$$X_i = \frac{L_i}{N_i} \tag{3-6}$$

$$F_i = \frac{E_i}{E_{100\%}} \times X_i \tag{3-7}$$

式中，E —— 总用电量；

I —— i 工序用电量占比；

E_i —— i 工序用电量；

X_i —— i 工序修正系数；

L_i —— i 工序年产量；

N_i —— i 工序年产能；

F_i —— i 工序用电负荷；

$E_{100\%}$ —— i 工序 100% 负荷用电。

3.2.2.4　钢铁行业生产与用电量关系模型校验

本研究基于上述钢铁行业生产与用电量关系模型，以某一钢铁企业为例开展模型校验。基于文献和实际案例，钢铁企业一般按一年生产 300 d 计算，但考虑到唐山市在重污染时段要求炼铁、炼钢等工序停限产，而烧结工序在高炉之前，不考虑停限产影响，由此结合文献和唐山市 2021 年应急减排时段，本研究选取 366 d 为示例企业 2021 年烧结工序生产总时间，选取 243 d 为该企业炼铁、炼钢工序的年生产时间。

由图 3-19 可知，本研究建立的生产与用电量关系模型的预测结果与唐山某钢铁企业烧结、高炉、转炉工序的产品产量较为接近，说明该模型可以一定程度上反映用电量和钢铁行业不同工序生产情况间的关系。

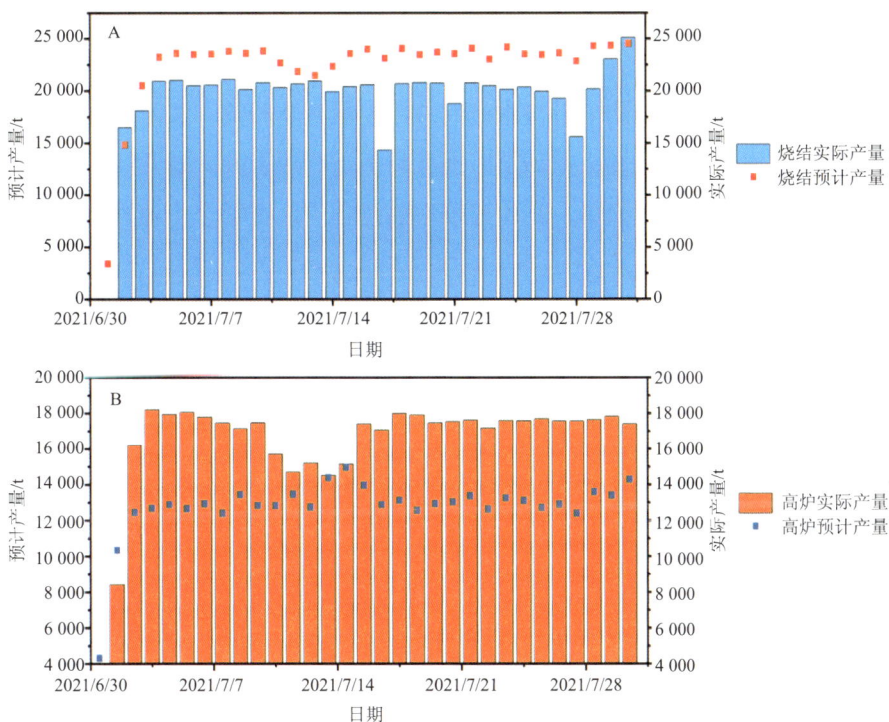

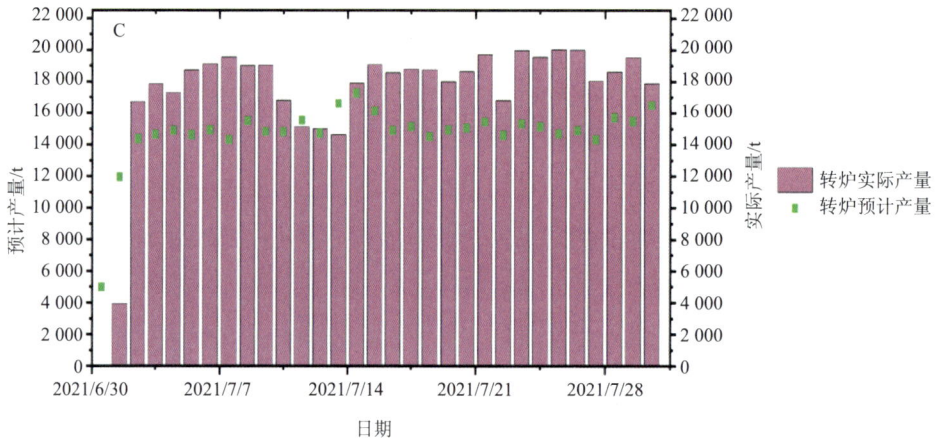

图 3-19　唐山某钢铁企业烧结、高炉、转炉工序实际产量和预计产量

3.2.3　其他行业生产与用电量关系模型

水泥生产、玻璃生产、砖瓦生产、焦化行业及陶瓷制品制造行业的工艺流程比钢铁行业短，且企业外购电量与生产的总用电量基本相等。实际调研发现，这些行业的用电均贯穿其主要生产环节，因此将上述行业合并，建立统一的关系模型。此外，由于工艺流程简单，在构建模型的过程中，将整个企业视为整体进行研究。

通过挖掘不同行业典型企业用电信息，本研究发现其他行业的企业用电具有明显的阶梯状特征。因此，采用与钢铁行业类似的聚类分析方法对用电量进行分档，并在此基础上假设正常生产档的最高电量对应满负荷。值得注意的是，为了充分体现电力大数据的优势，本研究假定不同分档间的电量和负荷函数曲线遵循用电量的变化特征。

3.2.3.1　企业信息聚类分析

利用 python 聚类分析程序对不同企业的用电数据进行分类处理，根据分类结果发现水泥生产、玻璃生产、砖瓦生产、焦化行业及陶瓷制品制造行业的用电数据一般可分为 4 档（实例见图 3-20～图 3-24）。

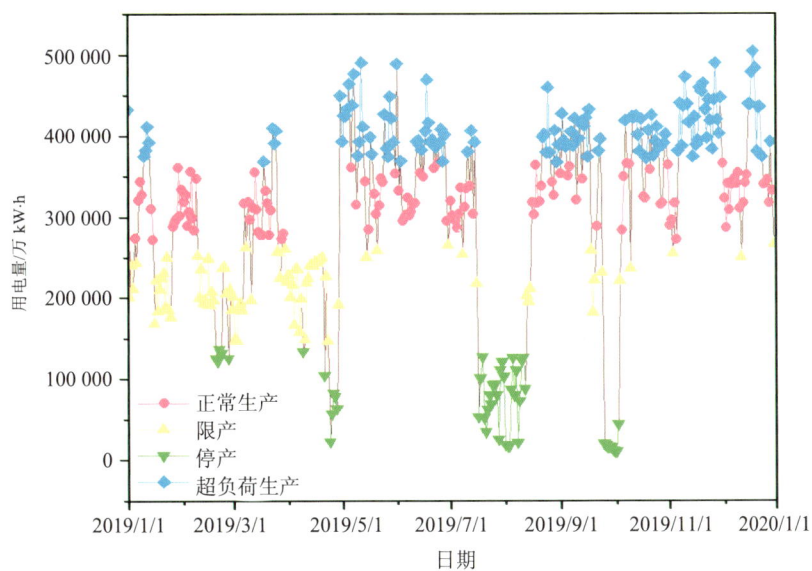

图 3-20　某水泥企业分档聚类实例

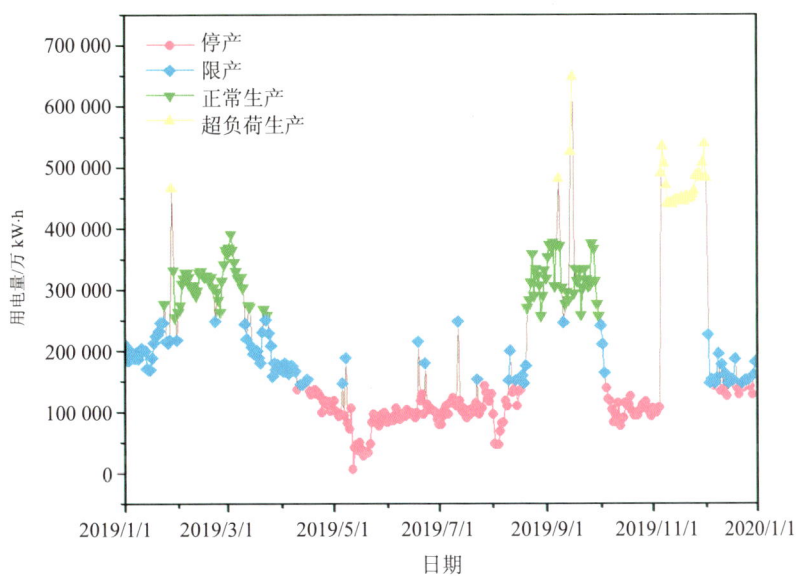

图 3-21　某焦化企业分档聚类实例

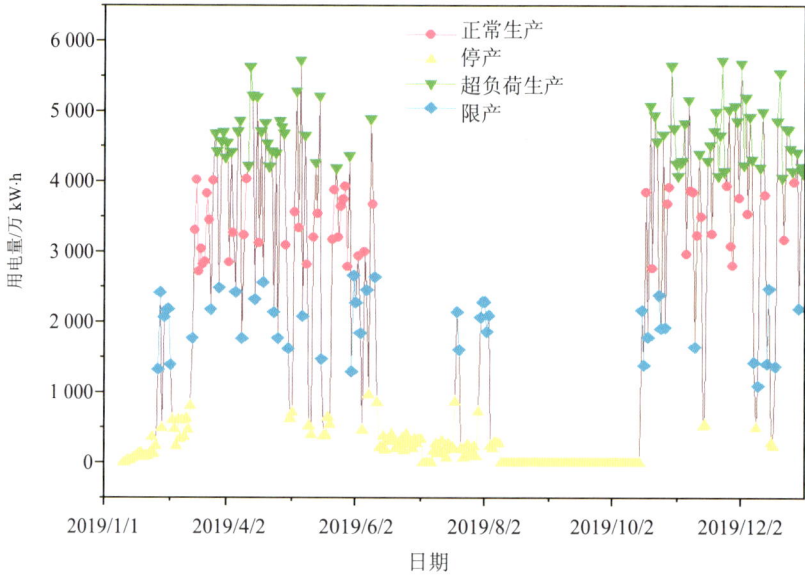

图 3-22　某砖瓦企业分档聚类实例

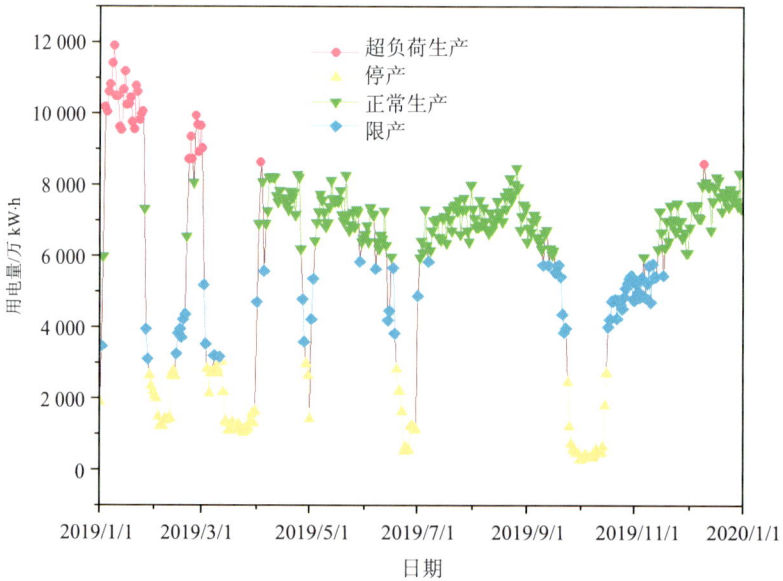

图 3-23　某陶瓷企业分档聚类实例

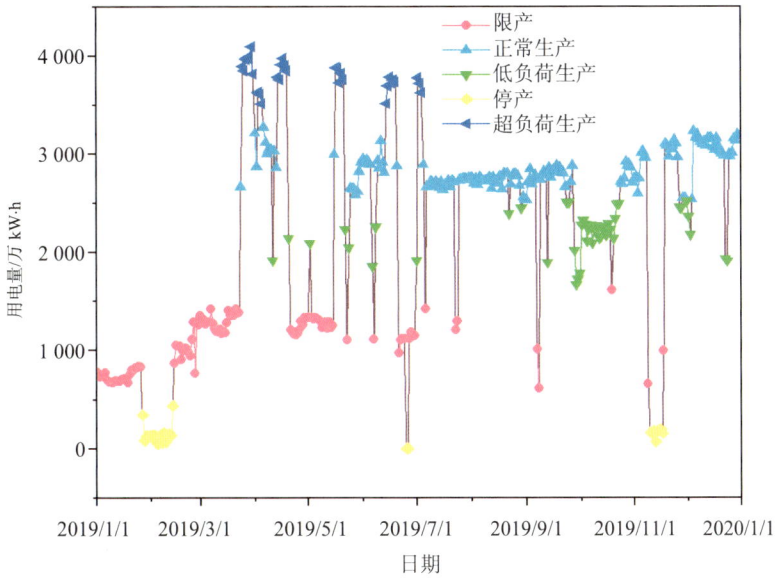

图 3-24　某玻璃企业分档聚类实例

根据实际经验分析,各企业的实际生产过程大致可以分为以下几种生产状态:正常生产时段,此时段对应生产负荷高,用电量大,生产负荷和用电量波动性不大;限产时段,负荷水平下降,生产负荷和用电量理论上波动性大,特别针对一些行业中包含可随时启停的工艺企业;停产时段,生产负荷低且用电量低,长期停产性企业用电规律稳定,停产时段生产负荷与用电量曲线较平稳;此外,还有一些特殊状态,如钢铁、水泥等企业存在超负荷生产时段。在实际分析过程中,由于行业、企业工艺、管控措施的差异,无法单独对每个企业进行对应的生产状态划分。考虑到各企业的用电量差异,采用大数据处理技术中的聚类算法,自适应确定每个企业用电量聚类数,对各档位数据进行用电量—生产负荷建模。

3.2.3.2　构建用电量与生产负荷的关系

假定各企业正常生产时段的外购电量最大值对应 100% 生产负荷,以此对各企业分档电量上下限进行负荷折算。不同分档间的用电量和生产负荷函数曲线遵循用电量的变化特征。

3.2.3.3　分档用电量数据拟合

在分档区间内部,对用电量和生产负荷进行数据拟合,进而确定函数曲线类型。

3.2.3.4 基于随机森林的其他行业负荷模型

与钢铁行业排放不同，水泥生产、玻璃生产、砖瓦生产、焦化行业及陶瓷制品制造行业不同企业之间的工序间不存在重大差异。因此，本研究根据《唐山市2020年应急减排清单》中不同企业的产能、产量及工业总产值等数据，利用随机森林（RF）算法，建立了一种基于电力大数据的高准确性的行业负荷预测模型。

由于统计口径等的不同，基于应急减排清单的产能单位存在差异。因此，本研究分别建立典型行业不同产品单位的负荷预测模型。例如，在水泥行业中主要污染物来自熟料和粉磨机，生产产能单位为万 t/a，因此水泥行业随机森林模型仅考虑其中的熟料和粉磨机企业；砖瓦行业本身的四级分类为各类炉型，但不同炉型由于统计口径不同导致产能单位有所不同（产能单位分为万 t/a、万块/a、万 m²/a 等），因此针对不同炉型分别建立随机森林模型。

其他行业负荷模型构建的思路：首先根据一组特征值（工业总产值、企业产能、日用电量）预测企业产品生产负荷，并训练一个可靠的随机森林模型；然后，用该模型来预测一系列生产负荷。在该算法中，通过对特征值和生产负荷采样，数据中随机采用 70%作为训练集，30%作为验证集。基于机器学习的随机森林算法流程见图 3-25。

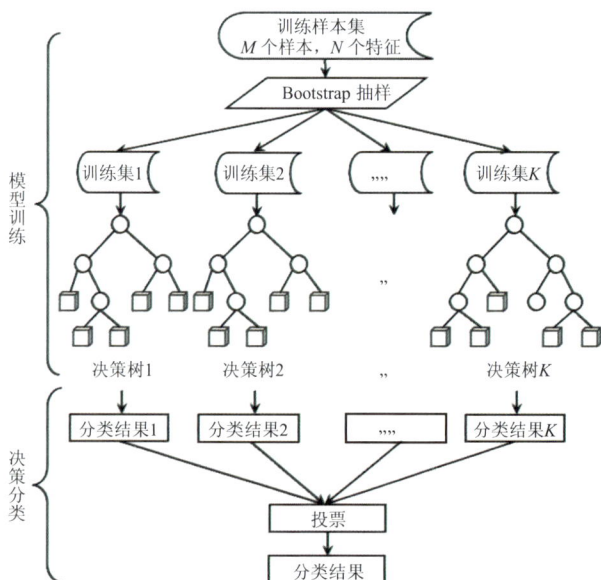

图 3-25 随机森林算法流程

本研究随机森林算法基于 scikit-learn（版本 1.0.1）、scipy（版本 1.8.1）数据包中的 sklearn 数据包。

由于随机森林版本不同，输出结果时需要对参数进行修正。将数据输入上述随机森林中，不断对随机森林进行训练，调整各个参数，使计算结果与数据输入结果逐渐接近。

3.2.3.5　其他行业生产与用电量关系模型校验

本研究通过从特征值（电力数据、产能、工业总产值）中抽取 10%作为校验集，利用上述训练好的随机森林模型进行企业生产负荷预测，并与校验集对应的生产负荷值进行比较。验证指标主要为 NMB、NME、MB、RMSE、R^2。预测结果如图 3-26、表 3-4 所示，可见，随机森林模型预测结果良好，因此使用该模型可基于用电量预测企业的生产负荷。

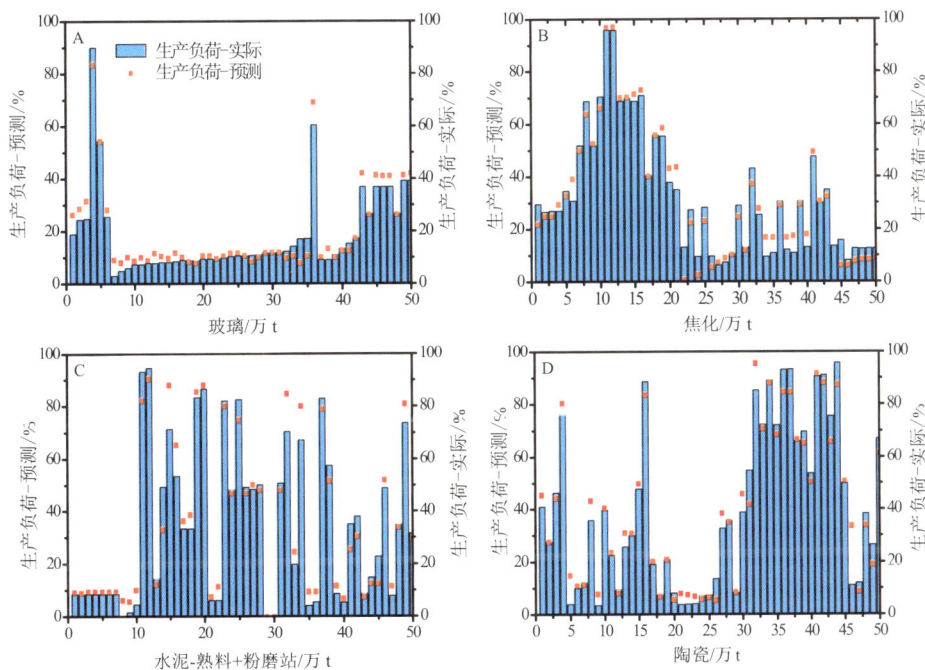

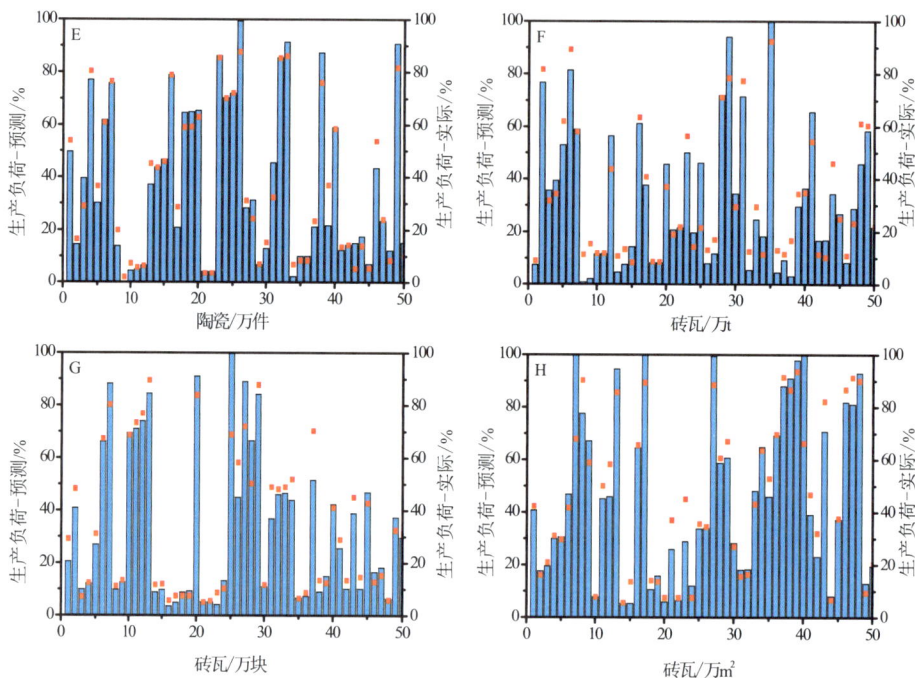

图 3-26　不同行业重分类数据验证

表 3-4　不同行业重分类数据验证指标

参数	玻璃/万 t	焦化/万 t	砖瓦/万 m²	砖瓦/万块	砖瓦/万 t	陶瓷/万件	陶瓷/万 t	水泥-熟料+粉磨站/万 t
NMB	0.776	0.959	−0.317	0.460	0.530	−0.042	−0.110	1.514
NME	10.374	10.569	12.160	14.223	13.745	12.299	10.986	14.021
MB	0.344	0.372	−0.140	0.146	0.186	−0.016	−0.047	0.517
RMSE	6.230	5.602	7.275	6.541	6.463	6.373	6.829	6.477
R^2	0.969	0.975	0.966	0.971	0.973	0.970	0.971	0.972

3.3　基于电力大数据的污染物排放预测模型

在梳理《城市大气污染源排放清单编制技术指南》《唐山市 2020 年应急减排

清单》《第二次全国污染源普查产排污核算系数手册（试用版）》及其他文献资料的数据基础上，本研究采用基于电力大数据的排放因子法核算大气污染物的排放量。考虑典型行业生产负荷与用电量相关性明显，且基于用电量数据可知生产负荷在不同区间内较为稳定，因此结合用电量与生产负荷模型基于生产负荷计算相关企业产量，结合排放因子法即可确定相关大气污染物排放情况，具体构建流程见图 3-27。考虑到钢铁行业具有工序多、排放量大的特点，本研究单独分析钢铁行业。

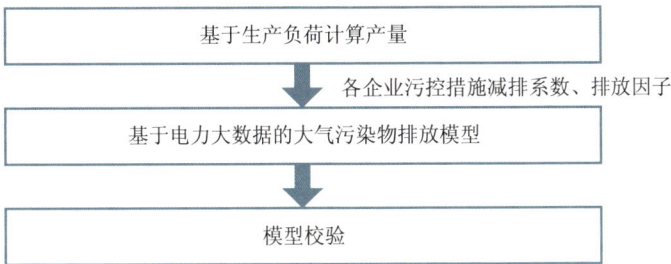

图 3-27　基于电力大数据的污染物排放预测模型构建流程

3.3.1　钢铁行业污染物排放预测模型构建方法

3.3.1.1　生产负荷与产品产量关系模型构建

基于 3.2 节构建的企业生产与用电量关系模型得到的生产负荷，进一步结合企业年产能和年产量数据，得到钢铁行业不同工序用电量及产品产量间的函数关系，由于烧结工序实际生产时间比高炉和转炉工序长，故需单独讨论。

（1）烧结工序

$$C_i = \left(\frac{0.045\,669 \times E_{外购电}}{s} + 126.51 \right) \times \frac{s \times X \times s_j}{E_{100\%} \times 0.001\,339\,56} \tag{3-8}$$

式中，C_i——i 企业烧结工序日产品产量；

　　$E_{外购电}$——企业日外购电量；

　　$E_{100\%}$——100%总用电量；

　　s——i 企业炼铁工序年产量；

s_j —— i 企业烧结工序年产量；

X —— i 企业烧结工序产能产量比。

（2）其他工序

$$C_{i,j}=\left(\frac{0.045\,669\times E_{外购电}}{s}+126.51\right)\times\frac{s\times N_j\times X_j}{E_{100\%}\times 0.000\,889\,38}\qquad(3\text{-}9)$$

式中，$C_{i,j}$ —— i 企业 j 工序日产品产量（j 为炼铁工序、炼钢工序或轧钢工序）；

$E_{外购电}$ —— 企业日外购电量；

$E_{100\%}$ —— 100%总用电量；

s —— i 企业高炉工序年产量；

N_j —— i 企业 j 工序年产量；

X_j —— i 企业 j 工序产能产量比。

其中，100%总用电量需基于修正和归一化后外购电量与总用电量的拟合关系，结合 100%负荷对应的外购电量所得。

3.3.1.2　基于排放因子法的大气污染物排放清单建立

以生产负荷与产品产量关系模型得到的产品产量数据作为活动水平，结合排放因子计算大气污染物排放量。计算公式如下：

$$E=\sum\left[C_i\times EF\times(1-\eta)\right]\qquad(3\text{-}10)$$

式中，E —— 钢铁行业大气污染物排放量；

i —— 钢铁行业工序（烧结、球团、高炉、转炉、电炉）；

C_i —— 其他大气污染典型行业某企业产能；

η —— 污染物控制减排效率；

EF —— 排放因子。

唐山市钢铁行业各企业污染物控制措施实施情况可通过企业调研和其他公开的环境报告等方式获取。钢铁行业各污染物的排放因子和污染控制措施对其相应的去除率（表 3-5 和表 3-6）主要来自《城市大气污染源排放清单编制技术指南》。

表 3-5　钢铁行业污染物排放因子　　　　　　　　　　　　单位：g/t 产品

产品	工艺技术	CO	NO$_x$	SO$_2$	VOCs	PM$_{2.5}$	PM$_{10}$	BC	OC
焦炭	机械炼焦	1.60	1.70	1.08	2.96	5.22	8.79	1.57	1.83
	土法炼焦	15.60	1.70	2.79	5.36	5.22	8.79	1.57	1.83
烧结矿	烧结_有组织排放	16.00	0.55	1.34	0.25	2.52	5.81	0.003	0.13
	烧结_无组织排放	—	—	—	0.25	0.10	0.24	0.001	0.005
球团矿	球团_有组织排放	16.00	0.50	1.34	0.25	2.52	5.81	0.003	0.13
	球团_无组织排放	—	—	—	0.25	0.10	0.24	0.001	0.005
生铁	高炉_有组织排放	15.29	0.17	0.14	—	5.27	8.43	0.53	0.11
	高炉_无组织排放					0.73	1.22	0.07	0.01
粗钢	转炉_有组织排放	8.75		0.06		10.45	14.63	—	2.09
	电炉_有组织排放	9.00		0.06		6.02	8.12		0.12
	转炉_无组织排放	—		—		1.05	1.46		—
	电炉_无组织排放	—		—		0.60	0.81		
铸铁	铸造_有组织排放	—	0.21	0.18	—	7.10	9.01		0.21
	铸造_无组织排放	—		—		1.38	2.82		0.04

表 3-6　重点污染行业常见污染控制措施对各类污染物去除效率　　　单位：%

污染控制措施	SO$_2$	NO$_x$	VOCs	PM$_{2.5}$	PM$_{10}$	BC	OC
烟气循环流化床法	50	0	0	0	0	0	0
炉内喷钙法	50	0	0	0	0	0	0
石灰石/石灰-石膏法	80	0	0	57	75	57	57
双碱法	80	0	0	57	75	57	57
海水法	80	0	0	57	75	57	57
氧化镁法	80	0	0	57	75	57	57
氨法	80	0	0	57	75	57	57
密相干法	50	0	0	0	0	0	0
旋转喷雾干燥法	50	0	0	0	0	0	0

污染控制措施	SO₂	NOₓ	VOCs	PM₂.₅	PM₁₀	BC	OC
其他脱硫技术	40	0	0	0	0	0	0
普通低氮燃烧器	0	22	0	0	0	0	0
高效低氮燃烧器	0	42	0	0	0	0	0
选择性非催化还原法	0	30	0	0	0	0	0
选择性催化还原法	0	42	0	0	0	0	0
其他脱硝技术	0	20	0	0	0	0	0
重力沉降法	0	0	0	10	70	10	10
惯性除尘法	0	0	0	10	70	10	10
湿法除尘法	20	0	0	50	90	50	50
普通静电除尘法	0	0	0	93	98	93	93
高效静电除尘法	0	0	0	96	99	96	96
过滤式除尘法	0	0	0	99	99.5	99	99
电袋复合除尘法	0	0	0	96	99	96	96
单筒旋风除尘法	0	0	0	10	70	10	10
多管旋风除尘法	0	0	0	10	70	10	10
无组织尘一般控制技术	0	0	0	10	15	10	10
无组织尘高效控制技术	0	0	0	30	50	30	30
其他除尘技术	0	0	0	10	70	10	10

3.3.2 其他行业污染物排放预测模型构建方法

本研究使用排放因子法构建水泥、玻璃、砖瓦、焦化及陶瓷行业的污染物排放预测模型。模型核算用到的生产负荷数据来自其他行业生产与用电关系模型的相关结果。唐山市其他大气污染物排放重点行业各企业污染物控制措施实施情况来自企业调研和其他公开的环境报告。各行业污染物排放因子和污染控制效率数据（表 3-7 和表 3-6）来自《城市大气污染源排放清单编制技术指南》。其他行业污染物排放预测模型公式如下：

$$E = \sum\left[C_i \times \text{EF} \times (1-\eta)\right] \qquad (3\text{-}11)$$

式中，E —— 其他大气污染典型行业某企业的大气污染物排放量；

　　　EF —— 排放因子；

　　　C_i —— 其他大气污染典型行业某企业产品产量；

　　　η —— 污染物控制减排效率。

表 3-7　重点行业污染物排放因子　　　单位：g/t 产品

部门/行业	产品	工艺	CO	NO$_x$	SO$_2$	VOCs	PM$_{2.5}$	PM$_{10}$	BC	OC
非金属矿物制品业	熟料	新型干法	3.71	1.88	0.51	0.33	26.5	57.5	0.23	0.39
		立窑	2.6	0.2	2.53	0.33	11.9	33.7	0.27	0.45
		其他旋窑	23.84	0.16	1.93	0.33	13.2	42.6	0.13	0.21
	水泥	粉磨	—	—	—	—	2	8	—	—
	石灰	不分技术	30.95	0.2	0.34	0.18	1.4	13.4	0.03	0.01
	砖瓦	不分技术	4.04	0.05	0.6	0.13	0.27	0.71	0.11	0.09
	石膏	不分技术	30.95	0.2	0.34	0.18	1.4	12	0.03	0.01
	平板玻璃	浮法平板玻璃	—	7.74	3.4	4.4	7.92	8.27	—	—
		垂直引上平板玻璃	—	7.74	3.4	4.4	10.69	11.16	—	—
	玻璃制品	不分技术	—	—	—	4.4	2.94	3.07	—	—
	玻璃纤维	不分技术	—	—	—	3.15	—	—	—	—
	陶瓷	不分技术	—	5	2.25	29.22	0.67	2.43	—	—
石油加工、炼焦、核燃料加工业	焦炭	机械炼焦	1.6	1.7	1.08	2.96	5.22	8.79	1.57	1.83
		土法炼焦	15.6	1.7	2.79	5.36	5.22	8.79	1.57	1.83

3.3.3 民用污染源大气污染排放清单优化技术

3.3.3.1 民用地区燃煤用量识别及燃煤人口更新

《唐山统计年鉴（2020）》的统计数据显示，2019 年唐山市农村常住人口约为 93.53 万人，主要人口分布见图 3-28。由图 3-28 可知，唐山市农村人口主要分布在迁安市、丰润区、玉田县、遵化市等地区，民用台区"煤改电"也集中在这些区域。

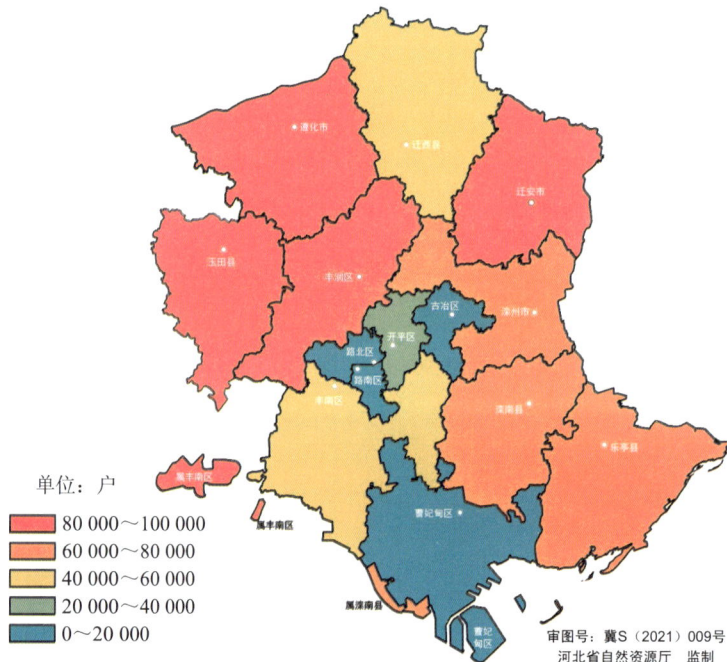

单位：户
- 80 000～100 000
- 60 000～80 000
- 40 000～60 000
- 20 000～40 000
- 0～20 000

审图号：冀 S（2021）009 号
河北省自然资源厅 监制

图 3-28 唐山市农村人口分布情况

本研究以唐山市迁安市、滦南县、玉田县、遵化市为研究区域，研究民用"煤改电"改造效果评估方法及民用污染源大气污染物排放清单优化技术。首先，本研究基于此前项目研究成果，得到重要模型参数，见表 3-8。

表 3-8　户均燃煤量估算模型

样本序号	x1（最低气温）/℃	x1（最高气温）/℃	x2（人均可支配年收入）/元	x3（供暖面积）/m²	x4（户均常住人口）/人	Y（户均年燃煤量）/t
玉田县	0.714	10.14	14 800	35	2	2
乐亭县	0.285	10.285	30 000	60	3	2.5
遵化市	5.42	7.14	10 000	60	6	4
丰南区	0.285	11	14 000	70	5	4
迁安市	0.285	11	18 750	100	4	3.5
迁西县	0.285	11	22 500	80	2	3
曹妃甸区	0.771	8.314	40 000	24	2	1.5
丰润区	0.771	8.314	17 500	15	2	1
滦南县	5.14	7.71	66 667	120	3	5
滦县	5.14	7.71	13 000	50	2	1.5
古冶区	5.14	7.71	27 500	60	2	2
路南区	5.14	7.71	30 000	80	2	2

　　基于 2019 年民用台区"煤改电"识别结果，分县（市、区）标定地区"煤改电"使用比例，其中迁安市 7%、滦南县 4%、玉田县 9%、遵化市 9%，唐山市其他地区使用比例平均为 7%。根据国家电网公司发布的唐山市民用台区"煤改电"改造计划表，假设唐山市按该计划"煤改电"改造，实际使用"煤改电"户数为改造户数乘以对应地区"煤改电"使用比例。

　　基于唐山市 2019 年排放清单，通过政府调研实际数据等方法，估算得出 2019 年削减散煤量为 84.05 万 t。基于上述电力数据识别得出电力预估削减散煤量为 31.98 万 t，约为清单散煤削减量的 38%，具体见图 3-29 与表 3-9、表 3-10。根据散煤量分布图，"以电代煤"的散煤削减效果体现为玉田县、遵化市及滦南县较好，污染物削减排放量等于削减量乘以相应的排放因子，其对应的空间分布依据"煤改电"实施区域确定。

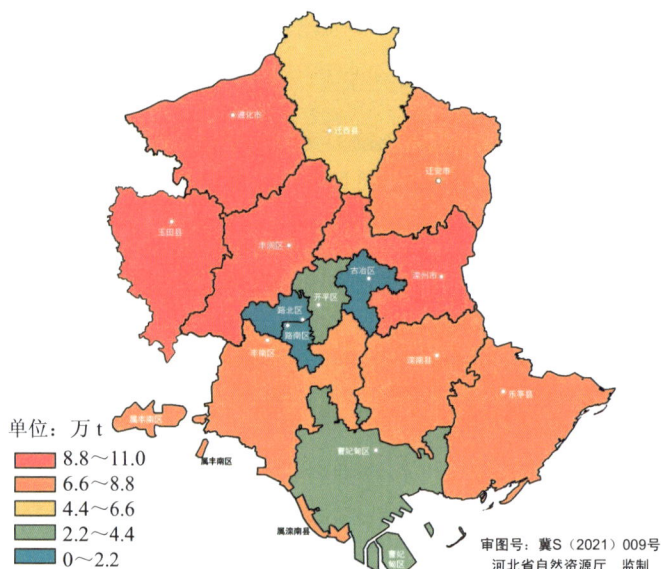

（a）

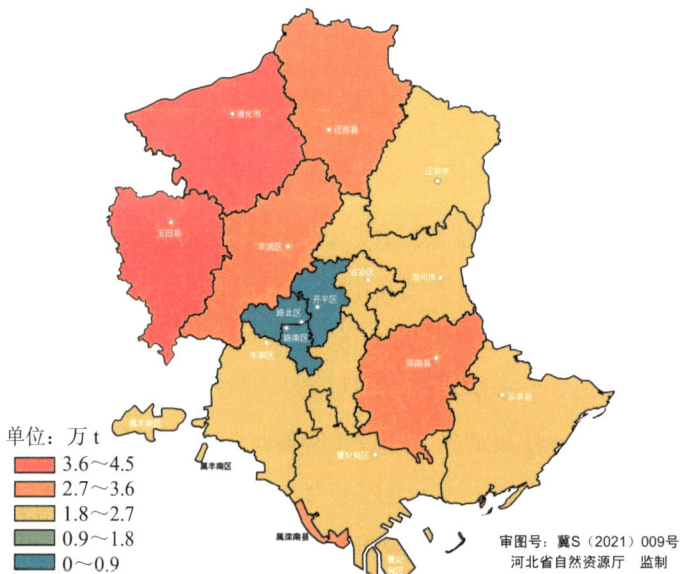

（b）

图 3-29　唐山地区"以电代煤"替代燃煤量排放清单（a）以及基于电力大数据
估算的"以电代煤"实际减排清单（b）

表 3-9　基于电力大数据估算的"煤改电"实际使用户数　　单位：户

台区数据	总户数	使用	不使用	比例/%
迁安市台区 A	326	24	212	7
滦南县台区 B	300	12	288	4
玉田县台区 C	286	26	260	9
未知台区 D	110	10	100	9
平均比例	—	—	—	7

表 3-10　基于电力大数据估算的"以电代煤"减排清单

县（市、区）	能源消耗/万 t	能源比例	散煤削减清单/万 t	电力识别预估削减量/万 t
丰润区	32.09	0.13	10.57	2.96
玉田县	29.63	0.12	9.76	3.92
滦县	28.04	0.11	9.24	2.03
遵化市	28.00	0.11	9.23	4.47
迁安市	24.79	0.10	8.17	2.62
滦南县	22.43	0.09	7.39	3.51
丰南区	21.78	0.09	7.18	2.45
乐亭县	21.56	0.08	7.10	2.38
迁西县	16.91	0.07	5.57	3.06
开平区	9.21	0.04	3.03	0.00
曹妃甸区	7.36	0.03	2.42	2.56
古冶区	6.46	0.03	2.13	2.04
海港经济开发区	3.35	0.01	1.10	0.00
汉沽管理区	1.97	0.01	0.65	0.00
路南区	—	—	0.00	0.00
路北区	—	—	0.00	0.00
芦台经济开发区	1.53	0.01	0.50	0.00
总计	—	—	84.05	31.99

3.3.3.2   民用污染源大气污染物排放清单动态化方案

民用污染源排放清单的动态化基于面源时空分配技术来实现,以不同县(市、区)的活动水平为代用参数,将市级的排放分配到县(市、区),然后通过人口栅格数据将县(市、区)排放分配到网格。时间动态化的基本原则是获取排放清单建立过程中依据的主要动态化计算参数,建立时间分配系数,将年尺度排放分配到月、日。优化技术方案见图 3-30,具体步骤为:

步骤一:燃煤用户识别,已在上述研究中完成,除使用"煤改电"用户及空置用户外,均视为燃煤用户。

步骤二:采用更新后的民用污染源大气污染物排放清单,根据各县(市、区)散煤削减量,将市级的民用污染源各污染物排放分配到县(市、区)。

步骤三:人口栅格数据调整;基于步骤一完成的燃煤用户分布特征,整合并形成新的分县(市、区)人口栅格数据,对于已经完成"煤改电"的用户,不再作为民用燃煤排放清单的空间分配参数;采用整合后的人口栅格数据,对更新后的民用污染源排放清单进行空间分配,从而将民用燃煤排放精准定位到实际燃煤消费的用户。

步骤四:基于识别的燃煤用户实际用能特征(用电量曲线),建立民用污染源排放的典型时间变化曲线,确立月排放系数和日排放系数,从而将污染物年排放量分配到月尺度和日尺度,实现更新后的民用污染源排放清单时间动态化。

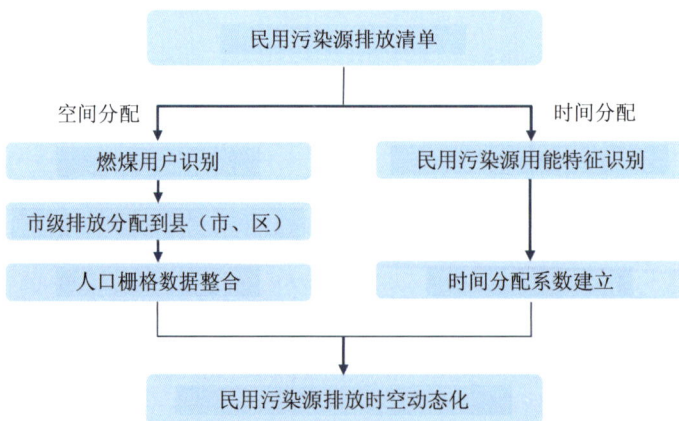

图 3-30   民用污染源大气污染物排放清单优化技术方案

3.4　排放模型预测准确性分析

3.4.1　与传统排放清单的误差分析

3.4.1.1　钢铁行业

本研究基于前文建立的排放核算模型，核算 17 家典型钢铁企业工序节点大气污染物排放量，并通过与中国多尺度排放清单模型（MEIC）中 2019 年唐山市大气污染物排放量进行比较，验证模型核算结果的可靠性。由图 3-31（a）可知，基于排放核算模型计算所得的 2019 年唐山市 17 家典型钢铁企业 SO$_2$、NO$_x$、PM$_{2.5}$、TSP、PM$_{10}$、CO、BC 和 OC 总排放量分别为 1 017.90 t、2 047.75 t、1 141.81 t、4 512.42 t、1 950.06 t、4 206 438.91 t、28.42 t 和 60.83 t，与 MEIC 清单的相关评

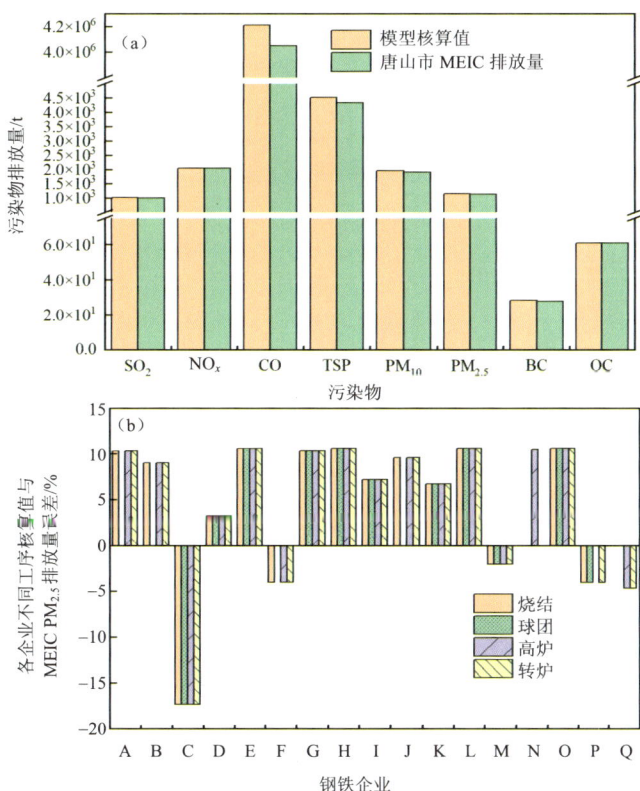

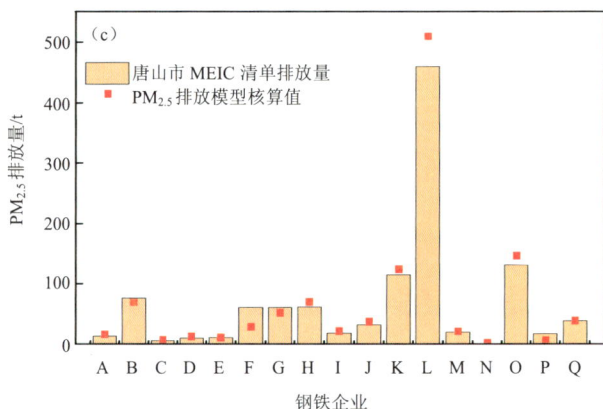

图 3-31　钢铁行业的排放模型核算与 MEIC 清单误差分析

估结果（1 002.94 t、2 057.11 t、1 130.48 t、1 950.06 t、1 897.63 t、4 048 697.03 t、27.83 t 和 60.80 t）相近，相对误差在−0.46%～4.27%。各钢铁企业不同工序大气污染物 $PM_{2.5}$ 的模型核算值与 MEIC 清单的相对误差在−17.34%～10.60%，见图3-31（b）。此外，由图 3-31（c）可知，各企业污染物的模型估算结果与 MEIC 清单的一致性也较高，二者的相对误差在−17.34%～10.59%。综上所述，基于电力大数据的大气污染物排放核算模型可信度较高，模型所得结果可为排放特征的精细化分析及相关污染防治措施的制定提供参考依据。

3.4.1.2　水泥行业

考虑到水泥行业可细分为熟料制备企业、熟料—水泥联合企业和粉磨站，本研究分别验证 3 个行业小类企业的污染物估算结果的准确性。对于熟料—水泥联合企业，将外购电量按熟料工序：粉磨工序=0.684 211 进行分配。熟料制备企业 A 大气污染物排放的模型预测结果与 MEIC 清单的误差如表 3-11 所示，二者对大气污染物核算结果的相对误差在 30%以内，基于电力大数据的污染物排放预测模型能较好地反映熟料制备企业的污染物排放特征。

水泥粉磨站年排放预测量与 MEIC 清单的误差见图 3-32。除个别企业以外，多数水泥粉磨站基于电力大数据的污染物排放预测模型估算的水泥粉磨站大气污染物排放与 MEIC 清单的误差小于 5%，表明模型具备良好的排放预测能力。

表 3-11　2019 年熟料制备企业 A 模型预测与 MEIC 清单排放量及误差

单位：t

	产能/ 万 t	SO_2 排放量	NO_x 排放量	CO 排放量	TSP 排放量	PM_{10} 排放量	$PM_{2.5}$ 排放量	BC 排放量	OC 排放量
模型结果	13.16	75.86	26.18	551.85	295.86	147.19	66.35	0.34	0.58
MEIC 清单	10.27	59.18	20.42	430.51	230.81	114.83	51.76	0.27	0.45
误差/%	28.14	28.19	28.21	28.19	28.18	28.18	28.19	25.93	28.89

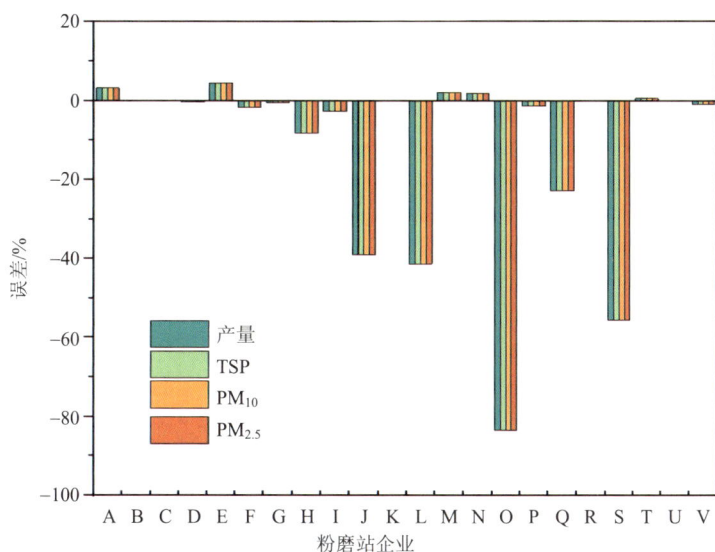

图 3-32　2019 年粉磨站企业模型预测及 MEIC 清单误差

基于电力大数据的污染物排放预测模型核算的典型熟料—水泥联合企业大气污染物排放量与 MEIC 清单的比较见表 3-12。由表 3-12 可知，二者的误差均小于20%，且粉磨工序误差最小。可能的原因是，用电集中在粉磨工序，使用电量与粉磨排放相关性增高，熟料工序需使用一定量的化石能源，导致相关性较低。从整体来看，基于电力大数据的污染物排放预测模型可以较好地预测熟料—水泥联合企业的大气污染物排放水平。

表 3-12　水泥双工序企业污染物模型预测及 MEIC 清单排放量

单位: t

		熟料产量	SO_2	NO_x	CO	TSP	PM_{10}	$PM_{2.5}$	BC	OC	CO_2
水泥双工序企业 A	熟料工序										
	模型结果	146.40	843.61	621.96	6 136.88	478.24	457.30	306.87	3.80	6.45	1 548 664.92
	MEIC 清单	145.60	839.02	618.57	6 103.46	475.63	454.81	305.20	3.78	6.42	1 540 230.71
	误差%	0.55	0.55	0.55	0.55	0.55	0.55	0.55	0.53	0.47	0.55
	粉磨工序	粉磨产量	SO_2	NO_x	CO	TSP	PM_{10}	$PM_{2.5}$	BC	OC	CO_2
	模型结果	196.24	0.00	0.00	0.00	7.04	1.27	0.44	0.00	0.00	0.00
	MEIC 清单	195.17	0.00	0.00	0.00	7.00	1.26	0.44	0.00	0.00	0.00
	误差%	0.55	—	—	—	0.57	0.79	0.00	—	—	—
	总排放量	—	SO_2	NO_x	CO	TSP	PM_{10}	$PM_{2.5}$	BC	OC	CO_2
	模型结果	—	843.61	621.96	6 136.88	485.28	458.57	307.32	3.80	6.45	1 548 664.92
	MEIC 清单	—	839.02	618.57	6 103.46	482.64	456.07	305.64	3.78	6.42	1 540 230.71
	误差%	—	0.55	0.55	0.55	0.55	0.55	0.55	0.53	0.47	0.55
水泥双工序企业 B	熟料工序	熟料产量	SO_2	NO_x	CO	TSP	PM_{10}	$PM_{2.5}$	BC	OC	CO_2
	模型结果	128.79	445.30	984.89	5 398.87	420.73	402.30	269.97	3.35	5.68	1 362 424.82
	MEIC 清单	159.62	551.87	1 220.61	6 691.00	521.42	498.59	334.58	4.15	7.03	1 688 499.07
	误差%	-19.31	-19.31	-19.31	-19.31	-19.31	-19.31	-19.31	-19.28	-19.20	-19.31

水泥双工序企业 B

粉磨工序	粉磨产量	SO_2	NO_x	CO	TSP	PM_{10}	$PM_{2.5}$	BC	OC	CO_2
模型结果	118.08	—	—	—	4.24	0.76	0.27	—	—	—
MEIC 清单	118.77	—	—	—	4.26	0.77	0.27	—	—	—
误差/%	-0.58	—	—	—	-0.47	-1.30	-0.00	—	—	—

总排放量	—	SO_2	NO_x	CO	TSP	PM_{10}	$PM_{2.5}$	BC	OC	CO_2
模型结果	—	445.30	984.89	5 398.87	424.96	403.07	270.24	3.35	5.68	1 362 424.82
MEIC 清单	—	551.87	1 220.61	6 691.00	525.68	499.36	334.85	4.15	7.03	1 688 499.07
误差/%	—	-19.31	-19.31	-19.31	-19.16	-19.28	-19.30	-19.28	-19.20	-19.31

熟料工序	熟料产量	SO_2	NO_x	CO	TSP	PM_{10}	$PM_{2.5}$	BC	OC	CO_2
模型结果	119.95	2 615.87	26.02	32 312.08	595.69	424.23	178.91	1.76	2.85	1 296 509.77
MEIC 清单	120.15	2 620.22	26.07	32 365.86	596.68	424.94	179.21	1.76	2.85	1 298 667.70
误差/%	-0.17	-0.17	-0.00	-0.17	-0.17	-0.17	-0.17	-0.00	-0.00	-0.17

水泥双工序企业 C

粉磨工序	粉磨产量	SO_2	NO_x	CO	TSP	PM_{10}	$PM_{2.5}$	BC	OC	CO_2
模型结果	69.66	—	—	—	249.99	45.02	15.74	—	—	—
MEIC 清单	69.78	—	—	—	250.41	45.10	15.77	—	—	—
误差/%	-0.17	—	—	—	-0.17	-0.18	-0.19	—	—	—

总排放量	—	SO_2	NO_x	CO	TSP	PM_{10}	$PM_{2.5}$	BC	OC	CO_2
模型结果	—	2 615.87	26.02	32 312.08	845.68	469.26	194.65	1.76	2.85	1 296 509.77
MEIC 清单	—	2 620.22	26.07	32 365.86	847.09	470.04	194.98	1.76	2.85	1 298 667.70
误差/%	—	-0.17	-0.19	-0.17	-0.17	-0.17	-0.17	-0.00	-0.00	-0.17

3.4.1.3 砖瓦行业

砖瓦行业主要采用煤矸石等化石燃料作为热源，其中粉磨、制砖机等工序用电量较高。砖瓦行业 13 家企业的大气污染物模型预测排放与 MEIC 清单的误差见图 3-33，可见，二者的相对误差大部分在 16%以内，说明基于电力大数据的污染物排放预测模型能较好地表现砖瓦行业的大气污染物排放特征。

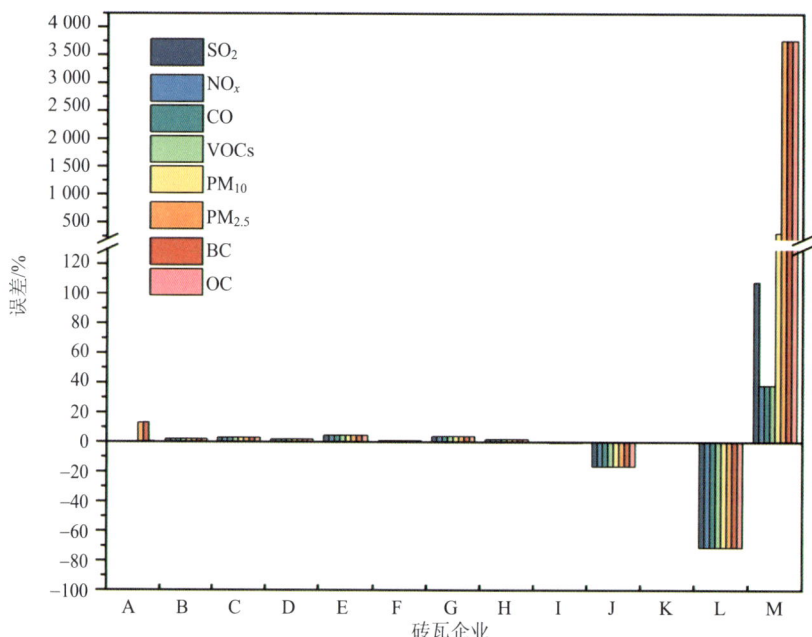

图 3-33 2019 年砖瓦企业模型预测排放与 MEIC 清单误差

3.4.1.4 陶瓷行业

陶瓷行业 9 家企业的模型预测排放与 MEIC 清单的误差如图 3-34 所示，可见，陶瓷行业整体预测结果与 MEIC 清单的误差大部分在 15%以内，基于电力大数据的污染物排放预测模型能较好地体现陶瓷行业的大气污染物的排放特征。

3.4.1.5 焦化行业

焦化行业 4 家企业的模型预测排放与 MEIC 清单的误差如表 3-13 所示，可见，焦化行业整体预测结果与 MEIC 清单的误差大部分在 25%以内，基于电力大数据的污染物排放预测模型能较好地体现焦化行业的大气污染物的排放特征。

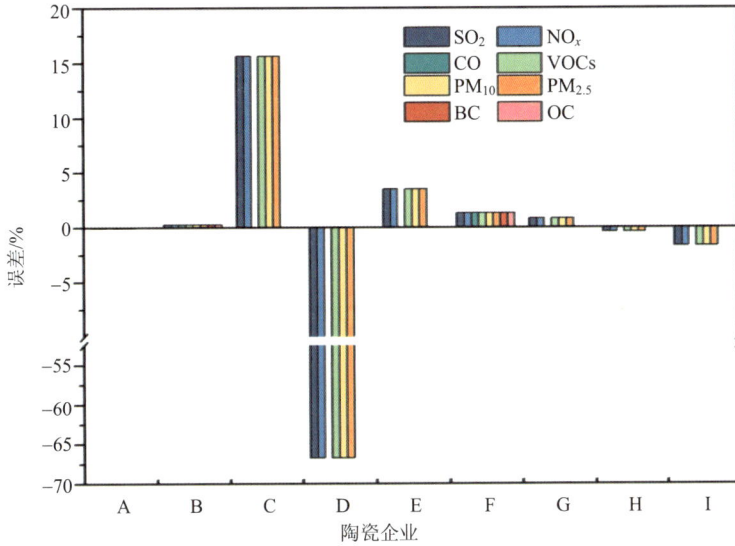

图 3-34　2019 年陶瓷企业模型预测排放与 MEIC 清单误差

表 3-13　焦化企业污染物模型预测量及 MEIC 清单排放量　单位：t

企业	项目	产品产量	SO$_2$排放量	NO$_x$排放量	CO排放量	VOCs排放量	TSP排放量	PM$_{10}$排放量	PM$_{2.5}$排放量	BC排放量	OC排放量
焦化A	模型结果	137.20	734.95	1 341.97	2 177.64	1 611.45	101.08	95.34	71.05	21.31	24.87
	MEIC清单	164.58	881.64	1 609.81	2 612.27	1 933.08	121.26	114.37	85.23	25.57	29.83
	误差/%	16.63	16.63	16.63	16.63	16.63	16.63	16.63	16.63	16.66	16.63
焦化B	模型结果	57.67	92.68	48.63	915.38	677.38	48.39	50.29	29.86	8.96	10.45
	MEIC清单	69.51	111.71	58.61	1 103.30	816.44	58.32	60.61	36.00	10.80	12.60
	误差/%	17.03	17.04	17.03	17.03	17.03	17.03	17.03	17.06	17.04	17.06
焦化C	模型结果	134.65	865.56	1 317.05	2 137.20	1 581.53	99.21	93.57	69.73	20.92	24.40
	MEIC清单	165.29	1 062.51	1 616.73	2 623.49	1 941.38	121.78	114.86	85.59	25.68	29.96
	误差/%	18.54	18.54	18.54	18.54	18.54	18.53	18.54	18.53	18.54	18.56
焦化D	模型结果	132.62	263.53	1 297.16	2 104.93	1 557.64	606.06	30.94	23.79	7.14	8.33
	MEIC清单	161.75	321.42	1 582.10	2 567.30	1 899.80	739.19	37.74	29.02	8.71	10.16
	误差/%	18.01	18.01	18.01	18.01	18.01	18.01	18.02	18.02	18.03	18.01

3.4.1.6　玻璃行业

玻璃行业数据样本量较少，目前，仅一家玻璃企业可用于构建相关模型。模型预测结果与 MEIC 清单的相对误差为–0.048 6%，能较好地满足相关要求，但仍需进一步增加样本量。

3.4.2　与企业 CEMS 数据的定性比较

以水泥行业为例，选取企业A作为案例进行分析，通过收集该企业2023年10月22日1:00至11月2日0:00的用电量及CEMS数据，通过前述研究中的生产与用电量关系模型，结合排放因子法进行污染物排放预测。由图3-35可知，基于电力大数据预测的排放量与CEMS数据的Pearson相关系数可达0.63，且整体排放趋势较为一致，波峰、波谷时间段重合度较高。由此可见，该模型能较好地反映企业实际生产排污状况。

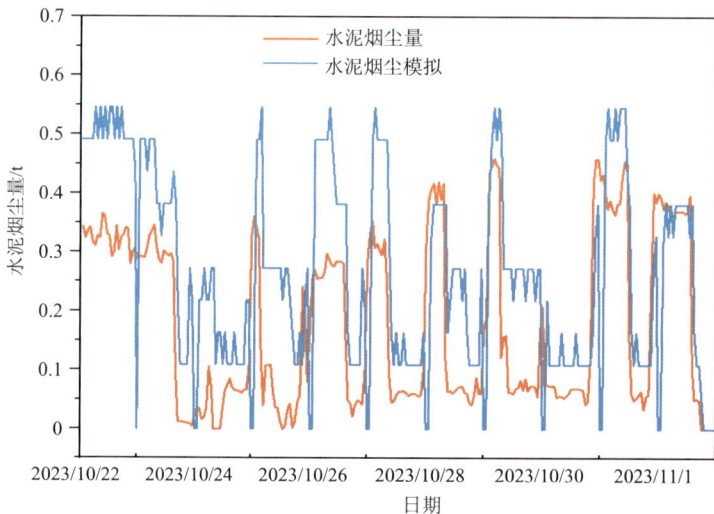

图 3-35　水泥企业 A 于 2023 年预警期间的污染物排放与预测量

3.4.3　基于空气质量模型的排放结果校验

3.4.3.1　空气质量模型配置及参数

空气质量模型以污染物排放清单和气象数据为输入，可以很好地揭示污染物的排放、扩散、传输、干湿沉降及化学转化等过程。本研究以基于电力大数据的污染物排放预测结果为基础,利用 WRF-CMAQ 模型对 2019 年唐山市多种空气污染物($PM_{2.5}$、PM_{10}、SO_2、NO_2、CO、O_3)的环境空气质量浓度进行模拟,通过与唐山市 12 个环境空气质量国控自动监测站(表 3-14)的观测数据的对比,进一步验证了本研究构建的基于电力大数据的污染物排放预测模型的可靠性。

表 3-14　唐山市环境空气质量国控自动监测站点信息

站点名称	站点经度	站点纬度
丰润区政府	118.16°	39.83°
雷达站	118.13°	39.64°
物资局	118.17°	39.63°
小山	118.19°	39.62°
正泰大街热力站	118.09°	39.58°
金山小学	118.44°	39.74°
政府服务中心	118.24°	39.67°
消防缸窑路中队	118.21°	39.66°
路南电大	118.14°	39.62°
十二中	118.17°	39.65°
供销社	118.17°	39.63°
陶瓷公司	118.22°	39.67°

模拟过程中,基于 WRFv3.8 提供的气象条件,使用 CMAQ5.1 模拟了污染物浓度。模拟区域采用 Lambert 投影坐标系,分为 3 个嵌套层。嵌套层的水平分辨率分别为 27 km × 27 km、9 km × 9 km、3 km × 3 km。WRF 模拟所需要的初始场和边界场来自美国国家环境预报中心(National Centers for Environmental Prediction,NCEP)的气象再分析资料。CMAQ 模型在垂直方向上分层设置为 14 层,初始和边界条件使用默认条件。为减小初始场对模型结果的影响,每次模拟都设定 12 d 的模型自适应时间。

3.4.3.2　空气质量模型模拟结果评估

本研究通过收集相应的观测数据,利用数理统计方法对模型结果进行验证评估。本研究采用的 6 个统计指标分别为相关性指数（R^2）、平均偏差（MB）、平均误差（ME）、归一化平均偏差（NMB）、归一化平均误差（NME）和均方根误差（RMSE）。其中，相关性指数（R^2）衡量模拟结果与观测结果之间的相关性，均值偏差（MB）表征模拟结果与观测值平均值的偏差，均方根误差（RMSE）表征模拟结果与观测值的偏移程度，归一化平均偏差（NMB）以及归一化平均误差（NME）表征模拟结果与观测值之间的相对偏差及相对误差的大小。WRF 模型模拟的唐山市 2019 年 1 月、4 月、7 月和 10 月气象数据结果见表 3-15。评价结果显示，模拟基本重现了 2019 年 1 月、4 月、7 月、10 月的气象条件，其中压力和温度模拟精度相对较高。

表 3-15　唐山市 2019 年 1 月、4 月、7 月和 10 月 D03 地区每小时观测气压、
温度、相对湿度、风速和 WRF 模型模拟的描述性统计

月份	参数	观测平均值	模拟平均值	R^2	MB	ME	NMB	NME	RMSE
1	气压/hPa	1 026.39	1 029.53	0.99	3.14	3.14	0.00	0.00	0.00
	温度/℃	−3.67	−2.37	0.86	1.30	1.89	−0.35	−0.51	1.48
	相对湿度/%	43.04	38.35	0.59	−4.69	11.22	−0.11	0.26	27.32
	风速/（m/s）	2.05	2.67	0.41	0.62	1.06	0.30	0.52	1.08
4	气压/hPa	1 012.18	1 015.00	0.99	2.82	2.82	0.00	0.00	0.00
	温度/℃	13.59	13.04	0.82	−0.54	1.96	−0.04	0.14	4.33
	相对湿度/%	46.63	46.89	0.72	0.26	10.09	0.01	0.22	18.34
	风速/（m/s）	3.07	3.10	0.48	0.03	1.00	0.01	0.32	1.90
7	气压/hPa	1 000.82	1 003.19	0.97	2.37	2.37	0.00	0.00	0.05
	温度/℃	27.04	26.88	0.78	−0.17	2.05	−0.01	0.08	3.55
	相对湿度/%	73.60	68.71	0.67	−4.89	9.97	−0.07	0.14	23.53
	风速/（m/s）	2.22	2.38	0.30	0.16	0.89	0.07	0.40	1.67
10	气压/hPa	1 018.98	1 021.22	0.96	2.24	2.40	0.00	0.00	1.61
	温度/℃	12.29	13.61	0.89	1.31	1.90	0.11	0.15	1.78
	相对湿度/%	59.02	47.08	0.61	−11.94	14.28	−0.20	0.24	38.04
	风速/（m/s）	2.09	2.58	0.55	0.49	0.97	0.23	0.46	1.29

唐山市 2019 年 1 月、4 月、7 月和 10 月各污染物指标情况见表 3-17。评价结果表明本研究构建的基于电力大数据的污染物排放预测模型可以较好地识别污染物排放特征，基于此开展的空气质量预测与观测结果一致性较好。其中，$PM_{2.5}$、PM_{10}、SO_2、NO_2、CO 和 O_3 模拟结果与观测的 R^2 分别为 0.21～0.79、0.13～0.57、0.02～0.26、0.07～0.66、0.19～0.53 和 0.16～0.83，处于较高水平。模拟结果的高估和/或低估可能是由垂直分层粗糙、模型边界条件缺陷和排放清单的不确定性造成的。

表 3-17　唐山市 2019 年 1 月、4 月、7 月和 10 月 $PM_{2.5}$、PM_{10}、SO_2、NO_2、CO、O_3 模拟结果和观测值评价指标情况

污染物	月份	观测平均值/（μg/m³）	模拟平均值/（μg/m³）	R^2	MB	ME	NMB	NME	RMSE
$PM_{2.5}$	1	86.84	88.68	0.60	1.84	27.65	0.02	0.32	67.31
	4	51.10	53.90	0.79	2.80	8.67	0.05	0.17	13.36
	7	42.58	59.13	0.21	16.55	17.77	0.39	0.42	4.14
	10	52.29	72.87	0.62	20.58	23.87	0.39	0.46	10.35
PM_{10}	1	141.97	154.16	0.57	12.19	40.52	0.09	0.29	71.95
	4	102.14	97.36	0.44	−4.79	20.50	−0.05	0.20	42.43
	7	77.00	108.94	0.13	31.94	34.19	0.41	0.44	8.04
	10	102.53	137.90	0.44	35.37	45.43	0.34	0.44	22.78
SO_2	1	28.73	53.77	0.26	25.03	27.17	0.87	0.95	10.65
	4	19.00	15.77	0.02	−3.23	7.62	−0.17	0.40	17.81
	7	15.63	14.33	0.02	−1.30	6.30	−0.08	0.40	11.36
	10	16.19	23.39	0.07	7.19	11.32	0.44	0.70	11.34
NO_2	1	63.77	51.03	0.61	−12.74	15.26	−0.20	0.24	36.82
	4	43.93	31.57	0.21	−12.37	13.37	−0.28	0.30	30.39
	7	38.55	29.35	0.07	−9.19	11.39	−0.24	0.30	25.49
	10	60.19	41.61	0.66	−18.58	19.10	−0.31	0.32	42.53

污染物	月份	观测平均值/（μg/m³）	模拟平均值/（μg/m³）	R^2	MB	ME	NMB	NME	RMSE
CO	1	1.74	2.14	0.53	0.40	0.63	0.23	0.36	0.61
	4	1.23	1.17	0.32	−0.05	0.29	−0.04	0.24	0.64
	7	1.35	1.58	0.19	0.23	0.47	0.17	0.35	0.63
	10	1.31	1.52	0.41	0.20	0.47	0.15	0.36	0.53
O_3	1	39.65	53.90	0.83	14.26	14.39	0.36	0.36	0.51
	4	112.40	106.57	0.16	−5.83	20.77	−0.05	0.18	56.01
	7	158.42	172.35	0.42	13.94	30.65	0.09	0.19	33.62
	10	68.61	83.26	0.65	14.65	21.87	0.21	0.32	16.69

　　本研究同时比较了主要污染物 CMAQ 模拟结果与观测数据的浓度时间序列。由图 3-36 可知，CMAQ 模型很好地模拟了唐山地区各污染物浓度的日变化，合理地反映了各污染物浓度的日变化。$PM_{2.5}$、PM_{10}、SO_2、NO_2 和 CO 的浓度在 2019 年 1 月 12—20 日呈缓慢下降趋势，在 2019 年 10 月 4—24 日呈缓慢上升趋势。O_3 的日变化趋势与上述污染物相反。除了 $PM_{2.5}$ 和 PM_{10}，SO_2 的模拟浓度在某些时段高，NO_2 整体模拟浓度低，污染物的模拟浓度在大多数时段与观测浓度相似。

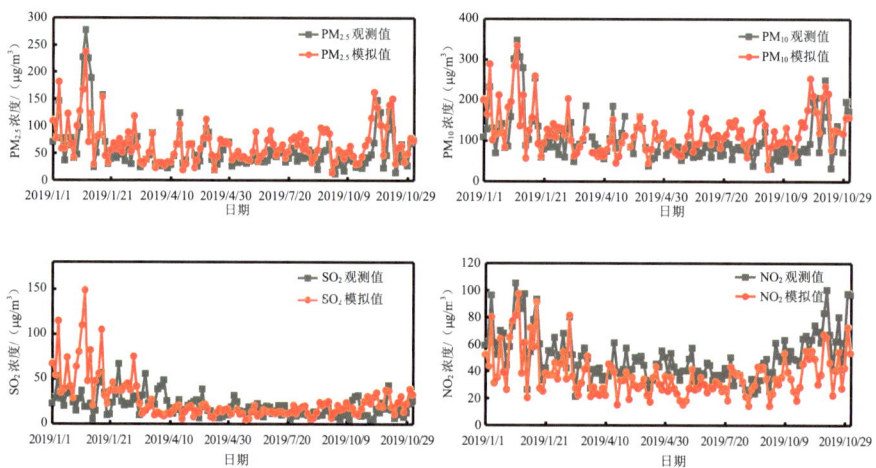

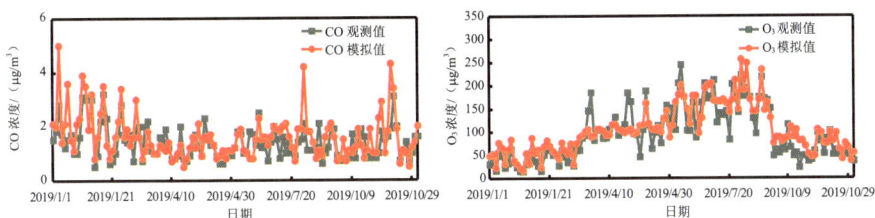

图 3-36　2019 年 1 月、4 月、7 月和 10 月唐山市污染物日均浓度观测值和
CMAQ 模拟值

3.5　本章小结

　　本章分析了唐山市典型污染行业的用电数据，得出不同行业的用电特征，考察了不同行业排放量与用电量之间的相关性，将钢铁行业作为重点，建立了生产与用电量关系模型，并基于排放因子法，建立了不同行业企业的大气污染物排放预测模型，将排放预测模型预测结果与传统排放清单、企业 CEMS 数据、空气质量模型的排放结果进行比较，验证模型核算结果的可靠性。本章的主要结论如下：

　　①钢铁行业季度用电呈现"√"形，表示第二季度用电量较低，第四季度用电量高；各月用电量相差较大，出现因错峰减排等政策影响产生的用电量低谷月；小时用电时间廓线表明，钢铁行业属于全天用电生产行业。

　　②水泥行业有错峰生产特征，4 月、8 月和 11 月是生产用电高峰，小时用电时间廓线反映出水泥行业生产用电高峰在 22:00 至次口 8:00。焦化行业季度用电量呈单峰形，第一季度用电量低，第三季度用电量高。砖瓦行业用电量呈现双峰形，第一季度用电量低，第二季度为用电量次峰，第三季度用电量下降，第四季度用电量最高；小时用电时间廓线反映出砖瓦行业主要用电时间为晚间时段，中午用电量相对较低。陶瓷行业小时用电时间廓线也属于单峰形曲线，用电量低谷出现在 5:00 左右，用电量高峰在 9:00—20:00，属于全天生产型行业。玻璃行业小时用电时间廓线也属于双峰形曲线，用电低谷出现在 18:00 后的夜间，用电高峰在白天正常工作时段内。

　　③本研究发现焦化、砖瓦、水泥、玻璃、钢铁、陶瓷行业颗粒物排放量与用

电量的相关系数分别为 0.97、0.65、0.72、0.69、0.94、0.63。6 类行业中用电量与污染物排放的相关性分别为强相关、相关、强相关、相关、强相关、相关。基于电力数据的排放模型能较好地预测实际排放数据，相对误差均在 25%以内。

④本研究采用用电数据聚类，分档拟合，分区间构建生产与用电量关系模型，然后结合随机森林模型，构建了不同行业、工序级别生产与用电量关系模型；结合排放因子法，得到不同行业企业大气污染物排放估算模型；模型与实地调研得到数据的一致性较好。

第4章

基于电力大数据的区域大气污染预警技术研究

唐山市污染预警措施通常在市级区域内整体进行，影响低污染区域生产积极性，且排放清单的不确定性容易对结果造成一定影响。本章将使用 VMD-CNN-BiLSTM 模型进行工业企业的短期用电负荷预测，结合"电力-产量-污染物"模型进行污染物未来排放量的核算，将核算所得的排放清单和未来气象数据输入 WRF-CMAQ 模型进行模拟，进而提出新的污染预警技术，为后续进一步精准防控提供相关参考。

4.1 重点行业及企业分布情况

基于应急减排清单，通过对排放点源数据进行人工校正，得出唐山市现有重点行业企业分布情况，如图 4-1 所示。由图可以看出不同县（市、区）中重点行业企业分布和聚集情况略有不同。唐山市所辖的迁西县和迁安市具有丰富的铁矿石资源，聚集了很多炼钢厂，西南边的丰润区和丰南区则是中小钢铁加工企业最集中的县（市、区）；唐山市中部以及东西部的丰润区、古冶区、滦州市等水泥行业企业分布较为集中，其他县（市、区）大多数企业呈现点状稀疏分布。

砖瓦行业企业为点状分布，无明显聚集特征，各县（市、区）数量差距不大，主要分布在农村地带；玻璃行业企业为点状分布，无明显聚集特征，整体数量较少；陶瓷行业企业为聚集分布，主要分布在丰润区、路南区、路北区、开平区、古冶区、丰南区等；焦化行业企业为点状分布，与钢铁企业类似，依托煤炭资源，主要分布在迁安市和古冶区。

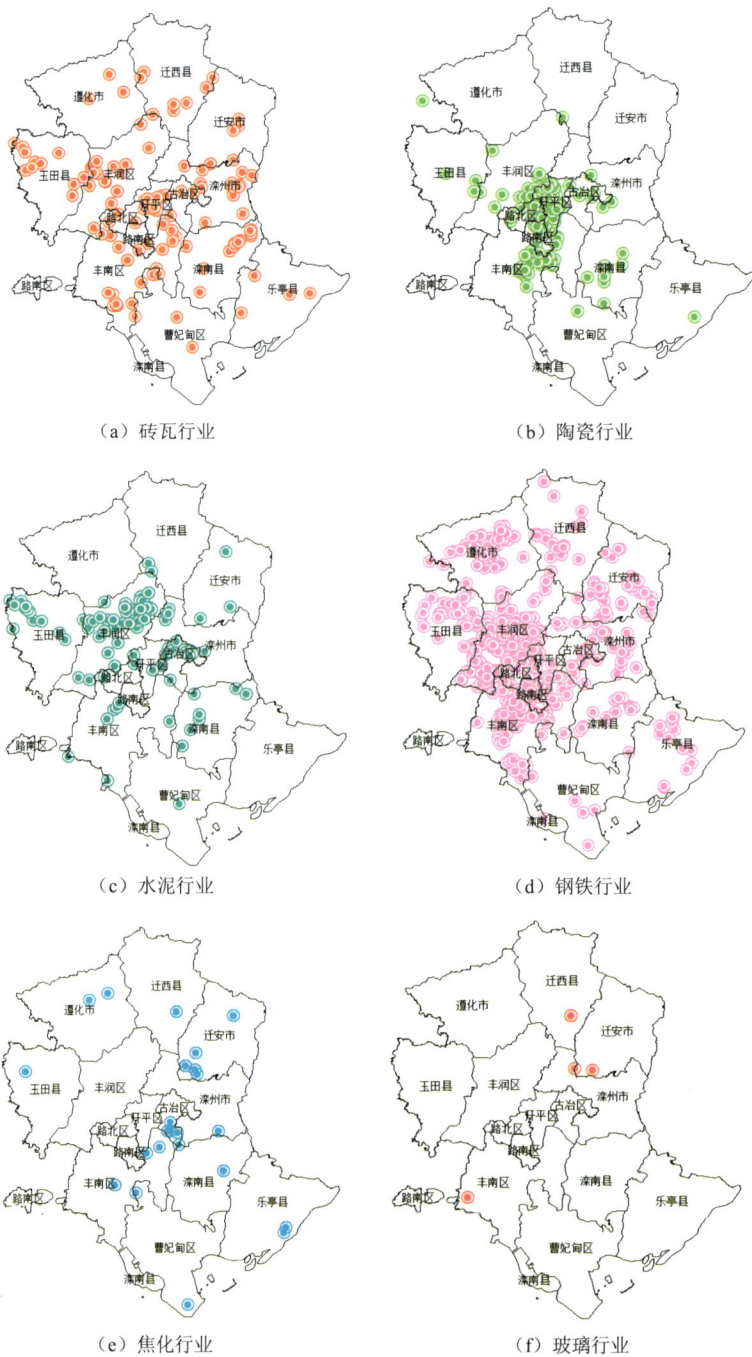

（a）砖瓦行业

（b）陶瓷行业

（c）水泥行业

（d）钢铁行业

（e）焦化行业

（f）玻璃行业

图 4-1　唐山市重点行业企业分布情况

从重点行业企业分布可以看出，目前各县（市、区）重污染企业分布不均，全市统一预警和管控对于区域经济与企业生产积极性有一定影响，因此需要结合各县（市、区）的重污染行业分布特征，以及各县（市、区）的经济、民生等因素进行区域重污染预警和管控措施的制定。

4.2 基于VMD-CNN-BiLSTM模型的短期用电负荷预测方法

本研究将提出一种基于 VMD-CNN-BiLSTM 的深度学习模型用于工业企业短期用电负荷预测。该方法通过变分模态分解将电力数据分解成若干分量，每个分量具备其特有的特征，不仅有效降低了数据复杂的波动性，也避免了模态频谱混叠问题；通过 CNN 模块强大的数据提取能力动态提取各分量数据特征，将特征输入 BiLSTM 模型用于预测；最后将预测后的分量线性组合用于模拟未来用电负荷变化情况。与其他分解负荷预测方法相比，该方法引入日期特征作为辅助特征，负荷预测方法泛化能力强，在保证模型预测精度的同时提高了模型的泛化能力。

4.2.1 VMD 理论基础

在以往的信号分解过程中，研究者多采用经验模态分解（empirical mode decomposition，EMD）和集成经验模态分解（ensemble empirical mode decomposition，EEMD）对信号进行分解。上述方法基于递归思想进行的信号分解过程，在分解时易出现模态混叠效果，进而影响时序预测效果。VMD 方法为了避免频谱混叠问题，舍弃了递归思想，采取了完全非递归的模态分解，此外 VMD 具有可以自主选择模态个数的优点。VMD 的具体求解过程如下：

将模态函数 $u(t)$ 做希尔伯特变换，得：

$$\left[\delta(t) + \frac{j}{\pi t}\right] * u_k(t) \tag{4-1}$$

式中，$*$ —— 卷积运算；

$\delta(t)$ —— 单位脉冲信号；

$u_k(t)$ —— 分解后的模态函数。

预估上一步的各模态函数中心频率，并在相应的模态分量上进行频谱调制：

$$\left\{\left[\delta(t)+\frac{j}{\pi t}\right]*u_k(t)\right\}e^{j\omega_k t} \tag{4-2}$$

式中，$\omega_k=\{\omega_k\mid\omega_1,\cdots,\omega_k\}$——各模态分量的中心频率。

依据上述公式构造变分问题，计算各模态分量的带宽，其公式为

$$\begin{cases}\min\limits_{\{u_k\},\{\omega_k\}}\left\{\sum\limits_k\left\|\partial_t\left[\left(\delta(t)+\frac{j}{\pi t}\right)*u_k(t)\right]e^{-j\omega_k t}\right\|^2\right\}\\ \text{s.t.}\left\{\sum\limits_{k=1}^k u_k=f\right\}\end{cases} \tag{4-3}$$

针对上述公式进行进一步求解，引入二次惩罚因子（α）以及拉格朗日算子 $\lambda(t)$，求解非线性约束问题，进一步求得最优解。

$$L(\{u_k\},\{\omega_k\},\lambda(t))=\alpha\sum\limits_k\left\|\partial_t\left[\left(\delta(t)+\frac{j}{\pi t}\right)*u_k(t)\right]e^{-j\omega_k t}\right\|_2^2 \\ +\left\|f(t)-\sum\limits_{k=1}^k u_k(t)\right\|_2^2+\left\langle\lambda(t),f(t)-\sum\limits_{k=1}^k u_k(t)\right\rangle \tag{4-4}$$

求出原问题的最优解，引入交替方向乘子算法 ADMM，迭代求解式（5-4），所有模态分量转为频域计算。其表达式为

$$\hat{u}_k^{n+1}(\omega)=\frac{\hat{f}(w)-\sum\limits_{i\neq k}\hat{u}_i(\omega)+\hat{\lambda}(\omega)/2}{1+2\alpha(\omega-\omega_k^n)^2} \tag{4-5}$$

式中，$\hat{f}(w)-\sum\limits_{i\neq k}\hat{u}_i(\omega)$——剩余分量，进一步经过维纳滤波器后可以表示为 $\hat{u}_k^{n+1}(\omega)$。

根据相同步骤进行频域分析，得到各模态分量的中心频率的更新公式如下：

$$\omega_k^{n+1}=\frac{\int_0^\infty\omega\left|\hat{u}_k^{n+1}(\omega)\right|^2\mathrm{d}\omega}{\int_0^\infty\left|\hat{u}_k^{n+1}(\omega)\right|^2\mathrm{d}\omega} \tag{4-6}$$

4.2.2　CNN–BiLSTM 网络结构

4.2.2.1　一维卷积神经网络

一维卷积神经网络（1D-CNN）是一种基于卷积层的神经网络，用于处理一

维序列数据（如时间序列或文本数据）。与传统的全连接神经网络不同，1D-CNN 使用卷积核来提取局部特征，并通过池化层将这些特征压缩成更少的信息。

1D-CNN 的基本原理是使用一组卷积核在输入序列上进行卷积操作，生成一组新的特征序列。卷积核通常是较小的、可学习的矩阵，可以检测输入序列中的不同模式和特征。通过在输入序列的不同位置应用卷积核，1D-CNN 可以捕捉序列中的局部模式和结构。卷积操作之后，1D-CNN 通常使用池化层来减少特征数量。常见的池化操作是最大池化，它从每个特征序列的局部区域中提取最大值，从而保留最重要的特征信息。最后，特征序列通过全连接层进行分类或回归。1D-CNN 在处理序列数据方面表现出色，可以用于文本分类、语音识别、基因组学等领域，优点是可以处理变长序列、捕获局部结构和自动提取特征。ID-CNN 工作原理如图 4-2 所示。

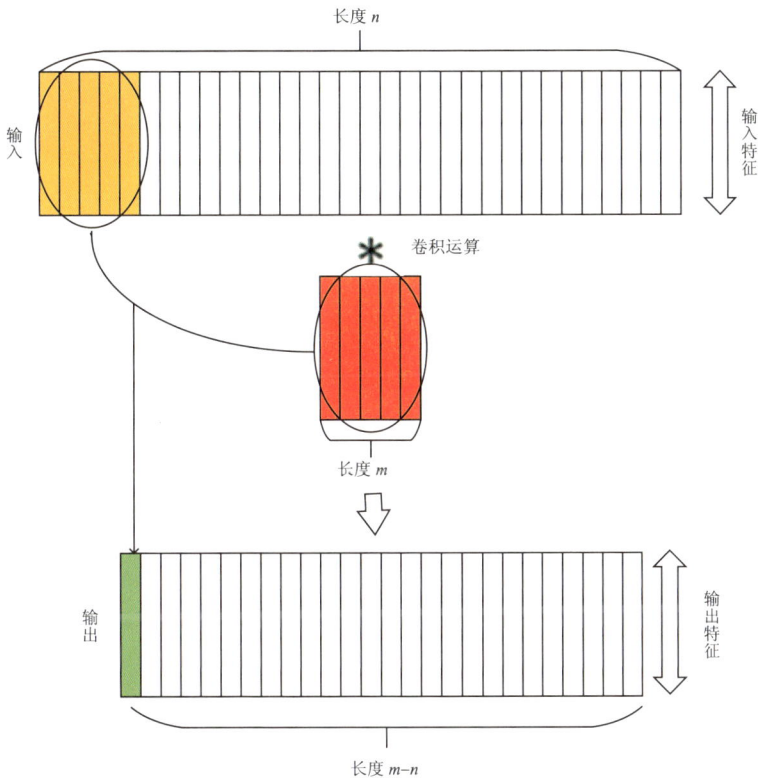

图 4-2　1D-CNN 工作原理

4.2.2.2 双向长短期网络

循环神经网络是一种对时序数据处理较好的深度学习模型，但存在模型长期依赖问题，具体来说就是随着不断输入数据，模型无法学习序列中的前期知识。为了解决此缺陷以及训练过程中涉及的梯度爆炸问题，Hochreiter 等提出了长短期记忆网络（LSTM）用于进一步处理长序列问题。LSTM 单元结构如图 4-3 所示。

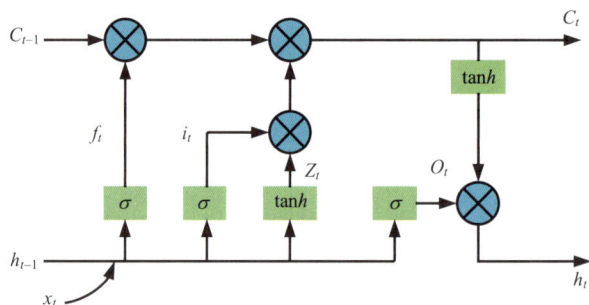

C_t — 当前单元状态；h_t — 隐藏状态；i_t、f_t、O_t — 输入门、遗忘门、输出门；x_t — 细胞单元的输入；
Z_t — 临时的细胞状态；C_{t-1} — 上一个细胞状态；h_{t-1} — 上一个细胞隐藏状态；σ、$\tanh$ — 激活函数；
W_f、W_i、W_o、W_z、b_f、b_i、b_o、b_g — 门训练参数参与训练

图 4-3 LSTM 单元结构

LSTM 网络通过以下几个公式不断学习和更新，其中遗忘门结构选取保存了前一个细胞的隐藏状态到当前细胞，输入门选择保存了当前输入信息到当前细胞，输出门则选取保存了当前细胞状态到下一个细胞。

$$f_t = \sigma(W_f * [h_{t-1}, x_t] + b_f) \tag{4-7}$$

$$i_t = \sigma(W_i * [h_{t-1}, x_t] + b_i) \tag{4-8}$$

$$O_t = \sigma(W_o * [h_{t-1}, x_t] + b_o) \tag{4-9}$$

$$Z_t = \tan h(W_z * [h_{t-1}, x_t] + b_g) \tag{4-10}$$

$$C_t = (C_{t-1} \otimes f_t) \oplus (Z_t \otimes i_t) \tag{4-11}$$

$$h_t = \tan h(C_t) \otimes O_t \tag{4-12}$$

电力负荷数据在传统 LSTM 的预测训练中，是依据时间序列的前后顺序输入并进行反向传播训练，这种方式导致时序序列本身利用率很低，模型无法充分学习数据更深层的内在关系。因此，引入双向 LSTM 网络（BiLSTM）对电力数据进行实际预测工作，双向网络的优点在于引入了双向结构可以让模型从时间序列的过去和未来两个维度双向学习数据的内在关系，从而有效提升模型的预测能力和数据利用率。双向网络结构如图 4-4 所示，每一个隐藏层的组合过程可由以下公式组合表示，其中 LSTM 代表 LSTM 网络的运算过程。

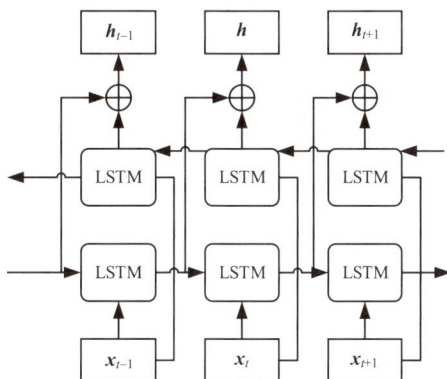

图 4-4　BiLSTM 结构

4.2.3　短期电力预测模型

本研究所采用的 VMD-CNN-BiLSTM 模型流程如图 4-5 所示，首先将数据进行归一化预处理，然后将预处理数据转化成监督学习序列，选取特定的输入时长以及相应数据特征；经过 VMD 分解为特定个数的 IMF 模态分量；各模态分量输入 1D-CNN 层，提取数据特征；经过 BiLSTM 层进行负荷预测；最后，将预测结果求和进行模型结果评价。

本研究使用的深度学习模型由 tensorflow 构建，训练轮次依据实际实验条件设定，相关参数调节依据实际工作的需要来调整，损失函数选取均方根误差结合 Adam 优化器并结合具体数据集优化调整。

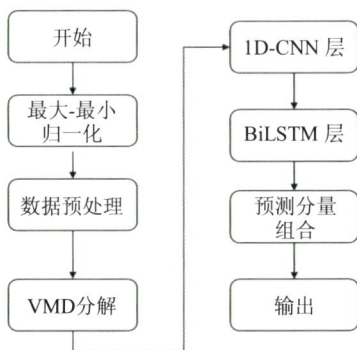

图 4-5　VMD-CNN-BiLSTM 模型流程

4.2.4　模型性能评估

4.2.4.1　不同模型预测结果对比

　　为了说明本书模型在用户短期用电负荷预测上的优势，首先将项目提出的 VMD-CNN-BiLSTM 与 LSTM、VMD-LSTM、CNN-BiLSTM 模型进行对比，各模型在测试集上的误差评价指标如表 4-1 所示。结果表明本书模型的误差评价指标最低，对比 LSTM、VMD-LSTM、CNN-BiLSTM 模型评价指标，RMSE 分别降低了 89.27%、83.94%、45.11%，MAPE 分别降低了 89.55%、83.75%、47.75%。

表 4-1　不同模型预测误差

模型	RMSE/W	MAPE/%
LSTM	3 771.768 1	0.055 5
CNN-BiLSTM	2 520.015 8	0.035 7
VMD-LSTM	737.520 2	0.011 1
VMD-CNN-BiLSTM	404.823 3	0.005 8

注：MAPE 为平均绝对百分比误差，是衡量预测模型精度的指标之一，常用于评估时间序列预测模型的准确性。

　　将预测结果曲线与实际曲线对比，绘制得到图 4-6。图中展示了 4 种模型在测试集最后 5 d 内的预测结果，并放大了最后一天的整体预测结果。可以看到，

VMD-CNN-BiLSTM 模型在数据上最接近实际值，体现了本研究方法对负荷强烈变化有较强的拟合能力。

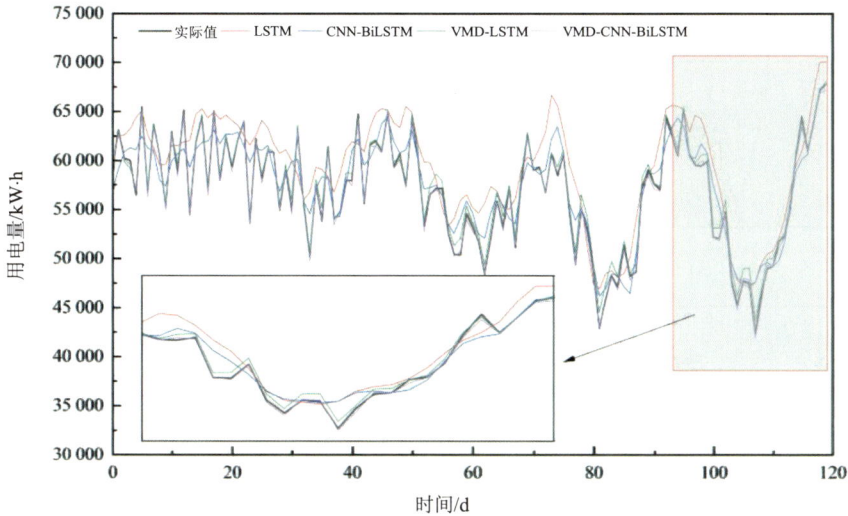

图 4-6　不同模型预测结果对比

4.2.4.2　某企业电力数据模型验证

为了充分验证模型的可用性，本研究进一步选用某公司电力数据进行模型验证工作。数据集时间为 2021 年 5—8 月，采样频率为 30 min，共计 1 344 条数据。依据上述方法构建模型，参数设置由手工调参完成，训练集与测试集依据 8∶2 划分。此外，规定样本点上预测值较实际值偏差在 1%以内的样本点预测准确，并计算预测准确率。

实验预测结果如图 4-7 所示，相关数据评价见表 4-2。依据上述公开数据集测试结果分析表明，在不同月份数据下本模型的预测效果相对稳定，在 1%的误差容忍度内平均预测准确率为 77.29%，预测精度高，该模型稳定性较好。图 4-7 用电量预测曲线与实际曲线较为接近，说明模型对用电量波动部分预测效果好。

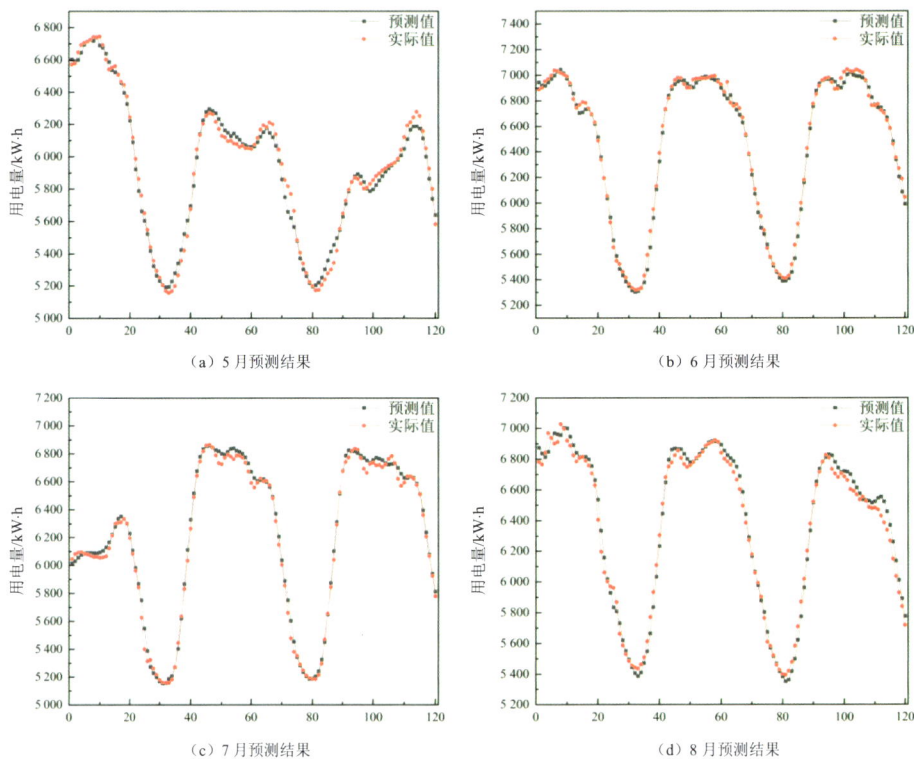

(a) 5 月预测结果   (b) 6 月预测结果

(c) 7 月预测结果   (d) 8 月预测结果

图 4-7　某公司电力数据集预测结果

表 4-2　某公司数据集预测评价

月份	RMSE/MW	RMSE/%	准确率/%
5	53.837 2	0.007 4	70.83
6	44.038 6	0.005 4	87.50
7	43.657 0	0.005 4	84.17
8	60.890 5	0.007 8	66.66

4.3　基于电力数据的区域大气污染预警措施

本研究以河北省唐山市为研究区域，利用 VMD-CNN-BiLSTM 模型获取工业企业未来时段电力数据，并对该区域工业大气污染物未来排放量进行高时空分辨率预测，基于预测清单和未来气象数据，使用 WRF-CMAQ 模型进行空气质量模拟，获取未来区域大气污染物浓度时空分布特征，并基于结果进行区域污染预警。

4.3.1　基于短期大气污染物排放和气象数据的污染物浓度预测模拟

高污染排放强度是内因、不利气象条件是外因、二次化学转化增强是动力，三者共同作用导致了区域性 $PM_{2.5}$ 污染快速恶化和蔓延。而受地形和气象因素影响，结合相关前述典型污染过程分类相关研究结果，不同气象型条件下相关污染时空分布具有较大差异，因此，需在区域大气污染物排放的基础上结合气象预测数据进行模拟，以实现区域大气污染物排放时空变化预测及高污染水平区域识别和预警。

本研究使用的重点行业企业用电量数据来源于电力公司数据中台。利用 VMD-CNN-BiLSTM 模型进行电力数据的短期预测，并结合基于电力大数据的污染物排放预测模型估算工业企业的污染物未来排放量。

随后结合气象预测数据，利用空气质量模型 WRF-CMAQ 进行短期空气质量预测模拟，以常规污染物 SO_2、NO_x、$PM_{2.5}$ 为研究对象，结合其污染物时空变化预测结果划分重污染水平区域，将高浓度水平区域进行划分和预警，从而实现预测。

4.3.2　污染预警启停条件设置

本研究基于对 2018—2020 年 35 个预警时段的空气质量模拟，通过对污染物时空变化进行量化，区分背景值及高污染浓度排放水平值。从相关污染时空分布特征及相关背景值来看，NO_x、SO_2 背景值较低，主要污染物为 PM。因此 NO_x、SO_2 划分预警实施启动浓度分别为 80 μg/m³、50 μg/m³，与《环境空气质量标准》（GB 3095—2012）中一级标准 24 h 平均浓度标准一致；而 $PM_{2.5}$ 背景值浓度过大，已超过了二级 24 h 平均浓度标准，结合相关红色和橙色污染预警条件，$PM_{2.5}$ 取 IAQI 值为 200 时对应的浓度（150 μg/m³）。综上所述，当区域 NO_x、SO_2 和 $PM_{2.5}$ 的 24 h 平均浓度均超过启动浓度限值时，区域启动污染预警。

部分区域污染预警措施实施时段存在"断档"现象，对于实际应用有较大阻碍。且基于历史污控时段研究，污染物管控过程中往往存在不止一种气象型，为更好实现相关行业减排实施和监控，需基于现有起始条件设置终止条件。

　　橙色预警为预测 AQI 日均值大于 200 将持续 3 d，且出现 AQI 日均值大于 300 的情况。红色预警为预测 AQI 日均值大于 200 将持续 4 d 及以上，且出现 AQI 日均值大于 300 将持续 2 d 及以上时，或预测 AQI 日均值达到 500 并将持续 1 d 及以上。方案沿用原有措施中的预警程度选取原则，即预测达到启动标准持续 3 d，且出现 AQI 日均值大于 300 的情况选取橙色预警；达到启动标准并将持续 4 d 及以上，且出现 AQI 日均值大于 300 将持续 2 d 及以上时，或预测 AQI 日均值达到 500 并将持续 1 d 及以上。唐山市停止污染管控的一般条件为全市 AQI 降级并持续 48 h 以上。考虑到不同县（市、区）存在污染物迁移传输等作用，本研究沿用此结束指标，以对应县（市、区）未来 AQI 预测达到降级条件即可停止对应预警监控。

4.4　基于电力数据的区域大气污染预警措施示例分析

　　唐山空气重污染应急指挥部分别于 2019 年 1 月 1 日 0:00 至 4 日 0:00、1 月 8 日 12:00 至 15 日 0:00、1 月 17 日 12:00 至 20 日 0:00、1 月 22 日 18:00 至 25 日 8:00、1 月 28 日 8:00 至 30 日 12:00 发布了 5 次空气重污染橙色预警。为验证本研究建立的基于电力大数据的区域大气污染预警措施的可行性与正确性，本研究分别对上述时段的 $PM_{2.5}$、PM_{10}、SO_2、NO_2、CO、O_3 浓度进行模拟预测。为确保模拟结果的准确性，模拟开始时间比目标预测时间早 10 d。

　　本研究利用 VMD-CNN-BiLSTM 预测 5 个预警期间内企业的用电负荷，通过第 3 章建立的生产负荷与用电关系模型预测各预警时段内的污染物排放数据，最后结合再分析气象数据利用 WRF-CMAQ 进行模拟，预测 $PM_{2.5}$、PM_{10}、SO_2、NO_2、CO、O_3 的短期浓度并计算 AQI 数值。然后以 NO_x、SO_2 和 $PM_{2.5}$ 的 24 h 平均浓度分别为 80 μg/m³、50 μg/m³、150 μg/m³ 为边界确定各县（市、区）的预警开始时间，并以对应县市未来 AQI 预测达到降级条件为预警的终止条件确定污染预警的具体时间。由表 4-3 可以看出，基于电力大数据的区域预警技术针对污染传输过程进行动态模拟，有效缩短了不同县（市、区）启动橙色预警的周期。

表 4-3　基于电力大数据的区域预警技术对 5 次重污染过程的预警结果

日期	曹妃甸区	丰南区	丰润区	古冶区	开平区	乐亭县	路北区	路南区	滦南县	滦州市	迁安市	迁西县	玉田县	遵化市
1月1日	■	■	■	■	■	■	■	■	■	■				
1月2日	■	■	■	■	■	■	■	■	■	■			■	
1月3日	■	■	■	■	■	■	■	■	■	■			■	
1月4日	■	■												
1月8日														
1月9日	■	■	■	■	■								■	
1月10日	■	■	■	■	■	■	■	■	■					■
1月11日	■	■	■	■	■	■	■	■	■	■			■	
1月12日	■	■	■	■	■								■	
1月13日	■	■	■	■	■		■						■	
1月14日		■	■	■	■	■	■	■					■	
1月15日														
1月17日	■	■	■	■	■	■	■	■	■	■				
1月18日	■	■	■	■	■	■	■	■					■	
1月19日														
1月20日														
1月22日						■		■						
1月23日														
1月24日							■							
1月25日														
1月28日														
1月29日		■	■	■	■	■	■							■
1月30日								■						

图 4-8 对比了 5 次橙色预警期间基于电力大数据的区域预警技术 AQI 模拟值与观测值的变化趋势。可以看出，基于电力数据的区域大气污染预警措施预测的预警时间范围与现有预警措施的结果吻合度较高。基于电力大数据的区域预警技术模拟出的 AQI 峰值分别出现在：第 1 次预警周期内的 1 月 3 日、第 2 次预警周

期内的 1 月 12 日、第 3 次预警周期内的 1 月 18 日、第 4 次预警周期内的 1 月 24 日、第 5 次预警周期内的 1 月 29 日，变化趋势与观测结果高度一致，准确预测出应急管控期间 AQI 值超过 200 的时间段，从而进一步对污染物进行限制，管控各工业行业污染物的排放，达到更精确的预警效果。

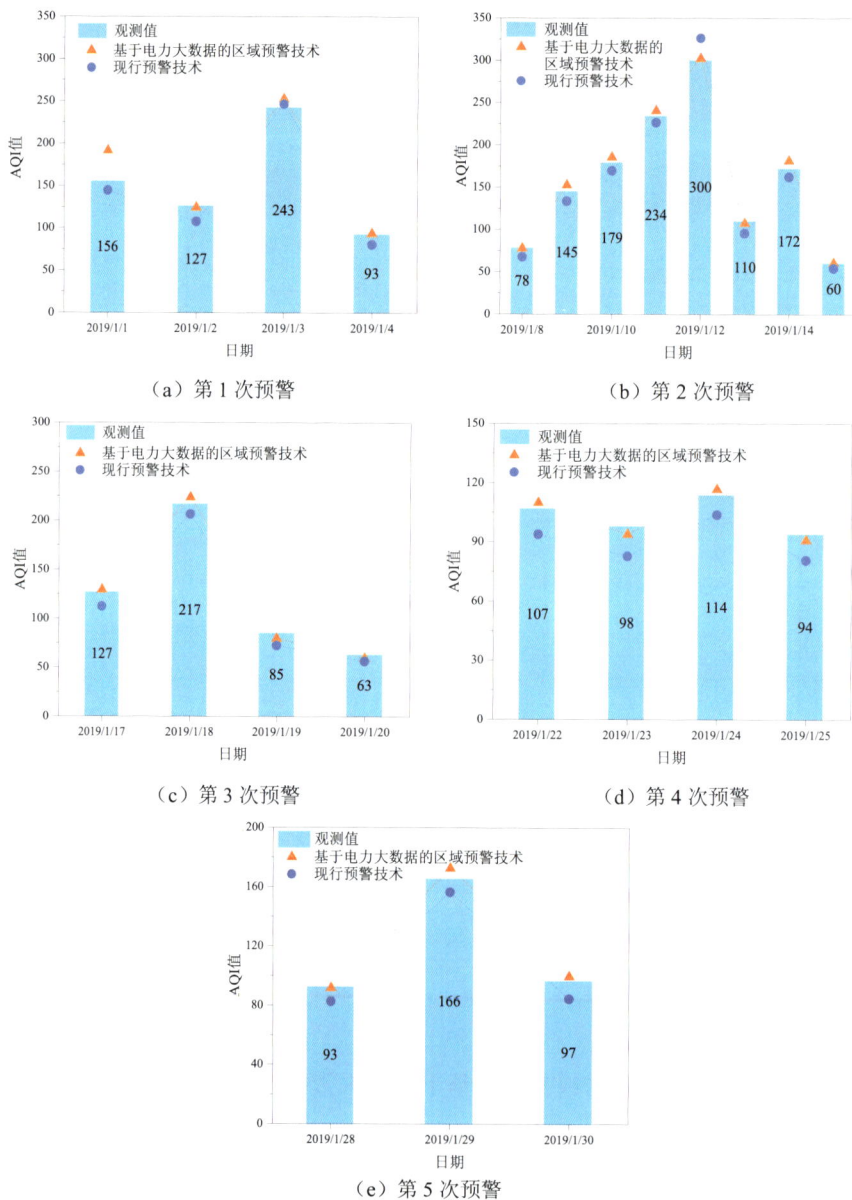

（a）第 1 次预警

（b）第 2 次预警

（c）第 3 次预警

（d）第 4 次预警

（e）第 5 次预警

图 4-8　采用基于电力大数据的区域预警技术前后 AQI 模拟值与观测值

为了进一步描述本章所建立污染预警技术的可靠性，使用相关性系数（R^2）、平均偏差（MB）、平均误差（ME）、归一化平均偏差（NMB）、归一化平均误差（NME）和均方根误差（RMSE）对现行预警技术及基于电力大数据的区域预警技术模拟结果进行评价。表 4-4 展示了 5 次橙色预警日 AQI 观测值与模拟值的描述性统计说明。如表 4-4 所示，5 次橙色预警期间现行预警技术 AQI 模拟值对比观测值的 R^2 分布在 0.98～1.00，基于电力大数据的区域预警技术 AQI 模拟值对比观测值的 R^2 分布在 0.95～1.00，两者平均值都为 0.99。

5 次橙色预警期间现行预警技术 AQI 模拟值对比观测值的 MB 分布在 –12.75～–4.75，基于电力大数据的区域预警技术 AQI 模拟值对比观测值的 MB 分布在 –0.25～11.25，平均值分别为 –8.82 及 –0.27。5 次橙色预警期间现行预警技术 AQI 模拟值对比观测值的 ME 分布在 10.33～12.75，基于电力大数据的区域预警技术 AQI 模拟值对比观测值的 ME 分布在 3.25～12.25，平均值分别为 10.13 及 7.01。5 次橙色预警期间现行预警技术 AQI 模拟值对比观测值的 NMB 分布在 –0.12～–0.03，基于电力大数据的区域预警技术 AQI 模拟值对比观测值的 NMB 分布在 0.00～0.07，平均值分别为 –0.07 及 0.00。5 次橙色预警期间现行预警技术 AQI 模拟值与观测值的 NME 分布在 0.07～0.12，基于电力大数据的区域预警技术 AQI 模拟值与观测值的 NME 分布在 0.03～0.08，平均值分别为 0.08 及 0.05。5 次橙色预警期间现行预警技术 AQI 模拟值与观测值的 RMSE 分布在 18.07～25.75，基于电力大数据的区域预警技术 AQI 模拟值与观测值的 RMSE 分布在 1.15～5.83，平均值分别为 20.66 及 8.59。总体来说，现行预警技术与基于电力大数据的区域预警技术的 R^2 平均值一致，与观测值的相关性都非常好。NMB、NME 代表模拟值与监测值的偏离程度，结果显示基于电力大数据的区域预警技术比现行预警技术偏差更小，效果更好。进一步说明了本研究建立的污染预警技术的可靠性高。

表 4-4　5 次橙色预警日 AQI 观测值与模拟值的描述性统计

橙色预警	R^2		MB		ME		NMB		NME		RMSE	
	现行预警技术	基于电力大数据的区域预警技术	现行预警技术	基于电力大数据的区域预警技术	现行预警技术	基于电力大数据的区域预警技术	现行预警技术	基于电力大数据的区域预警技术	现行预警技术	基于电力大数据的区域预警技术	现行预警技术	基于电力大数据的区域预警技术
1	1.00	0.95	−9.50	11.25	11.50	12.25	−0.06	0.07	0.07	0.08	25.02	2.00
2	0.99	1.00	−4.75	4.25	11.50	4.75	−0.03	0.03	0.07	0.03	18.07	1.41
3	1.00	1.00	−10.50	0.50	10.50	4.50	−0.09	0.00	0.09	0.04	21.82	5.83
4	0.98	0.98	−12.75	−0.25	12.75	3.25	−0.12	0.00	0.12	0.03	25.75	5.00
5	1.00	1.00	−10.33	3.00	10.33	3.67	−0.09	0.03	0.09	0.03	20.82	1.15
平均	0.99	0.99	−8.82	−0.27	10.13	7.01	−0.07	0.00	0.08	0.05	20.66	8.59

4.5　本章小结

本章研究了基于电力大数据的区域大气污染预警技术，重点分析了试点区域重点行业及企业的分布情况，短期负荷预测模型，基于电力数据的大气污染物排放模拟技术，并初步设置了大气预警措施的启停条件，主要取得了以下结论：

①基于应急减排清单，通过对排放点源数据进行人工校正，得到了唐山市钢铁、水泥、砖瓦、玻璃等重点行业地理分布情况。

②建立了基于 VMD-CNN-BILSTM 的工业企业短期电量预测方法，测试结果表明，在 1%的误差容忍度内平均预测准确率为 77.29%。

③本研究建立了基于电力大数据的大气污染物动态模拟技术，对烟尘、SO_2 和 NO_x 的模拟结果表明，整体准确率在 66.66%以上。

④本研究提出的基于电力大数据优化工业部门时间分配系数的方法可以准确预测出应急管控时期污染物浓度的趋势及峰值。此外，优化情景模拟出第 1 次预警 2019 年 1 月 3 日,第 2 次预警 2019 年 1 月 12 日,第 3 次预警 2019 年 1 月 18 日，第 4 次预警 2019 年 1 月 24 日，第 5 次预警 2019 年 1 月 29 日的 AQI 峰值。优化情景预测的 AQI 模拟值与观测值高度重合，变化趋势完全一致。能准确预测出应急管控期间 AQI 值超过 200 的时间段，从而进一步对污染物进行限制，管控各工业行业污染物的排放，达到更精确的预警效果。

第 5 章

精准化区域大气污染防控
措施生成技术研究

为保证各县（市、区）部分低污染高产值行业的生产积极性，本研究采用熵权法-线性加权法从典型污染行业中优选各县（市、区）的保生产行业，并基于污染物排放平衡理论将预警期间的污染物减排量分配到管控行业的 C 级及以下企业。进一步结合 2018—2020 年重污染预警气象场分型，形成区分气象场类型的县（市、区）差异化精准大气污染防控措施生成技术。

5.1 大气污染防控策略研究思路

现有的优化思路是基于目前获取的预警期间唐山市企业级生产比例进行优化。时空尺度上基于历史气象型分类模拟分析和未来预测进行不同县（市、区）相关污染分布时空特征分析及重点预警区域确定，基于相关经济指标、环保指标进行行业优化保护，进而使污染时空分布发生相关变化。

在时空尺度上，基于气象条件进行历史重污染气象分型，量化相关重污染气象指标，并基于历史典型时段进行模拟研究，判断不同气象分型条件下污染预警及防控措施启停范围，结合未来污染物排放预测及未来气象条件进行气象型匹配对未来区域重污染天气条件下防控措施启停范围预测。

在工业源方面，结合前述源类重新梳理及分析，不同行业间污染物排放量差异较大，因此优先控制污染排放较重的行业，减少污染排放较轻行业在污染预警时段负担，可实现行业层面上相关污染预警进一步精确化。结合唐山市应急减排清单，不仅行业间在相关污染预警期间有较大差异，企业间基于相关绩效分级同样具有较大差异。因此在行业优选方面，为进一步细化优选并保留相关研究成果，将基于行业和绩效分级进行进一步优选。

在行业方面，基于此前分类进行了行业优选，唐山市典型污染行业为钢铁行业、焦化行业、水泥行业、砖瓦行业、玻璃行业、陶瓷制品业。本研究拟根据不同县（市、区）行业企业分布特点，结合相关污染物排放量、年用电量、年生产总值进行优选，选出具有较大经济效益和用电效益，且环境污染较少的行业。以此在污染预警期间，相关优选行业可不进行污染减排。技术路线见图 5-1。

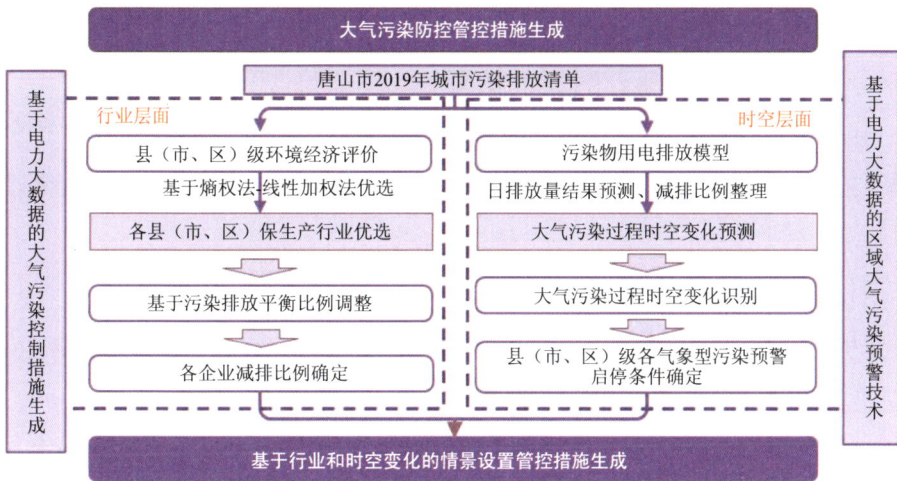

图 5-1　大气污染防控管控措施生产技术路线

5.2　行业优选方案

考虑各县（市、区）行业分布不均衡的现象，为保证各县（市、区）部分低污染高产值行业的生产积极性，本研究将第 2 章确定的典型污染行业进行分县（市、区）的排序优选，将各县（市、区）中具有更高环境效益和社会效益的行业视为环保生产行业，并基于污染物排放总量平衡的理论将环保生产行业在重污染时段所需承担的污染物减排量交由对应县（市、区）的其他行业进行分担。

为更好地保障环境效益和社会效益，本研究选择行业用电量、行业年生产总值为正向指标，将行业年污染物排放量（SO₂、NO$_x$、PM、VOCs）视为负向指标。行业优选属于典型多属性评价求解，相关属性指标间具有矛盾性，由此需引入权重进行计算评价。各准则值在评价方案中包含信息量有差异，而熵在信息科学中具有重要意义，一般无序程度越高，所包含的信息量越低，而熵越大；无序程度越低，所包含的信息量越高，熵越小。美国数学家 Shannon 在论文《通讯的数学理论》中应用概率论知识及相关逻辑推算出信息熵公式：

$$H(x) = -\sum_{i=1}^{m} p(x_i) \log p(x_i) \qquad (5\text{-}1)$$

式中，x_i —— 第 i 个状态值；

$p(x_i)$ —— 出现第 i 个状态值的概率。

基于信息熵 $H(x)$ 用以评价相关指标信息量大小并赋予相关权重 w。由于信息熵与事件概率分布有关，作为一种客观赋权的方法，可以避免人为因素带来的误差。

相关计算步骤如下：

（1）评价指标矩阵构建

评价指标通常为 n 个指标及 m 项被评价对象构成相关矩阵 $X = (x_{i,j})_{m \times n}$，称为评价指标矩阵。本研究中，考虑到课题的特殊性及相关的环境效益、经济效益，指标主要为单位电量 PM 排放量[kg/（kW·h）]、单位电量 SO₂ 排放量[kg/（kW·h）]、单位电量 NO$_x$ 排放量 [kg/（kW·h）]、单位电量 VOCs 排放量 [kg/（kW·h）]、单位电量工业总产值 [万元/（kW·h）]。

考虑到行业优选需保证经济效益和环境效益，因此归一化时需考虑相关指标的正负向性。本研究中，单位电量 PM 排放量 [kg/（kW·h）]、单位电量 SO₂ 排放量 [kg/（kW·h）]、单位电量 NO$_x$ 排放量 [kg/（kW·h）]、单位电量 VOCs 排放量 [kg/（kW·h）] 定义为负向指标，而单位电量工业总产值 [万元/（kW·h）] 定义为正向指标。

对负向指标，公式如下：

$$f_{i,j} = \frac{(f_{j,\max} - f_{i,j})}{(f_{j,\max} - f_{i,\min})} \tag{5-2}$$

式中，$f_{i,j}$ —— i 行业 j 指标得分；

$\quad f_{i,j}$ —— i 行业 j 指标对应值；

$\quad f_{i,\max}$ —— 该指标最大值；

$\quad f_{i,\min}$ —— 该指标最小值。

对正向指标，公式如下：

$$f_{i,j} = \frac{(f_{j,j} - f_{i,\min})}{(f_{j,\max} - f_{j,\min})} \tag{5-3}$$

式中，$f_{i,j}$ —— i 行业 j 指标得分；

$\quad f_{i,j}$ —— i 行业 j 指标对应值；

$\quad f_{i,\max}$ —— 该指标最大值；

$\quad f_{i,\min}$ —— 该指标最小值。

考虑到后续公式需用到对数运算，一般需在归一化指标后进行平移，为保证其准确性，平移值选 +0.000 01。

（2）指标概率及熵值计算

计算指标 j 概率公式：

$$p(x_{ij}) = \frac{f_{i,j}}{\sum\limits_{i=1}^{m} f_{i,j}} \tag{5-4}$$

计算指标 j 熵值公式：

$$E_j = -K \sum_{i=1}^{m} p(x_{ij}) \ln p(x_{ij}) \tag{5-5}$$

式中，取 $K = 1/\ln m$，此时，$0 \leqslant E_j \leqslant 1$。

（3）计算信息量权重

由于熵值较小时，指标间差别较大，因此需将式（5-5）结果进行式（5-6）

处理获取 d_j 值。

$$d_j = 1 - E_j \qquad (5\text{-}6)$$

因此，权重 w_j 的计算公式如下：

$$w_j = \frac{d_j}{\sum_{j=1}^{n} d_j} \qquad (5\text{-}7)$$

由此可得相关指标权重，通过对相关指标进行线性加权即可得到行业的最终评选结果。分别对各县（市、区）典型污染行业的评价指标进行线性加权，获得对应县（市、区）行业排序情况（表5-1）。排序高代表该行业能在保证更高社会效益的情况下保证更低的污染物排放水平。

表 5-1　各县（市、区）线性加权后行业排名

县（市、区）	钢铁	水泥	焦化	玻璃	陶瓷	砖瓦
迁安市	2	3	1	4	—	5
迁西县	3	2	1	4	—	5
遵化市	2	3	1	5	—	3
玉田县	3	4	1	6	2	5
丰润区	2	3	—	1	4	5
滦州市	2	4	3	6	1	5
高新技术产业开发区	1	—	—	—	3	2
开平区	5	6	4	3	2	1
古冶区	1	3	2	—	4	5
路北区	1	2	—	—	4	3
路南区	—	1	—	2	4	3
芦台经济开发区	—	2	—	—	1	—
汉沽管理区	—	2	—	1	—	3
丰南区	5	2	3	6	4	1

县（市、区）	钢铁	水泥	焦化	玻璃	陶瓷	砖瓦
滦南县	5	3	6	2	1	4
乐亭县	2	—	—	—	—	1
曹妃甸区	3	2	4	1	6	5
海港经济开发区	—	2	4	—	3	1

根据上一步计算结果，基于污染物排放平衡理论确定各县（市、区）的保生产行业，以部分低效益高污染风险企业进一步降低生产和污染物排放换取部分较高收益、较低污染风险企业在预警时段的生产，以期达到经济发展和降低污染物排放的协同效果。具体为，以各县（市、区）排序靠后行业的 C 级及以下企业减排空间（目前的排放量）平衡排序靠前行业正常生产带来的污染物排放增量，以上述平衡点为界限，排序靠前的行业即为保生产行业。

通过对行业排放信息进行累加分析，发现由于部分行业在县（市、区）整体排放中具有较大排放占比，各县（市、区）在累加过程中存在突变现象，以开平区为例，排名靠前的分别为砖瓦行业、陶瓷行业和玻璃行业，而陶瓷行业作为开平区优势行业之一，各类污染物排放均具较高水平（占开平区应急减排清单总排放 90%以上），在累加过程中，陶瓷行业则变为突变点，即 C 级及以下评级整体企业在应急减排下的实际排放远小于陶瓷行业进行自主减排后的原有减排任务量，此时难以达到污染物排放平衡，故无法将陶瓷行业判定为优选行业。在对唐山市的整体分析中，累计排放占应急减排清单总排放的 20%为大部分县（市、区）的突变点，因此，以 20%为限值，对整体行业进行累加优选。

部分县（市、区）整体大气污染物排放水平较低，且多数集中在 C 级及以下企业，较难进行行业优选，考虑到这些县（市、区）B 级评级企业整体排放水平较低，故对该县（市、区）B 级行业整体进行自主减排监管，而将其原有减排任务量交由 C 级及以下企业进行平衡。

根据计算结果，最终得到结果如表 5-2 所示。迁安市、遵化市、玉田县、迁西县、滦州市对于县（市、区）内 B 级行业进行自主减排，高新技术产业开发区、古冶区、路南区、路北区、汉沽管理区、曹妃甸区、海港经济开发区无优选行业；迁西县优选行业为焦化、丰润区优选行业为钢铁、开平区优选行业为砖瓦、滦县（滦州市）优选行业为陶瓷、芦台经济开发区优选行业为陶瓷、丰南区优选行业为水泥及砖瓦、滦南县优选行业为陶瓷、乐亭县优选行业为砖瓦。

表 5-2　各县（市、区）优选行业

县（市、区）	钢铁	水泥	焦化	玻璃	陶瓷	砖瓦
迁安市	绿	绿				
迁西县	绿		红			
遵化市	绿					
玉田县	绿					绿
丰润区	红			红		
滦州市	红				红	绿
高新技术产业开发区						红
开平区						红
古冶区						
路北区						
路南区	红					
芦台经济开发区					红	
汉沽管理区						
丰南区		红				红
滦南县					红	
乐亭县						红
曹妃甸区						
海港经济开发区						

注：红色部分为优选行业；绿色为所对应县（市、区）B 级企业统一保生产。

5.3 减排措施生成技术研究

现有重污染天气防控措施一般为"一厂一策"，重污染行业更是已经进入深入治理阶段，在绩效分级的基础上，部分长流程企业已达到工序级管控措施，如长流程钢铁企业，力求对于重污染主要涉气企业进行精准减排。而企业的减排措施需以"可操作、可监测、可核查"为基本要求，相关应急减排措施以停止生产线或主要生产工序（设备）为主，对于不可临时中断的生产线和工序（如焦化、玻璃等行业）则会根据季节指导调整生产计划。在实际监管核查过程中，若工序按比例或最高日产量进行核实时可能带来部分误差，精准核实难度较大，企业也难以根据所对应负荷直接进行生产调整。本研究基于典型气象场划分，结合基于电力数据的大气污染防控策略及措施，通过以气象分型实现污染预警措施快速选择与响应，对大气污染防控措施进行进一步深度挖掘和实际应用修正，实现对区域重污染的精细化防控。

5.3.1 污染管控比例确定

为实现管控精细化，需在原有"一厂一策"基础上对各个企业限产比例进行确定。基于保生产行业的优选确定，新方案减排比例确定的技术路线见图 5-2。即A/B 保持原有减排比例，而保生产行业不考虑原有方案，全部可进行自主减排，而非保生产行业中 C 级及以下行业需进一步限产用以承担保生产行业原有承担的减排量。

部分县（市、区）整体大气污染物排放水平较低，且多数集中在 C 级及以下企业，较难进行行业优选，考虑到这些县（市、区）B 级评级企业整体排放水平较低，故对该县（市、区）B 级行业整体进行自主减排监管，而将其原有减排任务量交由 C 级及以下企业进行平衡。

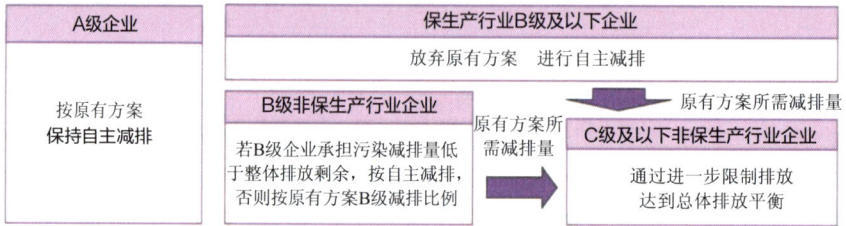

图 5-2　不同企业减排比例确定的技术路线

5.3.2　典型气象场类型划分依据

5.3.2.1　基于平均风场-气压场分布的流场分型

气象要素如温度场、风场和湿度场等对于污染物的生成与传输起到重要作用。因此，研究在完成 14 个情景的气象场 WRF 模拟及模拟结果校验后，用模拟结果中的气温、风速、风向、相对湿度等气象参数对气象场进行分型。具体为：

首先，利用模拟的管控时段内的温度-相对湿度剖面图，判断研究区域正逆温情况及成云降雨条件。若 1～3 km 高空湿度高于 60%，则利于成云，此时在冷气团过境的情况下，极易形成降水，由于降水对大气污染物的清除作用，使得短时间内不易形成污染；若研究区域气象场未满足成云及降雨条件，则易形成污染。与此同时，若出现逆温（中低层气温升高或高层气温降低），表明此时大气为稳定层结或中性层结，大气对流减弱，污染物不易垂直扩散，会持续累积并形成污染。若未出现逆温，则不易形成污染。其中降雨为主导因素，若逆温与降雨共存，则由于降雨清除作用的影响，整体温湿场不利于污染形成。

然后，利用管控时段内模拟区域平均风场-气压场分布图，结合风向、风速场及高低压中心分布情况，判断当前时段总体流场类型。若盛行南风或西风或整体风速较小，则易受本地排放影响而形成污染；若盛行北风且风速较大，则扩散条件有利于污染清除。按照风场形势将 35 个预警时段分为以下 6 个流场，其中Ⅰ型为西北风型气象场，盛行西北风，高压中心位于唐山西侧，扩散条件良好；Ⅱ型为东北风型气象场，盛行东北风，高压中心位于唐山中北部，扩散条件良好。Ⅲ型为偏北静风型气象场，盛行东北风，无明显高低压中心/高低压中心距离较远，扩散条件一般；Ⅳ型为西风辐合型气象场，盛行偏西风，南侧有高压中心，受海风和北部其他县（市、区）传输影响，扩散条件较差，且易受外地传输的排放影响；Ⅴ型为偏南陆风型气象场，盛行偏南风，南侧有强大高/低压中心，扩散条件差，本地排放易聚集形成污染；Ⅵ为偏南海风型气象场，盛行西南风，伴有区域传输，扩散条件差。各型流场形势的扩散条件与传输条件见表 5-3。

表 5-3　基于平均风场-气压场分布的流场分型

分型	名称	扩散条件	传输条件
Ⅰ	西北风型	好	较好
Ⅱ	东北风型	较好	好
Ⅲ	偏北静风型	一般	一般
Ⅳ	西风辐合型	较差	差
Ⅴ	偏南陆风型	差	差
Ⅵ	偏南海风型	差	一般

5.3.2.2　基于流场和历史重污染时段的气象型划分

综上所述，基于温湿场，可以大致判断未来特定时间段内是否易形成污染，再依据研究区域流场条件判断其气象型。通过综合两个判据，本研究将 2018—2020 年的污染预警时间段气象场划分为 8 个类型。不同类型气象场的具体情况如下所述。

（1）气象场分型Ⅰ污染过程分析

在该类型气象场下，污染过程初始阶段唐山市近地面风场由西北风转为西风，随后出现日间刮西风、夜间刮西北风的特征，在风场驱动下污染物由西侧的天津、廊坊等地向唐山市传输。结合唐山市地形图以及典型污染企业分布图可以判断，污染物易向滦县、滦南等县传输并积聚，在当地形成污染。在污染过程中，唐山市高空出现逆温，且垂直方向 1~3 km 平均湿度低于 60%，未达成云标准，难以发生降雨，因此污染物易积聚。如图 5-3 所示，随着时间的推移，受晴朗天气影响，白天唐山市垂直扩散条件改善，但由于风速较低，污染物浓度仍较高。如图 5-4 所示，在污染阶段末期唐山市近地面由盛行西风转为北风且风速明显增大，扩散条件改善，污染物浓度逐渐降低，此污染过程结束。

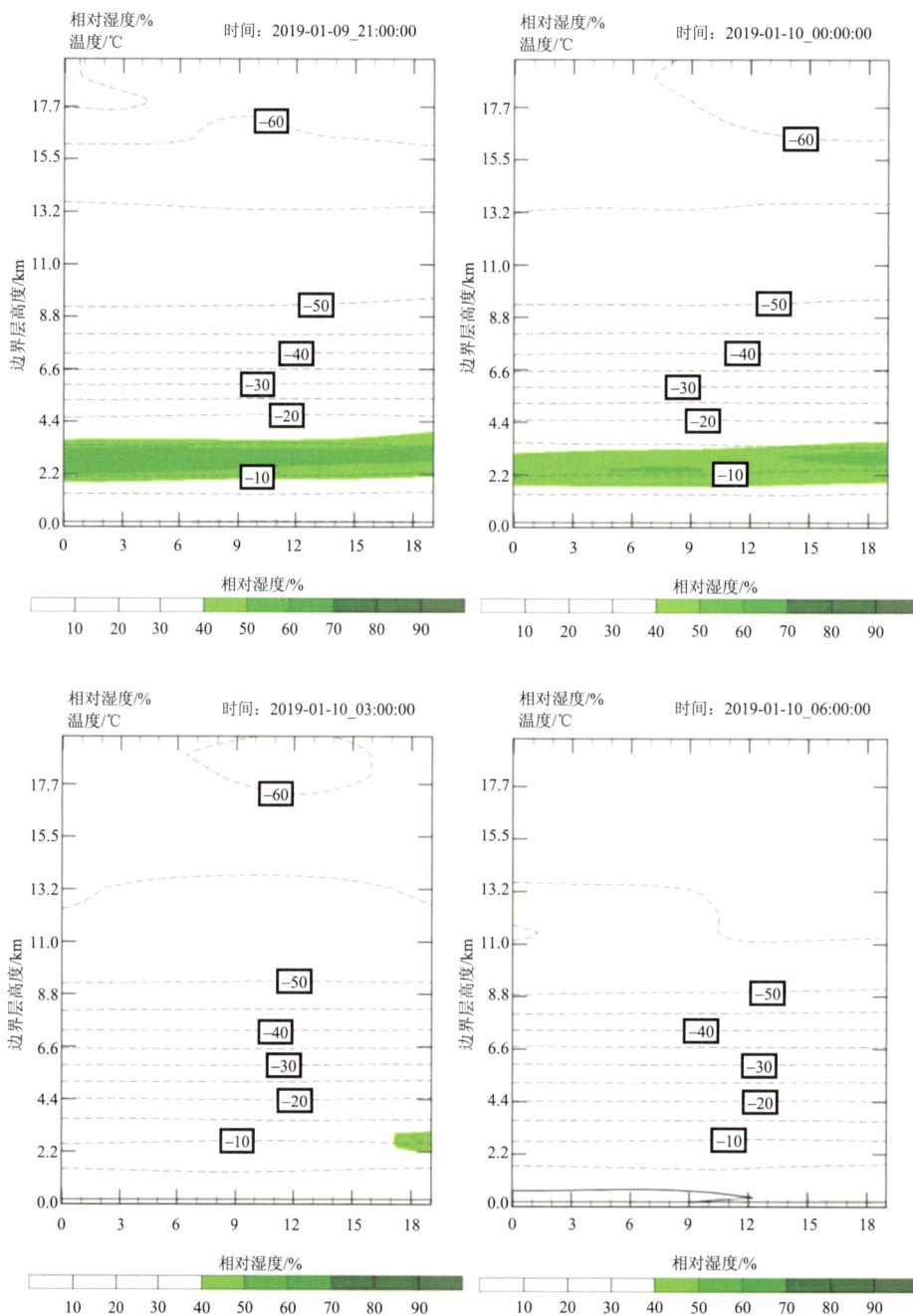

图 5-3 研究区域 2019 年 1 月 9—10 日温度-相对湿度剖面

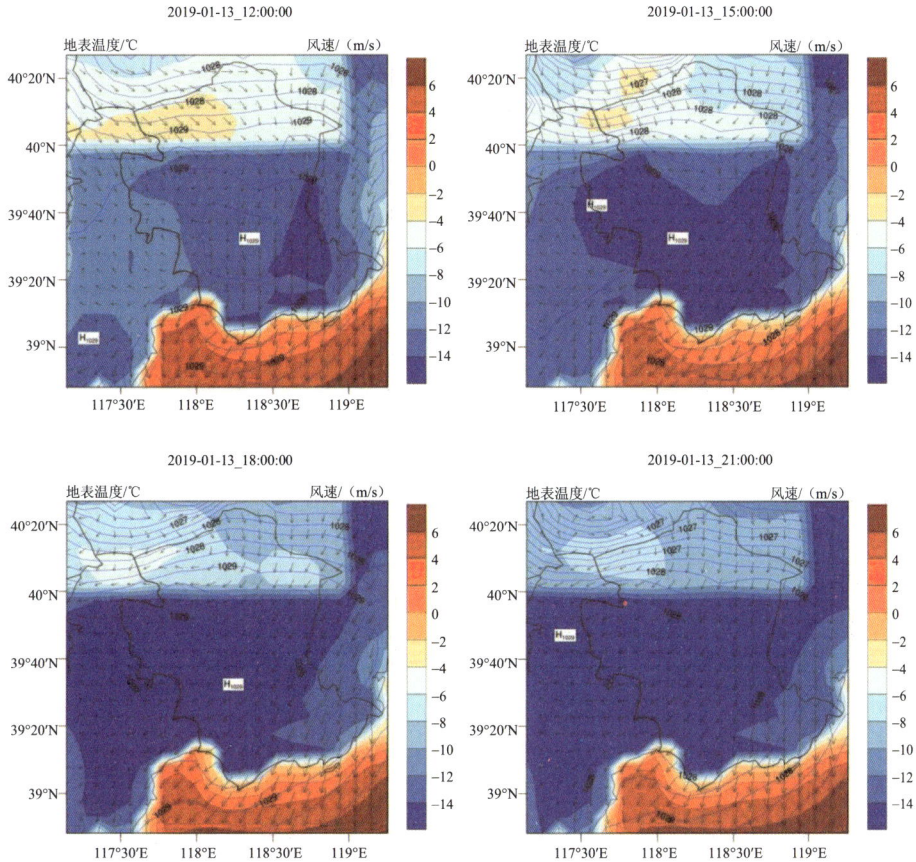

图 5-4　研究区域 2019 年 1 月 13 日部分时间段温度-气压-风场

综上所述，气象场 I 型的各气象参数量化范围：①1~3 km 高空平均湿度小于 60%，无降雨；②气温垂直递减率小于 0，即出现逆温，大气层结稳定，不利于污染物扩散；③平均风向①介于 5~7，整体偏西风（辐合风）；④平均风速介于 2~7 m/s，此时风速对污染传输影响较小。

（2）气象场分型 II

如图 5-5 所示，污染时间段前期，唐山市盛行南风，污染物难以通过南向传输通道清除，不利的扩散条件致使污染物快速积累，形成污染过程。

———————————

① 风向：0（0°）、1（45°）、2（90°）、3（135°）、4（180°）、5（225°）、6（270°）、7（315°）、8（360°）。

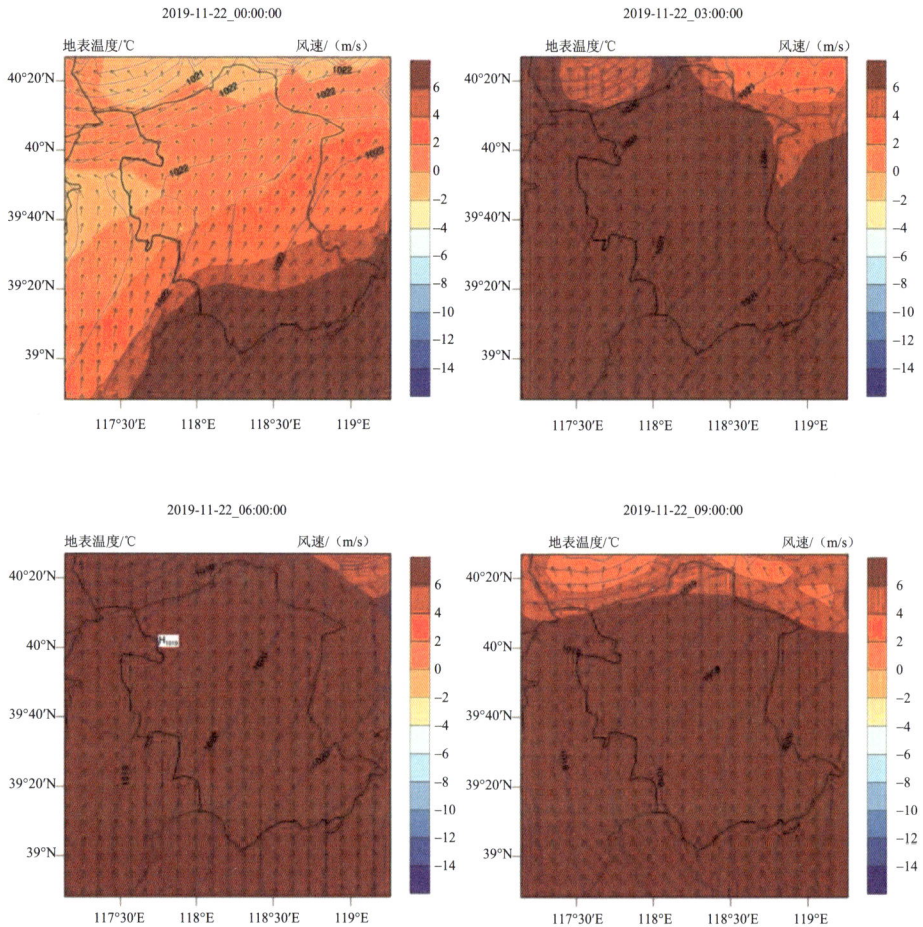

图 5-5　研究区域 2019 年 11 月 22 日部分时间段温度-气压-风场

　　如图 5-6 所示，污染发生期间，唐山市高空出现逆温，污染物对流传输减弱，加上高空湿度较低，不易成云成雨，唐山市全市无降雨，致使污染进一步加重。

　　污染发生期间，紊乱的流场转为盛行西南风，污染物从廊坊等地传输至唐山市，加之唐山市北高南低的地形走势，结合典型污染物分布图，污染易汇集在唐山市北部的丰润区、古冶区等地。

　　污染时段末期，唐山市整体风场由南风转为北风，且 1～3 km 高空的湿度达到成云标准，南部出现明显降雨。此污染过程基本结束。

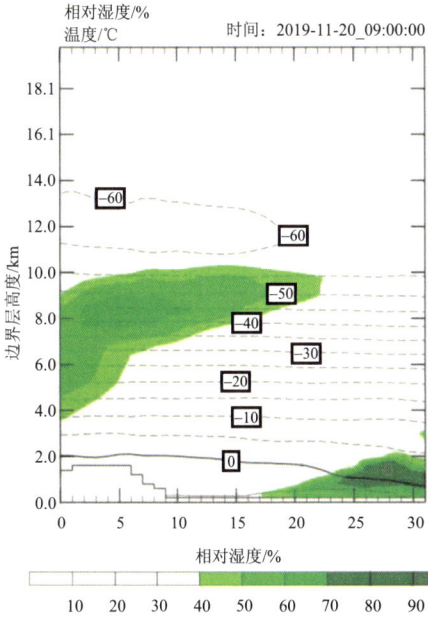

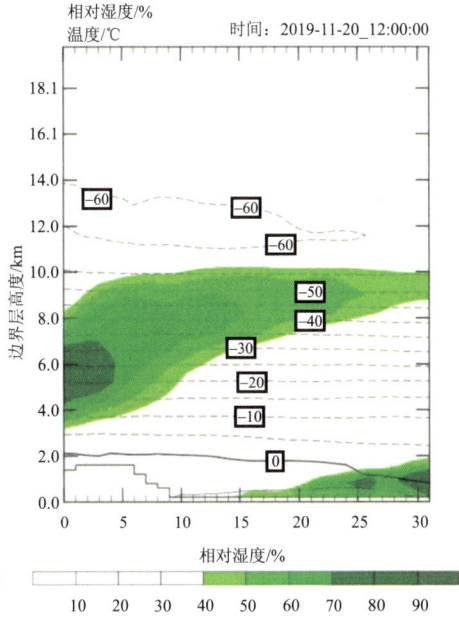

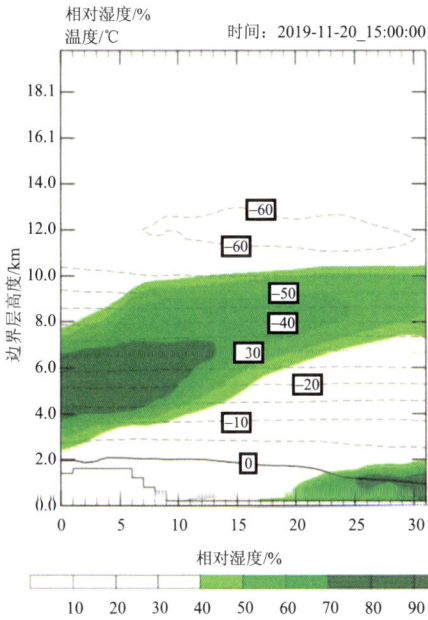

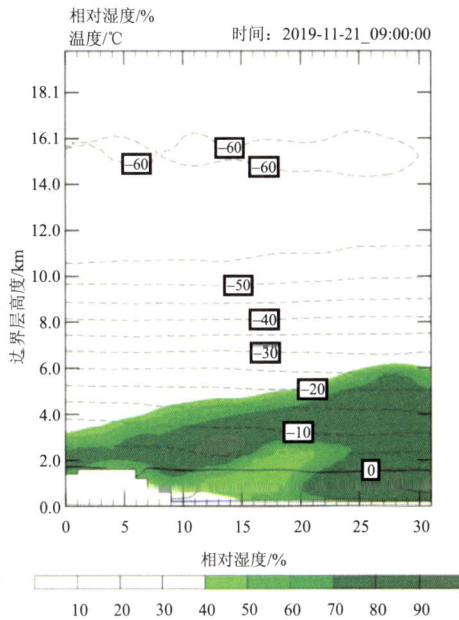

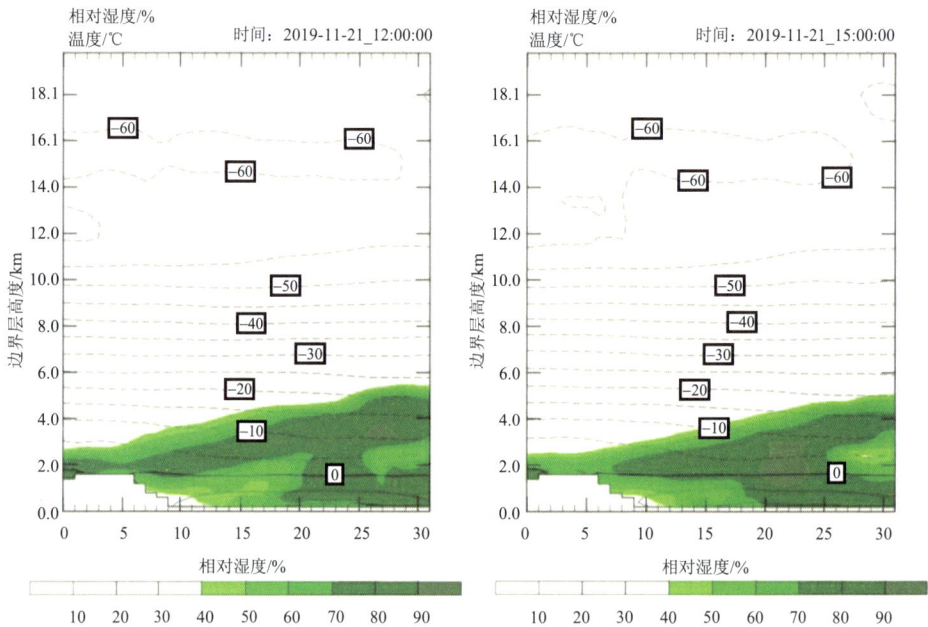

图 5-6　研究区域 2019 年 11 月 20—21 日温度-相对湿度剖面

综上所述，气象场Ⅱ型的各气象参数量化范围：①1～3 km 高空平均湿度小于 60%，无降雨；②气温垂直递减率小于 0，即出现逆温，大气层结稳定，不利于污染物扩散；③平均风向变化区间：3～5，整体偏南风（海风）；④平均风速区间：2～7 m/s，此时风速对污染传输影响较小。

（3）气象场分型Ⅲ

如图 5-7 所示，污染时段前期，唐山市高空出现逆温，且未达到降雨条件，污染物易聚集，唐山市局部区域开始出现轻度污染。

如图 5-8 所示，污染发生期间，唐山市盛行西北风，但风速较小，且唐山市位于低温中心，整体流场稳定，不利于污染物扩散，因此易形成污染，需要进行预警管控。结合唐山市地形图及典型污染物分布图，污染物易聚集在丰南、滦南一带。污染时段末期，风场增强，此污染过程结束。

综上所述，气象场Ⅲ型的各气象参数量化范围：①1～3 km 高空平均湿度小于 60%，无降雨；②气温垂直递减率小于 0，即出现逆温，大气层结稳定，不利于污染物扩散；③平均风向变化区间：0～1 及 7～8，整体偏北风；④平均风速区间：0～2 m/s（几乎为静风），此时风速对污染传输影响较大。

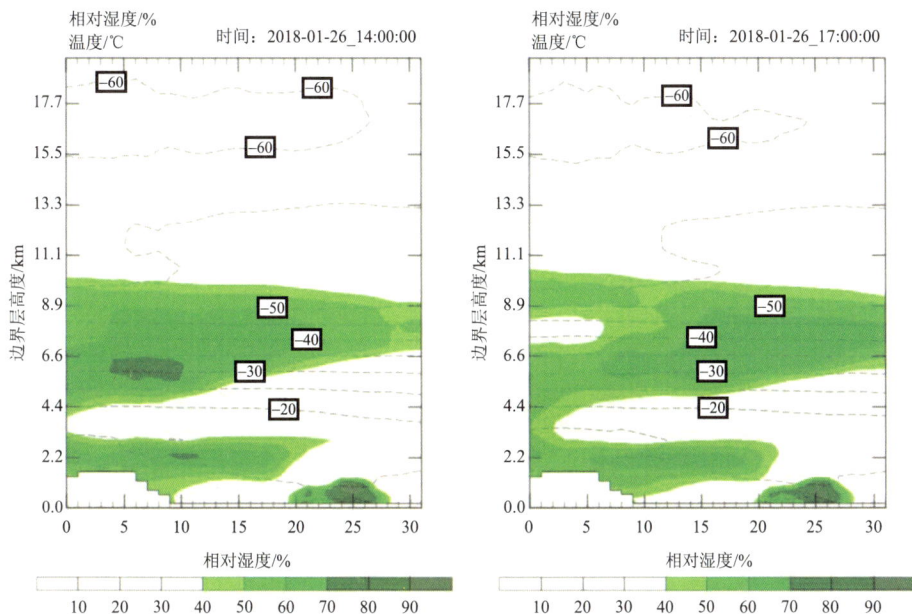

图 5-7　研究区域 2018 年 1 月 26 日部分时间段温度-相对湿度剖面

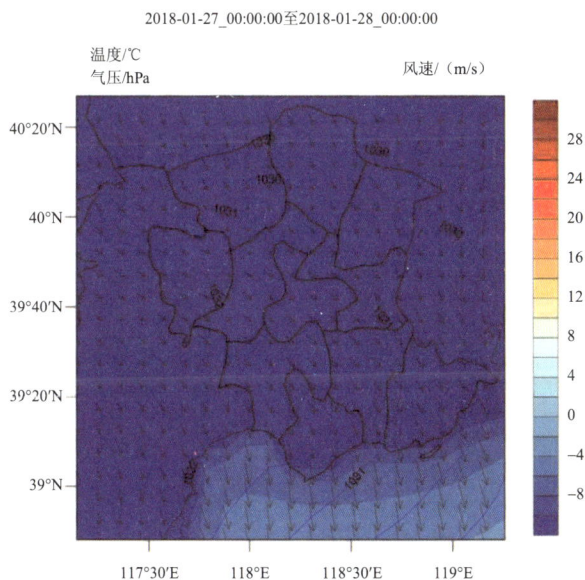

图 5-8　研究区域 2018 年 1 月 27 日平均温度-气压-风场

（4）气象场分型Ⅳ

如图 5-9 所示，污染时段开始时，唐山市高空湿度未达成云条件，且无逆温的情况发生，温湿场不利于污染聚集。

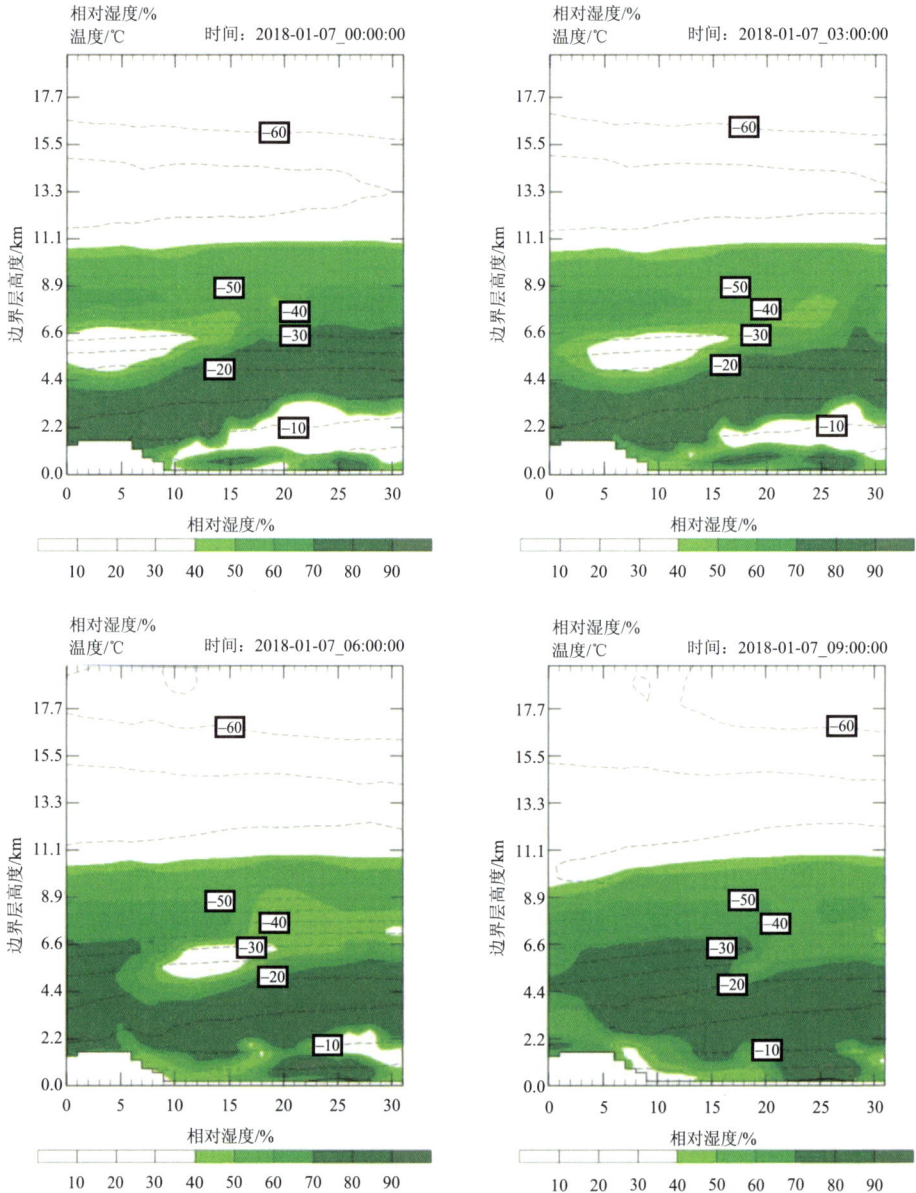

图 5-9　研究区域 2018 年 1 月 7 日部分时间段温度-相对湿度剖面

从流场来看（图 5-10），此时研究区域盛行西风（唐山市南部在凌晨为盛行北风，而后转为西风），属于Ⅳ型流场，扩散条件较差，污染来源主要为西侧的天津、廊坊等地传输，污染聚集在西部的丰南、唐海等县。总体而言，由于降雨的发生，气象场Ⅳ型污染较轻。

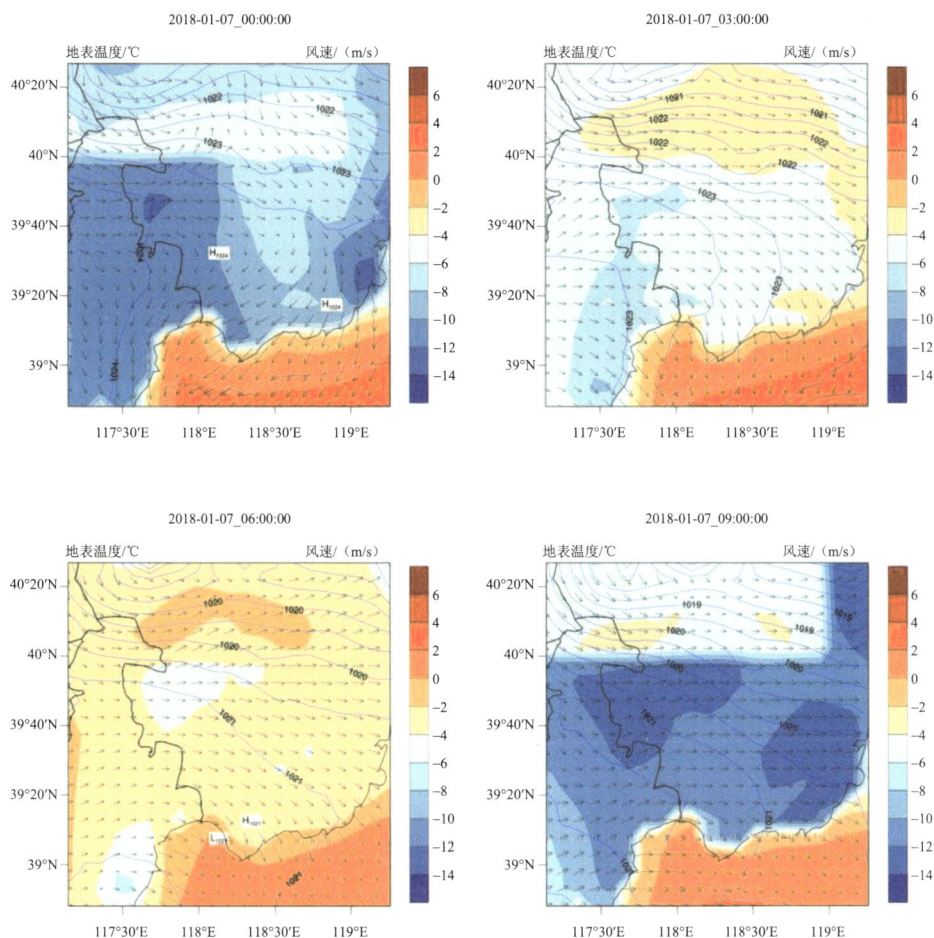

图 5-10　研究区域 2018 年 1 月 7 日部分时间段温度-气压-风场

气象场Ⅳ型的各气象参数量化范围：①1～3 km 高空平均湿度小于 60%，无降雨；②气温垂直递减率大于 0，未出现逆温，大气层结稳定，不利于污染物扩散；③平均风向变化区间：5～7，盛行西风；④平均风速区间：2～7 m/s，此时风速对污染传输影响较小。

（5）气象场分型 V

如图 5-11 所示，污染发生当天午后至夜间，唐山市高空温度场梯度较大，垂直扩散条件良好，不利于污染发生，但湿度不易成云成雨，大气较为干燥，污染物不能雨除。

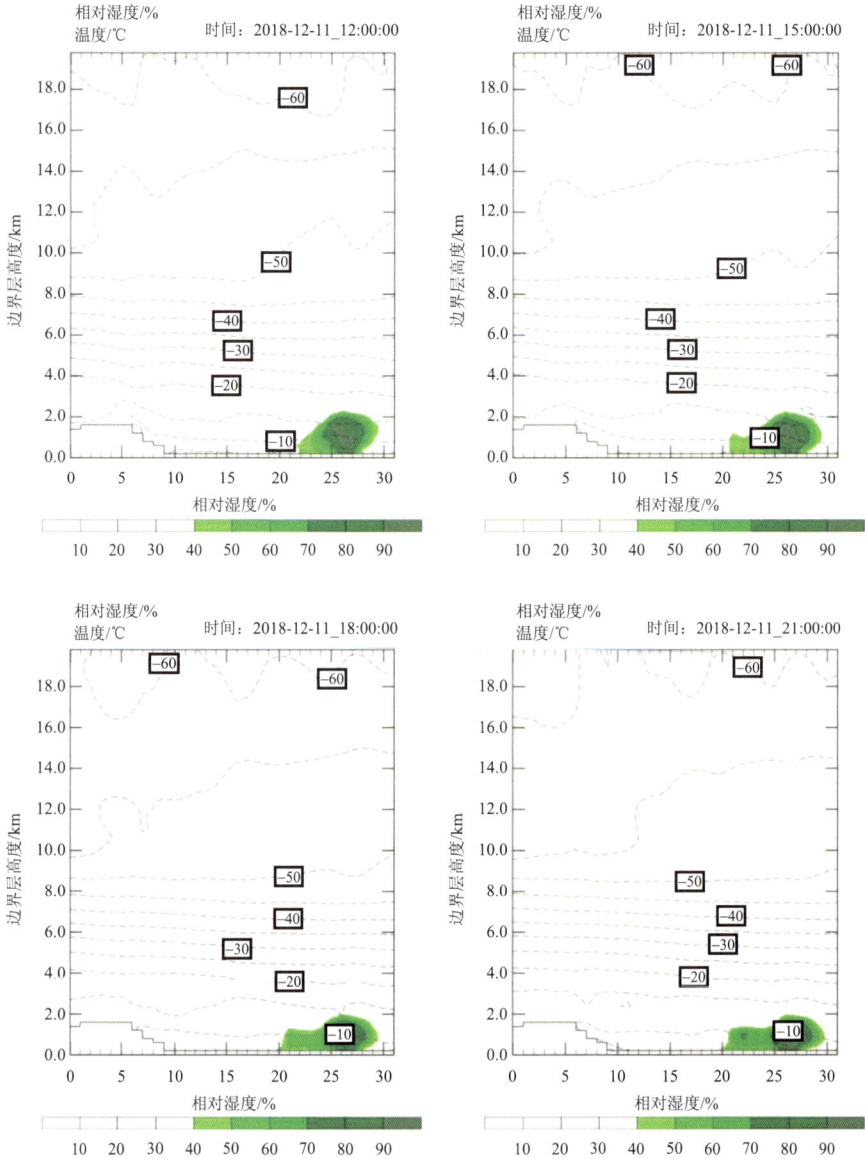

图 5-11 研究区域 2018 年 12 月 11 日部分时间段温度-相对湿度剖面

　　如图 5-12 所示，从流场分布情况分析，该时间段属于Ⅲ型偏北静风流场，近地面风速极小，本地排放源排放出来的污染物难以向其他地区扩散，易造成轻度污染。依据唐山市典型排放企业分布可知，污染主要集中在中部的丰润县、唐山市中心等地区。

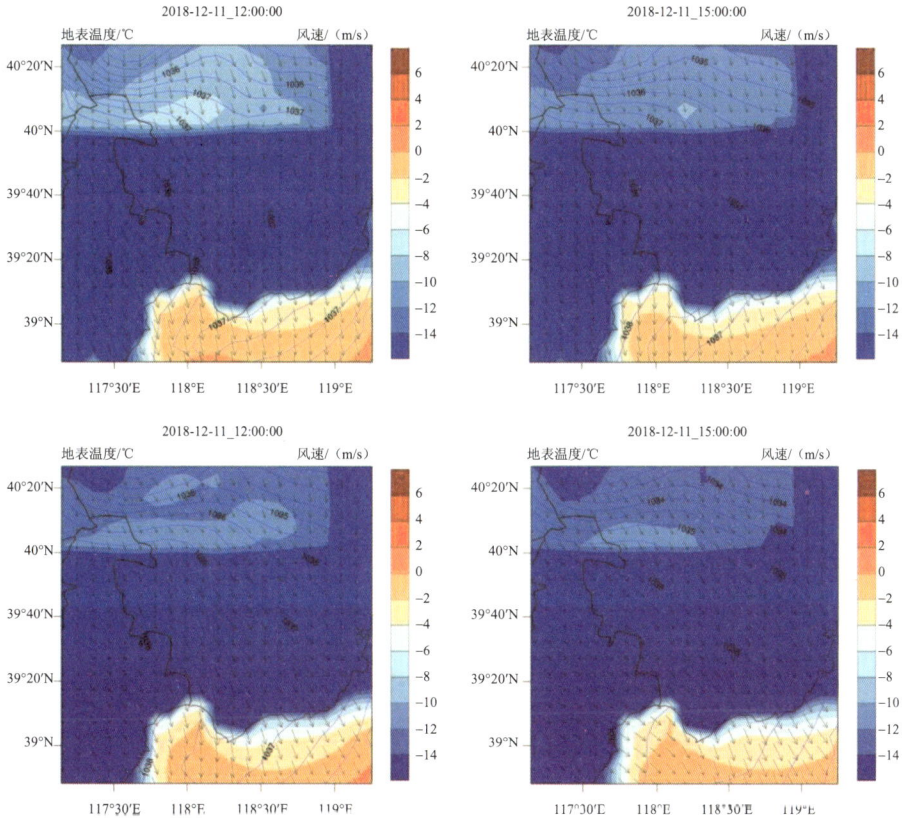

图 5-12　研究区域 2018 年 12 月 11 日部分时间段温度-气压-风场

　　综上所述，气象场Ⅴ型的各气象参数量化范围：①1~3 km 高空平均湿度小于 60%，无降雨，空气较干燥；②气温垂直递减率大于 0，未出现逆温，大气层结不稳定，有利于污染物扩散；③平均风向变化区间：0~1 及 7~8，整体偏北风；④平均风速区间：0~2 m/s（几乎为静风），此时风速对污染传输影响较大。

　　（6）气象场分型Ⅵ

　　如图 5-13 所示，污染过程开始前，唐山市午后出现小范围降雨，但温度层结较稳定，未出现逆温层，垂直气象场温湿条件不利于污染进一步加重。

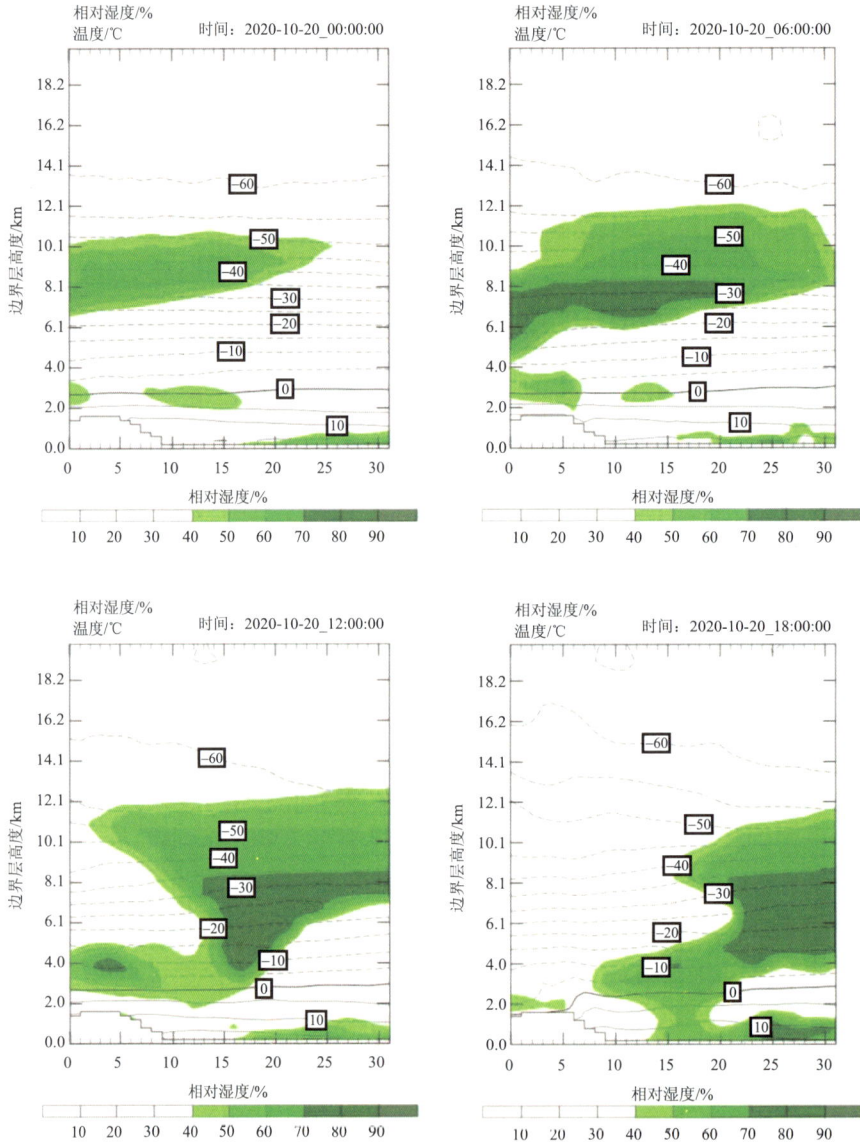

图 5-13　研究区域 2020 年 10 月 20 日部分时间段温度-相对湿度剖面

　　如图 5-14 所示，污染时段内唐山市盛行偏南海风，由于北部山区的阻隔，本
地污染源物放后受南风影响容易聚集在燕山南麓的玉田县、丰润县、唐山市中心
等区域，这些区域出现轻度污染。

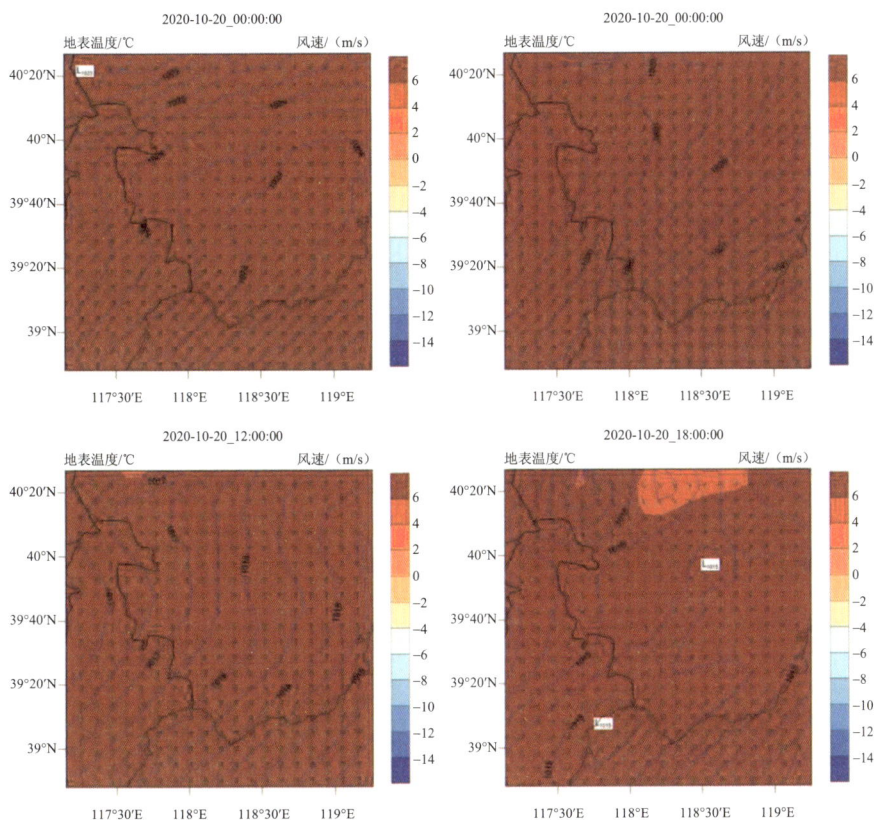

图 5-14　研究区域 2020 年 10 月 20 日部分时间段温度-气压-风场

综上所述，气象场 V 型的各气象参数量化范围：①1～3 km 高空平均湿度小于 60%，无降雨发生；②气温垂直递减率大于 0，未出现逆温，大气层结不稳定，有利于污染物扩散；③平均风向变化区间：3～5，整体为偏南海风；④平均风速区间：2～7 m/s，此时风速对污染传输影响较小。

（7）气象场分型Ⅶ

如图 5-15 所示，污染期间，唐山市西部地区有形成积雨云的趋势，但还未形成降雨，温度层结较不稳定；10～12 km 高空出现逆温层，垂直气象场温湿条件不利于污染扩散，污染进一步加重。

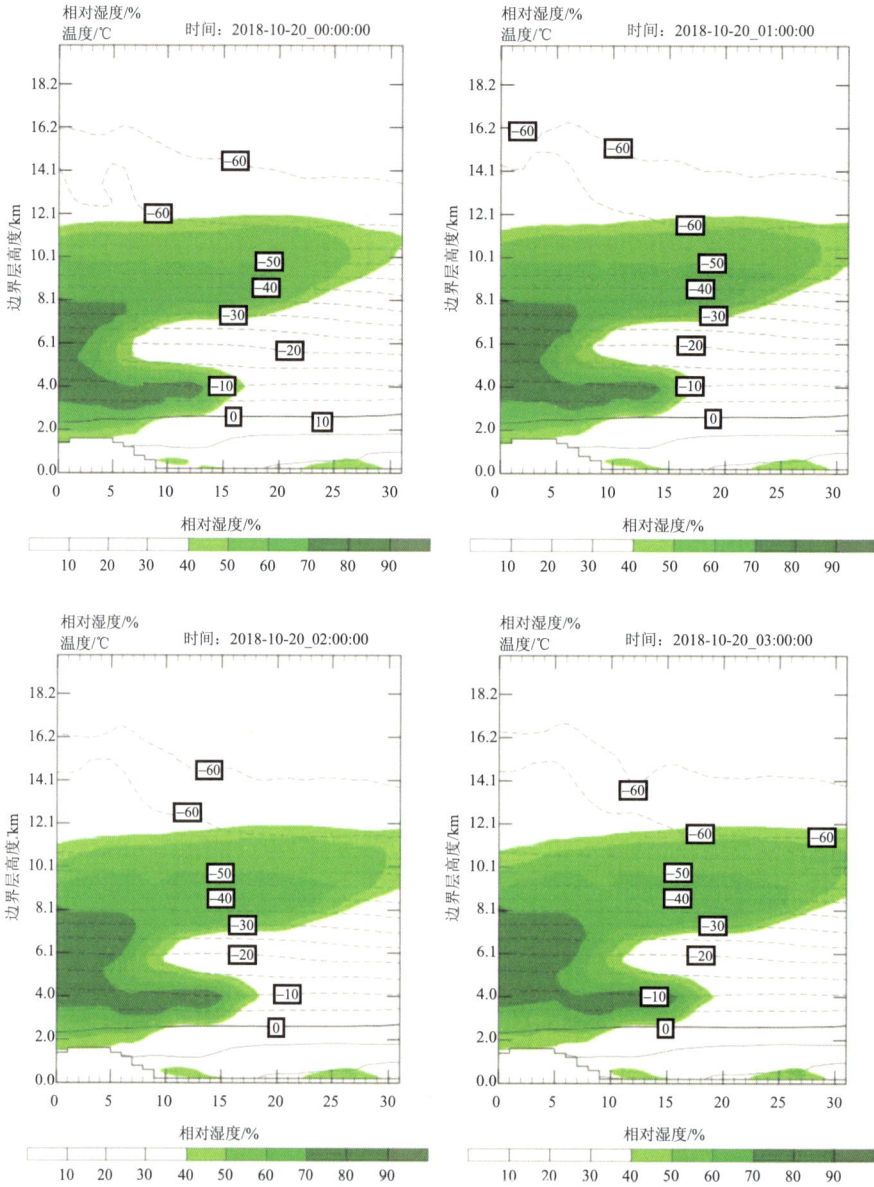

图 5-15 研究区域 2018 年 10 月 20 日部分时间段温度-相对湿度剖面

如图 5-16 所示，此时段内唐山市盛行西北风，污染物易从天津等地传输到本地；而本地污染物排放后受盛行风影响容易聚集在乐亭、滦南等县，这些区域出现轻度污染。

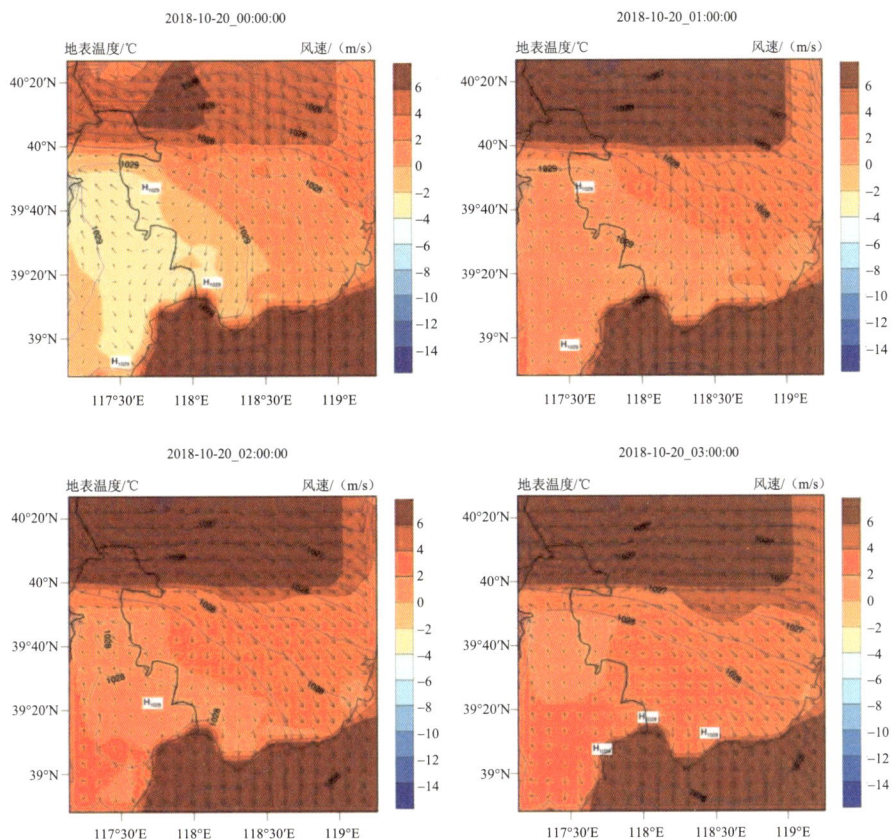

图 5-16　研究区域 2018 年 10 月 20 日部分时间段温度-气压-风场

综上所述，气象场Ⅶ型的各气象参数量化范围：①1～3 km 高空平均湿度小于 60%，未出现降雨；②气温垂直递减率大于 0，高空出现逆温，大气层结稳定，不利于污染物垂直扩散；③平均风向变化区间：6～8，整体为西北风；④平均风速区间：2～7 m/s，此时风速对污染传输影响较小。

（8）气象场分型Ⅷ

如图 5-17 所示，污染时段内的 2 月 26 日午后，唐山市西部地区有形成积雨云的趋势，但还未形成降雨，温度层结较不稳定；夜间出现明显降雨，近地面出现逆温；同时，10～12 km 高空出现逆温层，垂直气象场温湿条件不利于污染扩散，污染进一步加重。

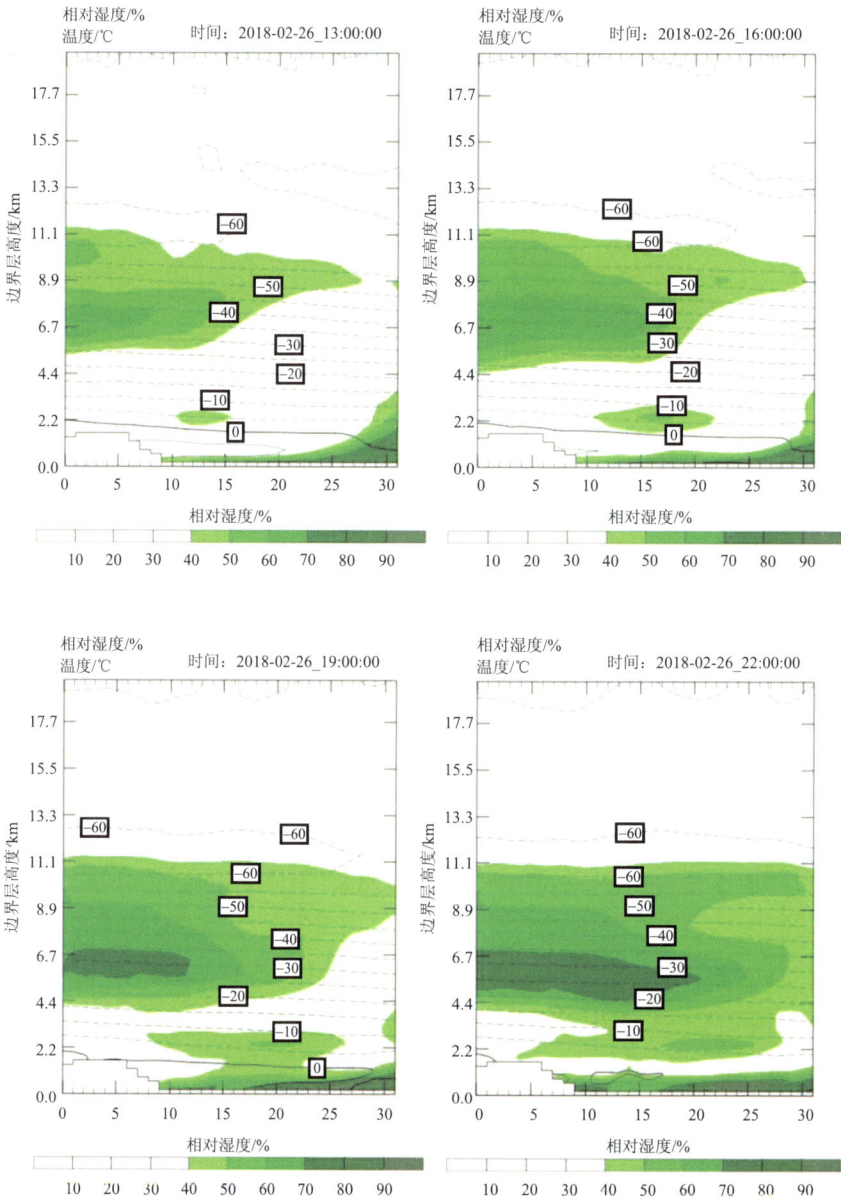

图 5-17　研究区域 2018 年 2 月 26 日部分时间段温度-相对湿度剖面

　　如图 5-18 所示，此时段内唐山市盛行东北风，污染物易从承德、秦皇岛等地传输到本地；而本地污染物排放后受盛行风影响容易聚集在唐海、丰南等县，这些区域易出现轻度污染。

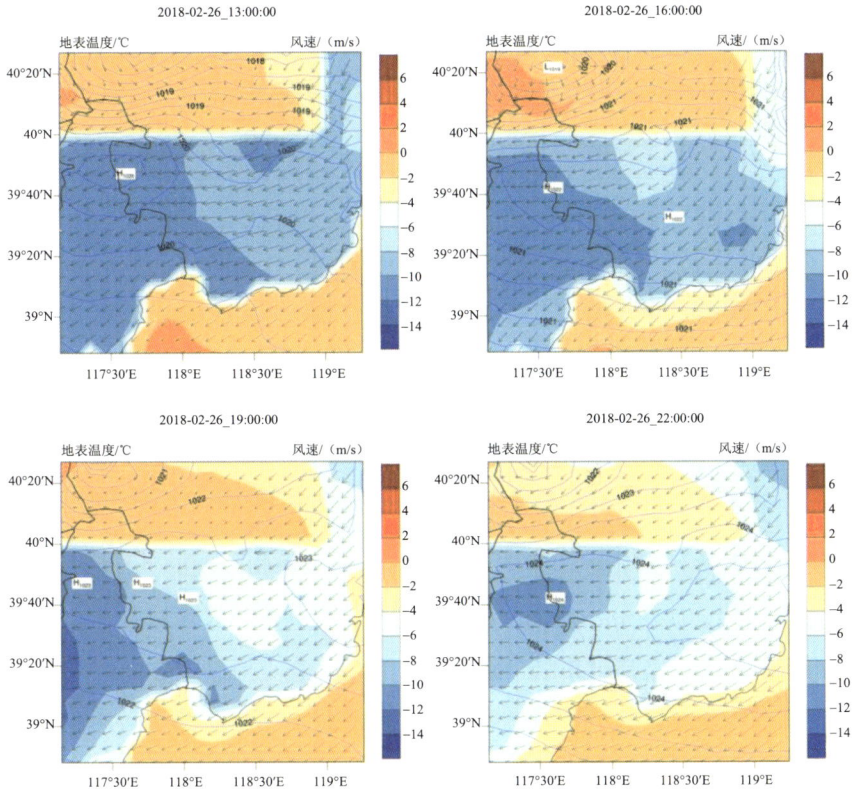

图 5-18　研究区域 2018 年 2 月 26 日部分时间段温度-气压-风场

综上所述，气象场Ⅶ型的各气象参数量化范围：①1～3 km 高空平均湿度小于 60%，未出现降雨；②气温垂直递减率大于 0，高空出现逆温，大气层结稳定，不利于污染物垂直扩散；③平均风向变化区间：0～2，盛行东北风；④平均风速区间：2～7 m/s，此时风速对污染传输影响较小。

由上可知，各气象场类型 1～3 km 高空平均湿度、气温垂直递减率、平均风向和平均风速的判定依据见表 5-4。

表 5-4　各气象型气象参数量化范围

气象分型	1～3 km 高空平均湿度/%	气温垂直递减率	平均风向	平均风速/（m/s）
Ⅰ型	<60	<0	5～6	2～7
Ⅱ型	<60	<0	3～5	2～7

气象分型	1～3 km 高空平均湿度/%	气温垂直递减率	平均风向	平均风速/（m/s）
Ⅲ型	＜60	＜0	0～1 和 7～8	0～2
Ⅳ型	＜60	＞0	5～7	2～7
Ⅴ型	＜60	＞0	0～1 和 7～8	0～2
Ⅵ型	＜60	＞0	3～5	2～7
Ⅶ型	＜60	＜0	6～8	2～7
Ⅷ型	＜60	＜0	0～2	2～7

注：气温垂直递减率小于零时，出现逆温。

5.3.3　基于气象型的区域大气污染防控措施生成技术

基于气象分型结果，结合第 4 章中预警措施启停条件，对污染管控时段进行进一步研究，最终结果如表 5-5 所示。以气象型Ⅰ为例，选取 2019 年 1 月 8—14 日为研究时段，时空分布方面，研究第 1 天，除迁安、迁西以外，其他地区均需要进行污染预警，之后全市统一进行污染预警。在行业管控方面，对应红色预警措施，移动源和扬尘源沿用原方案减排比例进行；在工业源方面，迁西县焦化行业、丰润区钢铁行业、开平区砖瓦行业、滦县陶瓷行业、芦台陶瓷行业、丰南区水泥及砖瓦行业、滦南县陶瓷行业、乐亭县砖瓦行业为保生产行业，可进行自主减排。此外，迁安、迁西、遵化、滦县的 B 级行业与 A 级企业一同进行自主减排，除上述 B 级自主减排以外的其他 B 级企业则仍按原有方案比例减排，而其他非保生产行业 C 级及以下企业在更新后的加严比例进行减排。在此基础上，即可对各企业限产比例进行确定。

表 5-5　8 类气象型随时间推进需要实施相关污染预警措施县（市、区）结果

县（市、区）	Ⅰ						Ⅱ						Ⅲ		Ⅳ					Ⅴ			Ⅵ			Ⅶ			Ⅷ		
	1	2	3	4	5	6	1	2	3	4	5	6	1	2	1	2	3	4	5	1	2	3	1	2	3	1	2	3	1	2	3
迁安市		■	■	■	■	■		■	■	■	■	■												■	■				■	■	■
迁西县		■	■	■	■	■		■	■	■	■	■		■																	
遵化市	■	■	■	■	■	■															■	■				■	■	■			
玉田县	■	■	■	■	■	■														■	■	■									

县（市、区）	I						II						III			IV					V			VI			VII			VIII		
	1	2	3	4	5	6	1	2	3	4	5	6	1	2	3	1	2	3	4	5	1	2	3	1	2	3	1	2	3	1	2	3
丰润区																																
滦县（滦州市）																																
高新技术产业开发区																																
开平区																																
古冶区																																
路北区																																
路南区																																
芦台经济开发区																																
汉沽管理区																																
丰南区																																
滦南县																																
乐亭县																																
曹妃甸区																																
海港经济开发区																																

5.3.4　电力大数据优化应急减排措施的落实

在"一厂一策"政策下，不同行业企业生产线/设备的管控方案不尽相同。长流程钢铁方面，一般而言，球团生产以炉窑生产为主，分为竖炉、链箅机-回转窑、带式焙烧机等方法，通常情况需要进行保温，故对于球团行业，多半为限制日产量，其他工序则是以转炉工序停产情况为基准进行对应调整；水泥行业则因其较高的颗粒物排放，多数情况直接停产；焦化行业则因焦炉不能直接熄炉，以延长结焦时间为主；砖瓦行业和陶瓷行业则是以直接停止生产线为主。

由前文所得方法可得重污染预警时刻，在新污染预警措施下各企业的理论生产负荷水平，为确保预警期间落实相关减排措施的可行性，需对相关生产线理论负荷进行落实，即根据负荷和生产线实际工序/设备情况进行措施调整，以此来达到措施可行有据可查。

研究考虑钢铁、水泥、陶瓷、焦化、砖瓦、玻璃六大行业，根据 2022 年唐山市应急减排清单对应行业企业生产线/设备相关设备信息、产能、产量、工业总产值、污染物排放量等数据进行初步收集。

考虑到理论生产负荷在不同行业实际落地执行中的可行性，本研究通过向大"取整"的方式进行方案生成。

5.3.4.1　钢铁行业

考虑到唐山市钢铁企业主要分为长流程钢铁和钢压延企业，因此分开考虑。对于长流程钢铁而言，需对各工序分开考虑。

（1）转炉工序

转炉工序一般是通过限制每座转炉日出钢数实现监管，橙色预警期间一般 B 级企业日出钢数不大于 36 炉，C 级一般不大于 26 炉，D 级不大于 22 炉；B 级、C 级红色预警期间则分别不大于 32 炉、22 炉，C 级以下直接停产。带动降低整体生产负荷。故结合原有措施条件下生产负荷和每座转炉日出钢数进行确定，具体见式（5-8）。

$$C' = \frac{C}{P} \times P' \qquad (5\text{-}8)$$

式中，C，C' —— 分别为原管控措施条件下和新管控措施条件下的每座转炉日出钢数；

P，P' —— 分别为原管控措施条件下和新管控措施条件下的转炉生产负荷。

（2）烧结工序

独立烧结、球团企业一般在黄色及以上预警期间全部停产，而烧结机一般按需求停产部分生产线/设备。根据原有和现有措施生产负荷与原有措施，同样采取取整进行新措施生成。

（3）焦化和球团工序

球团工序一般分为竖炉、链箅机-回转窑、带式焙烧机 3 类生产方式，而焦化一般为焦炉生产，考虑到均需进行保窑生产，故只能通过调整每天生产产量进行限制。具体而言，焦炉出焦时间可按式（2-4）进行延长，而球团工序则按生产负荷和日产量进行进一步限制 [式（5-10）]。

$$L = \frac{L_{max}}{F} \tag{5-9}$$

$$T' = T \times \frac{B'}{B} \tag{5-10}$$

式中，L —— 预警措施下焦炉出焦时间；

L_{max} —— 原全负荷生产出焦时间（设计出焦时间）；

F —— 预警期间限产措施下焦炉生产负荷；

T，T' —— 分别为原管控措施条件下和新管控措施条件下的每天球团矿产量；

B，B' —— 分别为原管控措施条件下和新管控措施条件下的球团工序生产负荷。

（4）其他工序

在应急减排措施下，满足相应停限产比例要求情况时，企业一般根据每座转炉出钢量和出钢炉数合理安排调节对应冶炼设备。故在措施方面一般为自主调节。

（5）钢压延企业

钢压延企业一般是通过冷轧、热轧等方式对粗钢进行压延加工的企业，一般除重点优质制造企业采取自主减排措施以外，其他企业基本直接停产，本研究直接沿用对应措施。

5.3.4.2　水泥行业

水泥熟料行业一般通过限制最高日产量进行措施生成，具体而言，对于 A 级企业一般进行自主减排；对于 B 级企业，橙色一般限产为前一年最高日产量的 20%，而红色预警期间直接停产；对于 C 级及以下企业，红色橙色预警期间均直接停产。最高日产量数据一般来源于应急减排清单统计，对于无最高日产量信息企业，一般以 330 d 为生产总天数求取平均日产量代替。协同处理废物企业通常沿用原有措施。

粉磨站一般可对负荷调整做出快速响应，一般而言，对于非引领性企业，通常直接采取停产措施。

5.3.4.3　玻璃行业

玻璃行业与球团工序类似，一般通过限制日产量进行。通过新措施生产负荷结合应急清单中原日产量信息即可获得限制日产量。

5.3.4.4　焦化行业

焦化行业可分为焦化部分和化产部分，对于化产部分一般不予考虑，焦化部分则与长流程焦化工序类似，焦炉出焦时间可按式（5-8）进行延长。

5.3.4.5　砖瓦和陶瓷行业

砖瓦和陶瓷行业工序较为类似，均为窑炉生产，对于生产负荷调整难以快速进行响应，同时难以直接监测对应生产负荷，故同样采取取整方式进行生产线停产，见式（5-11）：

$$Y' = \frac{Y}{Q} \times Q' \tag{5-11}$$

式中，Y，Y' —— 分别为原管控措施条件下和新管控措施条件下的停产生产线/设备数；

Q，Q' —— 分别为原管控措施条件下和新管控措施条件下的生产负荷。

5.3.4.6　车辆运输

道路源车辆运输会带来一定污染，原有措施条件下一般停止使用国四及以下重型载货车辆运输，本研究继续沿用车辆运输的相关措施。

5.4　电力大数据优化应急减排措施经济效益计算

本研究以气象型Ⅱ为例，对电力大数据优化前后应急减排措施的经济效益进行计算和分析。

5.4.1　计算方法

基于气象型的划分，气象型Ⅱ共有 6 d 需进行应急减排。因此需对气象型Ⅱ期间 6 d 产品产量增量和经济效益进行计算。通过收集应急减排清单中的产品产量、产能、工业总产值数据，结合原有生产负荷比例和上述新管控措施条件下的生产负荷比例进行计算。

各工厂，尤其钢铁厂中生产情况复杂，产线不统一，经济产值较难溯源，因此需对工业总产值进行量化，以进行合理估算优化前后的应急减排措施的经济效益。考虑到工厂的主要经济产品品类有限，且具有较高的可获取性，因此定义应急减排清单中的工业总产值及产品产量数据之比为单位产品产量工业产值，单位为元/t，后续基于该比值，与优化前后应急减排措施下产品增量结合，即可对经济效益进行初步估算。

（1）工厂单位产品产量工业产值计算

由于各工厂产品类目及产量均有区别，工业产值的来源较为复杂，因此需对工业产值进行单位统一化。考虑到本方案的研究对象主要为工厂生产负荷，以产品产量为依据对工业产值进行单位统一可更好地结合负荷计算经济效益。考虑到不同行业类别的工厂产品均有区别，同种类别工厂产品产出也不尽相同，因此对各类工厂产品进行统一，本研究中长流程钢铁主要以粗钢为研究对象；钢压延行业主要以钢压延件（冷锻、热锻、其他锻造件等）为研究对象；水泥行业主要以水泥（熟料按一定比例进行折合，即熟料∶水泥=0.64∶1）为研究对象；砖瓦、陶瓷、玻璃、焦化分别以砖瓦、陶瓷件、玻璃、焦炭为研究对象。工厂单位产品产量工业产值 Z_j 计算公式如下：

$$Z_j = \frac{IQ_j}{IPO_j} \tag{5-12}$$

式中，j —— 行业，分别为长流程钢铁、钢压延、水泥、焦化、陶瓷、砖瓦；

　　IO_j —— 某厂工业总产值，万元；

　　IPO_j —— 某厂产品（粗钢、钢压延件、水泥、焦化、陶瓷、砖瓦）年产量，
　　　　　　　万 t（万 m^2、万件）。

（2）工厂产品增量计算

以气象型 II 为研究对象，研究时长共 6 d。本研究基于应急减排清单工厂级数据，通过以上研究所得电力数据优化前后应急减排措施生产负荷，通过产品日产量即可得出研究时段内日级产品增量。某厂产品增量（A_j，单位：万 t）计算公式如下：

$$A_j = \sum_{i=1}^{6} S_{ij} - S'_{ij} = \sum_{i=1}^{6} \left(R_{ij} \times D_j - R'_{ij} \times D_j \right) \tag{5-13}$$

式中，S_{ij}，S'_{ij} —— 分别为原管控措施条件下和新管控措施条件下第 i 天日产量，

某厂研究时段内 R_{ij} 和 R'_{ij} 为原管控措施条件下和新管控措施条件下经取证落实后的第 i 天生产负荷，%；

D_j —— 某厂产品日生产产量，万 t（万 m^2、万件）。

（3）经济效益计算

经济效益基于工厂单位产品产量工业产值及优化前后应急减排措施下产品增量结合累加，可对经济效益进行初步估算。经济效益（EP）的计算公式如下：

$$EP = \sum_j EP_j = \sum_j A_j \times Z_j \tag{5-14}$$

式中，EP_j —— 各厂经济效益，万元。

5.4.2 案例计算

本研究针对 6 类行业，结合现有红/橙色预警措施计算原有预警措施下的结果。同时结合基于 2019 年清单预警措施进行企业核查及重新赋予负荷，并基于负荷安排对应预警措施进行经济效益初步估算。

目前，产量增加主要集中于钢铁和砖瓦行业，陶瓷和焦化行业略有降低，带来约 19.17 亿元的经济效益。小于 2019 年气象型 I 增产效果（经济效益 27.92 亿元），原因可能为：①钢铁行业近年来产量降低，与 2019 年相比部分企业减产甚至停产，企业合并迁移等现象较多；②唐山市散乱污企业停产较多，总收入数据相较于 2019 年有所降低；③"分档减排"措施下带来的限产产量高于按比例限产产量（如砖瓦、陶瓷等）。

钢铁行业对长流程钢铁而言，产量增加 44%，产值增加 33%；而从钢铁行业整体而言，产量增加 43%，产值增加 30%。水泥、砖瓦、焦化行业均有高于 10%的产量增加（10.91%、19.05%、41.86%），符合文件要求，陶瓷和玻璃行业在其中主要用于平衡其他行业排放，故产量增加量较低（−2.84%、7.01%），5 类行业工业产值总量在气象型 II 条件下可达 20.2%的增幅，能较好地说明本方案的可行性。

基于县（市、区）级数据而言，钢铁行业产量增加范围为−0.18%～408.4%，产值增加−0.02%～246.52%，可能原因为部分县（市、区）在原措施下停产而在气象型 II 新措施中正常生产，使产量具有较高提升；水泥行业整体上几乎无产量变化，以滦州、丰南地区提升较高［由于部分县（市、区）预警条件下水泥行业停产，难以确定实际增长比例］；砖瓦行业产量增加范围为 33.3%～343.44%，产值增加 0～58.82%；玻璃行业产量增加范围为 0～11.1%，产值增加 0～11.1%；焦化行业产量增加范围为 30.6%～70.3%，产值增加 30.6%～70.3%。

5.5　情景模拟结果案例分析

以唐山市气象型 I 典型时段 2019 年 1 月 8—14 日红色预警期间为例，进行模拟结果分析，采用基于电力大数据的防控措施前后红色预警情景及未采取防控措施各污染物模拟结果如表 5-6、图 5-19 所示。

结果显示，2019 年 1 月 14 日 $PM_{2.5}$、PM_{10}、SO_2、NO_2 及 CO 的采取基于电力大数据的区域预警措施前污染物浓度较未采取防控措施分别减少了 13 μg/m³、43 μg/m³、10 μg/m³、9 μg/m³ 及 1.7 μg/m³。AQI 值较未采取防控措施下降了 19，污染等级无变化。2019 年 1 月 14 日 $PM_{2.5}$、PM_{10}、SO_2、NO_2 及 CO 的采取基于电力大数据的区域预警措施后污染物浓度较未采取防控措施分别减少了 16 μg/m³、29 μg/m³、116 μg/m³、29 μg/m³ 及 1.9 μg/m³。AQI 值较未采取防控措施下降了 23，污染等级无变化。除 PM_{10} 与 NO_2 污染物减排效果比优化前减排效果差外，其余污染物减排效果基本都优于采取基于电力大数据的区域预警措施前的减排效果。AQI 的结果显示，除 2019 年 1 月 8 日及 2019 年 1 月 14 日 AQI 变化值为负数之外，其他日期 AQI 变化值均为正值。虽然这两天的 AQI 变化值为负值，但首要污染物、污染级别均未发生改变，认为采取基于电力大数据的区域预警措施对 AQI 值也有较好的影响。

分县（市、区）而言，2019 年 1 月 14 日唐山市各县（市、区）采取基于电力大数据的区域预警措施前红色预警情景模拟的 $PM_{2.5}$、PM_{10}、SO_2、NO_2 及 CO 的污染物浓度较未采取防控措施变化值分别分布在 −3.29～1.06 μg/m³、−4.63～18.42 μg/m³、−60.26～31.05 μg/m³、1.48～8.65 μg/m³ 及 0.20～2.74 μg/m³。较未采取防控措施，$PM_{2.5}$、PM_{10}、SO_2、NO_2 及 CO 减排量最大的地区分别分布在路北区、路北区、迁西县、开平区、滦州市。

表5-6 2019年1月8—14日采取基于电力大数据的防控措施前后及红色预警情景及未采取防控措施各污染物模拟结果

日期	情景	PM$_{2.5}$/ (μg/m³)	PM$_{10}$/ (μg/m³)	SO$_2$/ (μg/m³)	NO$_2$/ (μg/m³)	CO/ (μg/m³)	O$_3$/ (μg/m³)	AQI	首要污染物	级别	描述
1月8日	未采取防控措施	53	105	36	30	1.2	81	78	PM$_{10}$	二级	良
	采取基于电力大数据的防控措施	44	86	30	27	1.1	83	68	PM$_{10}$	二级	良
	采取传统防控措施	44	80	26	17	0.7	86	65	PM$_{10}$	二级	良
	变化值（优化前-优化后）	0	-6	-4	-10	-0.4	3	-3	无变化	无变化	无变化
1月9日	未采取防控措施	117	212	70	69	2.4	37	153	PM$_{2.5}$	四级	中度污染
	采取基于电力大数据的防控措施	99	179	59	63	1.4	38	130	PM$_{2.5}$	三级	轻度污染
	采取传统防控措施	105	174	60	58	1.5	40	138	PM$_{2.5}$	三级	轻度污染
	变化值（优化前-优化后）	6	-5	1	-5	0.1	2	8	无变化	无变化	无变化
1月10日	未采取防控措施	140	220	84	79	2.4	30	186	PM$_{2.5}$	四级	中度污染
	采取基于电力大数据的防控措施	126	194	77	77	1.8	31	166	PM$_{2.5}$	四级	中度污染
	采取传统防控措施	131	191	77	75	1.9	32	173	PM$_{2.5}$	四级	中度污染
	变化值（优化前-优化后）	5	-3	0	-2	0.1	1	7	无变化	无变化	无变化
1月11日	未采取防控措施	188	326	120	83	4.3	19	254	PM$_{2.5}$	五级	重度污染
	采取基于电力大数据的防控措施	162	276	102	77	2.4	21	217	PM$_{2.5}$	五级	重度污染

日期	情景	PM$_{2.5}$/(μg/m³)	PM$_{10}$/(μg/m³)	SO$_2$/(μg/m³)	NO$_2$/(μg/m³)	CO/(μg/m³)	O$_3$/(μg/m³)	AQI	首要污染物	级别	描述
1月11日	采取传统防控措施	169	267	103	74	2.5	22	227	PM$_{2.5}$	五级	重度污染
	变化值（优化前-优化后）	7	−9	1	−3	0.1	1	10	无变化	无变化	无变化
1月12日	未采取防控措施	243	352	153	97	3.5	14	333	PM$_{2.5}$	六级	严重污染
	采取基于电力大数据的防控措施	227	321	143	95	2.8	15	310	PM$_{2.5}$	六级	严重污染
	采取传统防控措施	230	308	144	94	2.9	15	314	PM$_{2.5}$	六级	严重污染
	变化值（优化前-优化后）	3	−13	1	−1	0.1	0	4	无变化	无变化	无变化
1月13日	未采取防控措施	81	155	55	41	2.1	52	108	PM$_{2.5}$	三级	轻度污染
	采取基于电力大数据的防控措施	72	139	49	39	1.8	53	96	PM$_{2.5}$	二级	良
	采取传统防控措施	69	117	45	31	1.2	57	93	PM$_{2.5}$	二级	良
	变化值（优化前-优化后）	−3	−22	−4	−8	−0.6	4	−3	无变化	无变化	无变化
1月14日	未采取防控措施	136	238	88	64	3.6	31	180	PM$_{2.5}$	四级	中度污染
	采取基于电力大数据的防控措施	120	209	77	58	1.7	33	157	PM$_{2.5}$	四级	中度污染
	采取传统防控措施	123	195	78	55	1.9	32	161	PM$_{2.5}$	四级	中度污染
	变化值（优化前-优化后）	3	−14	1	−3	0.2	4	4	无变化	无变化	无变化

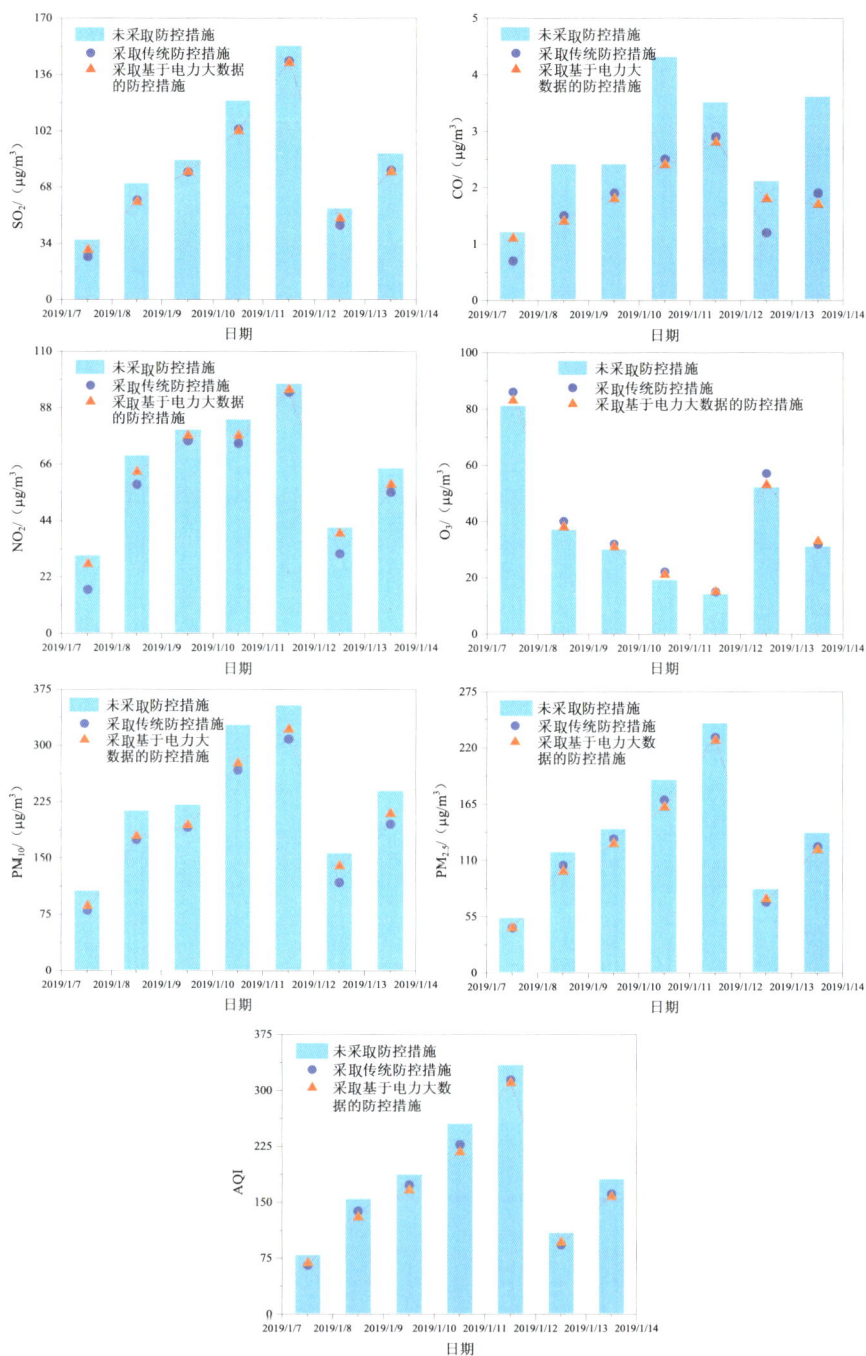

图 5-19 采取基于电力大数据的防控措施前后红色预警情景及

未采取防控措施各污染物时间序列

2019 年 1 月 14 日唐山市各县（市、区）采取基于电力大数据的区域预警措施后红色预警情景模拟的 $PM_{2.5}$、PM_{10}、SO_2、NO_2 及 CO 的污染物浓度较未采取防控措施变化值分布在 $0.54\sim5.44\ \mu g/m^3$、$0.70\sim8.08\ \mu g/m^3$、$-59.54\sim30.90\ \mu g/m^3$、$0.49\sim6.09\ \mu g/m^3$ 及 $0.05\sim3.38\ \mu g/m^3$。较未采取防控措施，$PM_{2.5}$、PM_{10}、SO_2、NO_2 及 CO 减排量最大的地区分别分布在丰润区、丰润区、迁西县、开平区、滦州市。

各县（市、区）采取基于电力大数据的防控措施前后污染物浓度变化比例如图 5-20 所示，除个别地区个别污染物以外，变化比例大部分都为正值。采取基于电力大数据的防控措施后红色预警情景较未采取前红色预警情景减排效果更优。

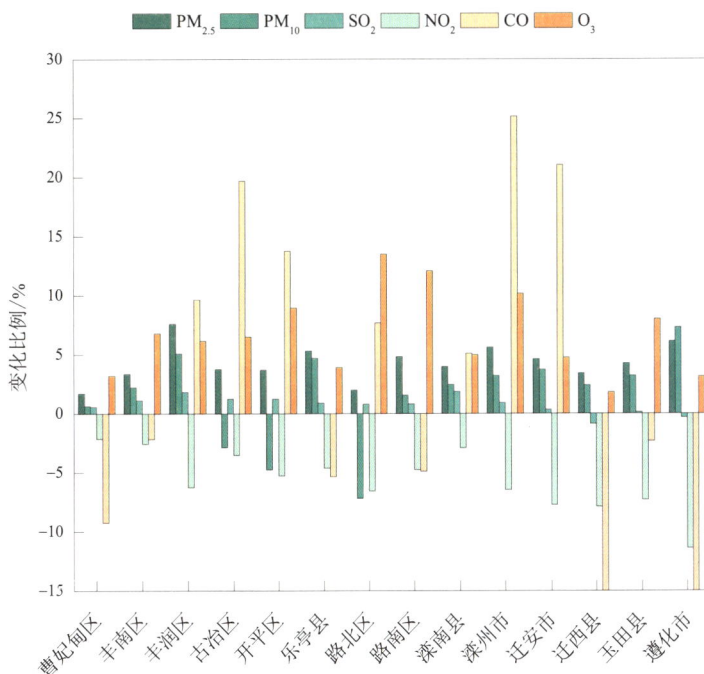

图 5-20　各县（市、区）采取基于电力大数据的防控措施前后污染物浓度变化比例

5.6　本章小结

本章采用熵权法-线性加权法从典型污染行业中优选各县（市、区）的保生

产行业，并基于污染物排放平衡理论将预警期间的污染物减排量分配到管控行业的 C 级及以下企业。进一步结合 2018—2020 年重污染预警气象场分型，形成区分气象场类型的县（市、区）差异化精准大气污染防控措施生成技术。本研究结论如下：

①通过行业优选的方法将具有更高环境效益和社会效益的行业进行选择，最终优选确定保生产行业。将保生产行业在重污染时段所需承担的污染物减排量交由其他重污染低效益企业进行分担，以此保证在污染物排放总量不变的情况下实现保生产行业实现更高的环境效益和经济效益。

②研究选用了单位电量 PM 排放量、单位电量 SO_2 排放量、单位电量 NO_x 排放量、单位电量 VOCs 排放量为负向指标，选用单位电量工业总产值为正向指标。

③通过对各县（市、区）企业进行行业划分及基于熵权法的线性加权后，可获得对应县（市、区）行业排序情况，数字越高代表对于该地区，在单位用电条件下，该行业能在保证更高社会效益的情况下保证更低的污染物排放水平。

④通过基于未来气象预测结果及行业污染物排放结果，通过空气质量模拟分析未来污染物时空变化及重点污染县（市、区），确定预警时长及对应时间段需要进行重污染预警的县（市、区），减排比例由基于保生产行业优选后方案进行污染物排放平衡后确定。

⑤研究综合企业行业特点及用电情况、经济社会影响、行政干预等因素，基于原有红色/橙色污染预警措施生产负荷比例及行业优选，通过污染物排放平衡，优选部分高经济效益、低环境污染的行业重构区域重污染天气应急减排措施下生产负荷，通过对部分低污染排放区域下 B 级企业负荷进行调节，以此保证在污染物排放总量不变的情况下保生产行业实现更高的环境效益和经济效益。

⑥基于本项目子课题 1 确定的污染预警启停条件，确定 8 个气象型下各县（市、区）污染预警的动态起止时间。依据唐山市应急减排清单中企业生产线/设备信息等数据，修正相关生产线污染防控措施对应的理论负荷，并对唐山市气象型 I 典型时段 2019 年 1 月 8—14 日红色预警期间进行模拟分析。结果表明，基于电力数据的污染防控措施精准实施技术整体可以实现预警期间污染物浓度的进一步降低。此外，县（市、区）方面，除个别地区个别污染物以外，基于电力数据的污染防控措施精准实施技术整体可以实现预警期间污染物浓度的进一步降低，优化后红

色预警情景较优化前红色预警情景减排效果更优。

⑦研究针对 6 类行业，结合现有红/橙色预警措施计算原有预警措施下结果。同时结合基于 2022 年清单预警措施进行企业核查及重新赋予负荷，并基于负荷安排对应预警措施进行经济效益初步估算。目前产量增加主要集中于钢铁和砖瓦行业，陶瓷和焦化行业略有降低，带来约 19.17 亿元的经济效益。

第 6 章

基于电力数据的大气污染防控措施监控技术研究

本章以动态时间规整-K 近邻算法（DTW-KNN）对 96 点电力数据的异常和缺失数据进行预处理，得到工业企业及民用台区的小时电力数据。同时基于精准化区域大气污染防控措施生成技术得到的典型污染企业防控措施结合实际情况进行修正，计算实际可行措施实施对应的用电量，通过对比近实时电力数据与预警负荷对应电量的差异，实现大气污染防控措施的实时监控。同时分析电取暖用户在采暖季的用电特征，画出用电特征曲线，通过电取暖用户实际用电规律与电取暖用户用电特征曲线的比较，判断该用户是否在采暖季期间使用了电采暖设备。

6.1 近实时电力数据获取方法

6.1.1 96 点数据优化方法

异常值采取每列用 3σ 标准限定数据范围 $x \in (\bar{x} + 3\sigma, \bar{x} - 3\sigma)$，式中 x 代表数据，$\bar{x}$ 为当前 x 的均值，σ 为 x 的标准差。在数据补全方面，首先要进行原始电力数据的预处理。将电能序列划分为缺失数据集 S_{miss}、完整数据集 S_{train}，其划分方法见图 6-1。

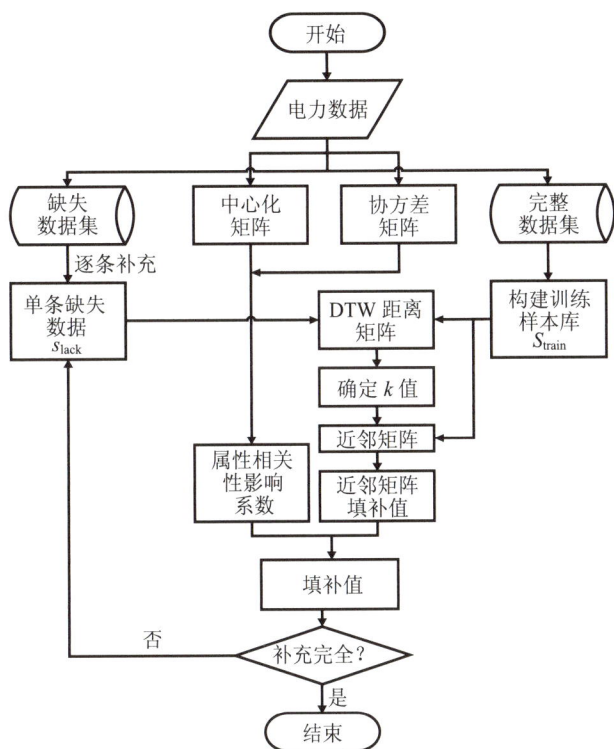

图 6-1　DTW-KNN 补全流程

输入特定的缺失样本 s_{lack}，计算其与 S_{train} 内所有样本的 DTW 距离矩阵 D_{DTW}，如式（6-1）所示：

$$D_{DTW} = \left\{ D_{DTW}(s_{lack}, s_{train\_1}), \cdots, D_{DTW}(s_{lack}, s_{train\_n}) \right\} \tag{6-1}$$

选取与训练样本 s_i 最接近的 k 个数据样本，并得到近邻矩阵 $S_{neighbor}$，计算公式如式（6-2）所示：

$$S_{neighbor} = \begin{bmatrix} s_1 \\ s_2 \\ \vdots \\ s_k \end{bmatrix} \tag{6-2}$$

依据曲线相似假设两条曲线数值关系为倍数关系，优化权重分配方法。计算权重分布矩阵 W，将 s_{lack} 与 $S_{neighbor}$ 相除：

$$W = \frac{s_{\text{lack}}}{S_{\text{neighbor}}} \begin{bmatrix} W_1 \\ W_2 \\ \vdots \\ W_k \end{bmatrix} \tag{6-3}$$

式中，W_k —— 近邻数据矩阵第 k 行的权重系数向量，$W_k = \{w_1, w_2, \cdots, w_{24}\}$；在缺失点定义 $w_j = 0$；当分母为 0 时，$w_j = 0$。

由于在数据缺失点 $w_j = 0$，将权重分布矩阵 $\boldsymbol{W}$ 以行统一为行权重分配系数 W'，如式（6-4）所示：

$$W' = \begin{bmatrix} \bar{W}_1 \\ \bar{W}_2 \\ \vdots \\ \bar{W}_k \end{bmatrix} \tag{6-4}$$

式中，$\bar{W}_k$ —— W_k 中数据的均值。

依据式（6-5）对缺失值 M_I 进行填补：

$$M_I = \sum W' y_i + x' \tag{6-5}$$

式中，W' —— 近邻矩阵的行权重分配系数；

   y_i —— 对应缺失值所在列的 k 个近邻样本数值；

   x' —— 属性相关性影响参数。

重复上述步骤，将 S_{miss} 中的所有缺失值全部补充到对应的缺失位置，完成整个数据集缺失填补。

6.1.2 数据优化案例

本研究以河北省某市所有企业的 2019 年全年用电数据为实验数据集。电力数据的采样频率为 15 min，即每天 96 个采样点，样本点单位为 kW·h。该数据被处理为日向量形式作为模型的输入，每个向量包含 24 点（每小时）电能数据样本，每位用户都有共 365 条数据，并在一定程度上涉及数据异常值和数据缺失值。

在上述实验数据集中分析数据异常值特征与剔除效果。本环节分析了 4 个不同用户的实际电力数据，进行了异常值的探索及异常值去除效果的讨论，这 4 个用户均来自不同行业。此外，由于用户用电量级的影响，在分析开始前对数据进行了最大-最小归一化处理。

　　数据中被判断为不合理数据的部分被称为数据异常值，数据异常值的判别方法有多种，其中最基础的是箱线图分析法。采用箱线图分析法分析所用数据基本分布情况，其结果如图 6-2 所示。箱线图法判断异常值的标准为将大于 1.5IQR 的数据判断为异常值，由图可知，4 个用户数据中均存在异常值。通过本研究所采用的 3σ方法识别后，数据中异常值的数量分别为 A 中 8 个、B 中 5 个、C 中 8 个、D 中 11 个。

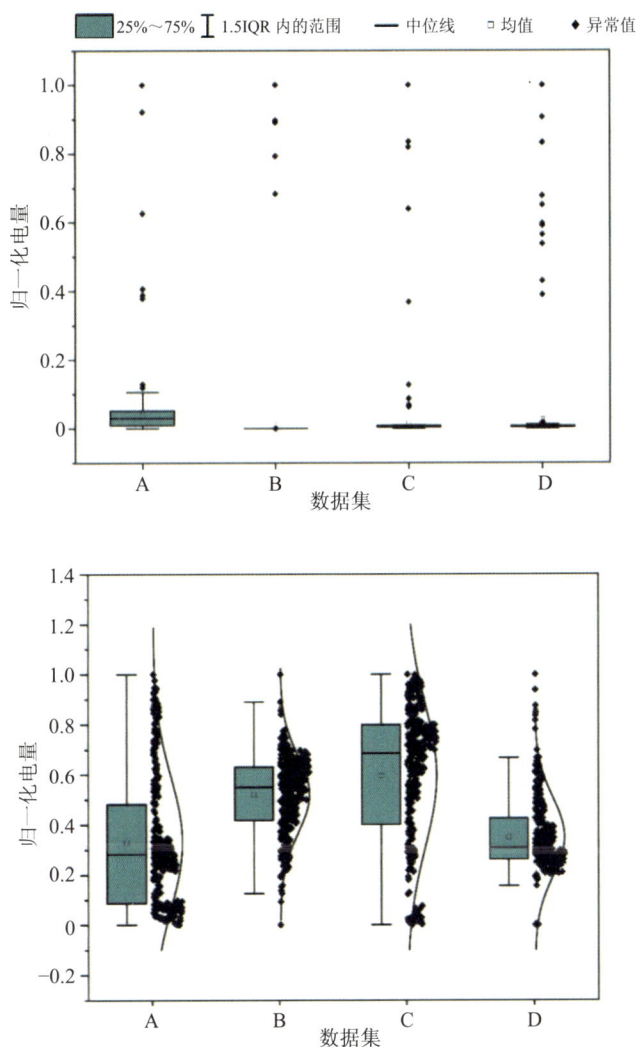

图 6-2　河北省某市所有企业 2019 年全年用电数据分布情况

　　将上述识别得出的数据异常值赋予空值，重新绘制数据分布箱线图如图 6-3 所示。图中表明，已无明显异常值，数据分布呈现近正态分布。经异常值处理后的数据可进行进一步分析与处理。不难看出，用户小时用电负荷是一种单时间变量的时间序列数据，以全年尺度分析，用户日用电特征十分明显，逐日用电量呈现一定的重复性规律，即早晚用电量高于白天用电量，属某种夜间高负荷用户。

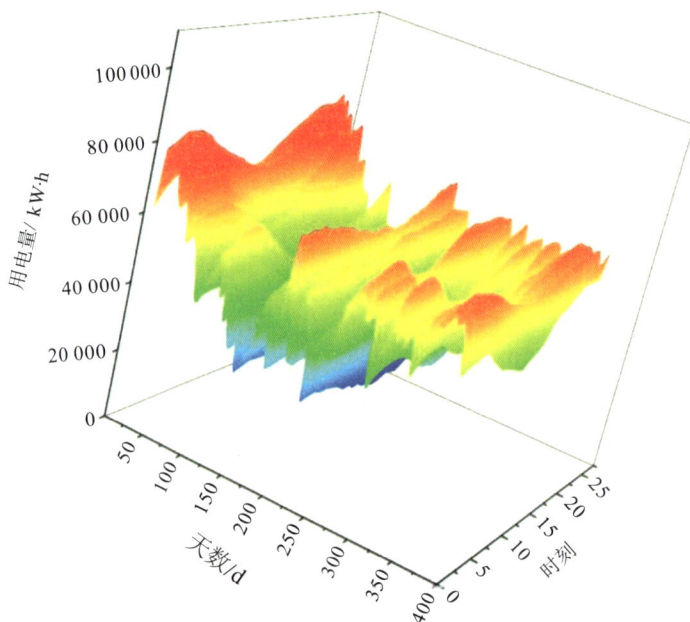

图 6-3　河北省某市所有企业 2019 年全年用电数据优化情况

6.2　基于电力大数据优化应急减排措施落实的实际负荷

　　本研究所用重污染时段和应急减排清单由河北省应急中心提供，通过上述防控措施生成技术所得落实后的防控措施，可进行实际防控措施条件下生产负荷折算。

6.2.1　现有重污染天气应急减排措施下企业生产负荷

　　本研究所用重污染时段和应急减排清单由河北省生态环境应急与重点污染天气预警中心提供，应急减排清单中含有重污染行业精细至工序的减排措施。由于

减排措施通常为停限产，整理减排措施（停限产产能占实际产能的百分比）探究
重污染企业停限产所需生产负荷，而其他行业则考虑到污染物与产品产量的限制
关系，通过应急减排清单中红色/橙色预警条件下的日减排量和非预警条件下各污
染物的日排放量，推导企业减排条件下生产负荷。由相关预警措施可知，所选择
的陶瓷行业中除以电窑为主要生产工艺的企业以外，均在橙色/黄色预警外不强制
停产或减排。水泥行业中相关企业均采取停产措施。玻璃行业中大多数企业将日
产量下降至原来的 80%。砖瓦行业企业大多选择停产及禁止运输。铸造行业中多
数企业在预警时段停产某段工序，与用电量关系较难确定。焦化行业预警期间主
要集中于延长结焦工序时间（36 h），查阅文献，不同企业规模结焦时间差距较大，
取中间值约 18 h，暂定相关预警时段焦化企业负荷为原来的 50%。

6.2.2　基于电力大数据的不同污染防控措施下实际企业用电负荷

综上所述，原有措施实际生产负荷和基于电力数据、电力网络的污染防控措施
精准实施技术，即可实现现有污染防控措施落实。由于技术方案中为实现措施的可
行性，通常采用向大取整的方式进行处理，这也导致现有污染防控措施实际实施的
生产负荷比例与落实前的理论生产负荷比例有所不同。为实现防控措施监控，则需
对落实后的实际生产负荷进行进一步计算。

实际生产负荷通过实际措施计算而来。不同行业需采取不同方法进行计算。
对于钢铁行业而言，由于唐山市钢铁企业主要分为长流程钢铁和钢压延企业，因
此分开考虑。对于长流程钢铁而言，需对各工序分别考虑，转炉实际生产负荷由
措施落实后的每日出炉量和原措施下每日出炉量进行比较，高炉一般配合转炉负
荷调整进行自主减排，则高炉的实际生产负荷则与转炉一致。烧结工序则是结合
工序实际产能进行确定，即通过停产后的烧结总产量与每日产量进行比较。焦化、
球团工序一般实际生产负荷和理论生产负荷一致，故无须进一步确定。其他工序
则是自主减排，负荷直接以 100% 计。钢压延钢铁行业除部分自主减排企业以外一
般直接停产，故非自主减排企业按 0 计算。水泥行业分熟料生产和水泥生产，熟
料生产一般是通过限制最高产量进行负荷限制，则实际生产负荷与理论生产负荷
一致，粉磨站通常直接停产，按 0 计算。玻璃、焦化行业与焦化工序限产措施类
似，故按理论生产负荷与实际生产负荷相等来考虑。而对于砖瓦、陶瓷等按生产

线停产的行业而言，实际生产负荷则由停限产后实际生产的生产线数与正常生产状态下的实际运行生产线数相除而得。由此可匹配不同污染防控措施下实际企业的用电负荷。

6.3　大气污染防控措施实时监控技术方案

为体现污染防控措施的差异化、科学化，生态环境部门在相关方面也做了大量研究，对"一刀切"的防控有一定的优化，如开展错峰生产绩效评价工作，按照排放水平、工艺水平、运输结构、产品质量等指标，将钢铁、焦化、碳素、铸造、建材、医药等高排放行业分为 A、B、C 3 类，分别执行不予错峰生产和按照不同比例实施错峰生产的差别化管理。应急响应也按照绩效分级，进行差异化应急响应，严格禁止错峰生产"一刀切"。

但从实际污染防控的相关工作来看，仍存在一些问题。一是行业覆盖面不足。虽然绩效分级行业逐步扩展，但是仅覆盖污染物排放量较大的行业，对排放量较小、企业数量较多的行业中大部分企业的管控措施并没有实施差异化。二是管控措施动态更新不及时。每年秋、冬季企业只有一次更新绩效等级的机会，即如果企业通过提升环境管理水平，达到更高绩效等级，则可以按照更高绩效等级措施执行新的管控措施，但是大部分企业整个秋、冬季都只能执行同样的减排措施，措施的灵活性较低。三是管控措施可核实性不高。现有的管控措施限产比例是基于原生产负荷的基础上，但目前对于企业原生产负荷没有有效的监管手段，因此现有措施的减排比例可核实性较差。

电力作为工业行业重要的能源投入，电力数据可反映企业的相关运行状态，进而有效监控企业的生产运行情况，评估企业对重污染应急预案的执行力度。由于防控措施一般与实际生产负荷有关，本研究基于电力大数据，提出一种对于典型污染行业的生产负荷监控技术，技术路线如图 6-4 所示。

本研究拟利用电量-污染负荷模型，纳入近 3 年各企业生产电力数据进行企业级用电量-污染负荷关系构建，结合各企业产能及工业产值数据构建随机森林模型，以此获得各企业 0～100%负荷对应用电量数据。基于典型污染行业实际用电对应实际生产负荷对比企业 0～100%层级负荷对应用电数据即可获得企业实际生产负

荷，以上述研究生成防控措施对应监管要求负荷为界限对企业实际生产负荷进行
划分，即可对企业实际生产起到监管作用。

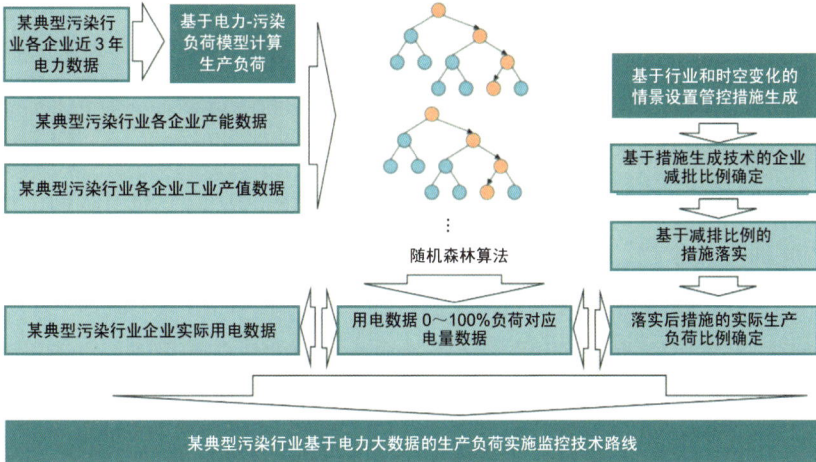

图 6-4　某典型污染行业基于电力大数据的生产负荷监控技术路线

在本研究中，结合根据"用电-生产-污染物"模型所得负荷及《唐山市 2020
年应急减排清单》获得的不同企业间的产品产能、产量及工业总产值等数据，将
开发一种高准确性、可进行未来排放预测的基于电力大数据的行业监测模型。本
研究拟基于随机森林法进行模拟计算。

随机森林（RF）是一种统计学习理论。它采用 Bootstrap 从原始样本中抽取
多个样本，对每个样本不同因子进行决策树建模并生成多个决策树，最后通过投
票选择重复率最高的决策树得到结果。

随机森林算法的总体思路：首先根据一组特征值（工业总产值、企业产能、
基于"用电-生产-污染物"模型计算负荷）预测企业产品生产负荷，并训练一个
可靠的随机森林模型。然后，用该模型来预测一系列（0～100%）生产负荷（抽
取 10%特征值和生产负荷数据，不计入随机森林算法）。在该算法中，通过对特征
值和生产负荷采样，数据中随机采用 70%作为训练集，30%作为验证集。

结合上述模型结果，即可获取典型污染行业不同层级负荷对应电量。通过对
企业用电进行监控，可获取对应企业实际负荷数据，通过比对上述研究中提供的
实际生产负荷比例，可有效识别企业是否实施了对应的减排措施。

6.4　"煤改电"用户冬季电采暖实时监测技术

6.4.1　"煤改电"用户采暖季用电特征分析

燃煤作为北方地区采暖的主要能源，对区域环境污染影响较大，直接可能造成冬季期间城市空气质量下降。"煤改电"工程是国家调整能源结构，推动采暖清洁化的重要举措，推行"煤改电"工程具备显著的节能减排、提高安全用能水平、有效缓解取暖期间大气污染防控压力的综合效益。

不同类别的"煤改电"用户对"煤改电"工程的响应程度不一。通过对"煤改电"用户的入户调研及用电特征分析，"煤改电"设备的使用与家庭收入条件、家庭生活规律、家庭人员组成等因素具备影响关系。以图 6-5 中用户 A 为例，该用户仅在早晚开启了"煤改电"设备，取暖时段与作息时段基本一致。用户 B 家中 2 人均为青壮年劳动力，可能开启采暖设备的时间仅为早晚餐饮时间。用户 C 属于典型"煤改电"用户，晚间长期开启电采暖，依据入户调研结果该用户家中基本白天无人，白天采暖设备基本关闭。用户 D 属于全天使用电采暖用户，因家中有老人，冬季电采暖属于硬性生活设施。

出以上典型"煤改电"用户采暖季用电情况可知，民用地区"煤改电"用户主要分为四类。第一类为空置用户，此类用户以空置房屋及冬季进城或搬迁至亲友家聚集过冬的用户为代表，空置房屋未来存在"煤改电"使用的较大空间。第二类是家中仅为青壮年劳动力的用户，此类用户基本白班务工，仅在早晚存在使用电采暖的生活需求。第三类用户属于民用地区典型居民，该类用户工作基本属于务农，生活时段均可能使用电采暖，此类用户受到收入条件及生活习惯影响，仅在晚间存在"煤改电"用电使用需求。第四类属于"煤改电"高密度用户，该类用户数量较少但普遍有老人或幼儿，存在全天使用"煤改电"的刚性需求。上述用户特征及居民用电情况仅为本次分析结论，对比区域实际用电情况，进一步反映区域用户用电特征。

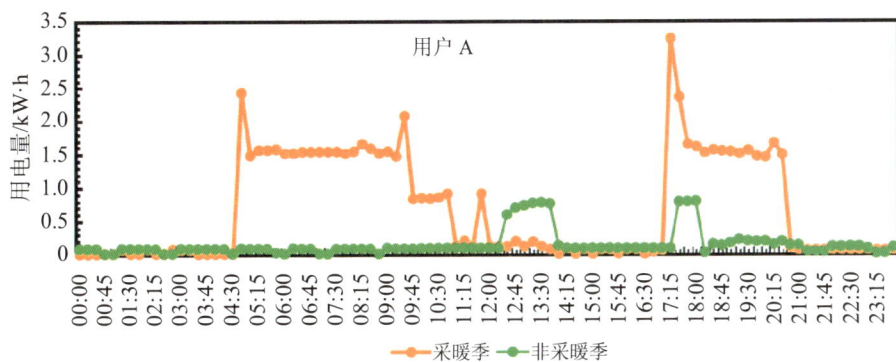

用户 A

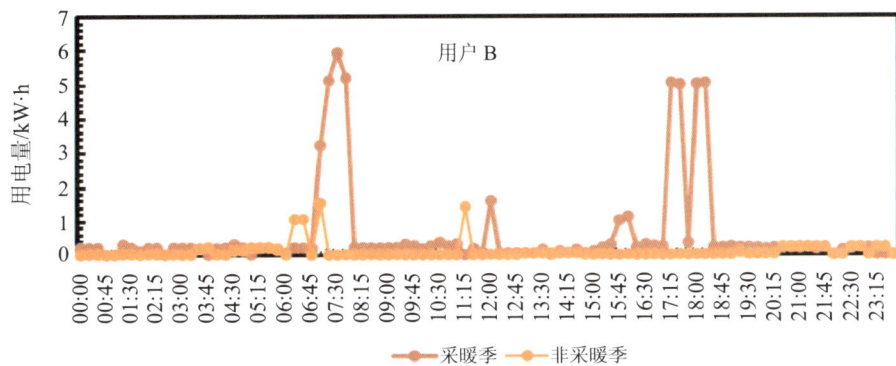

用户 B

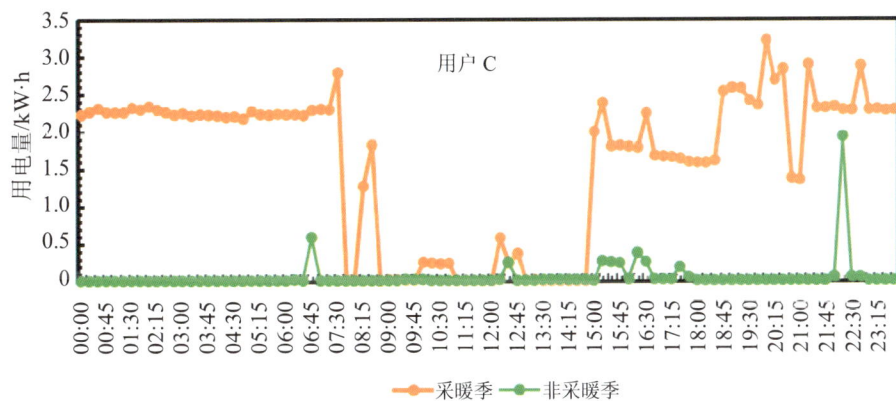

用户 C

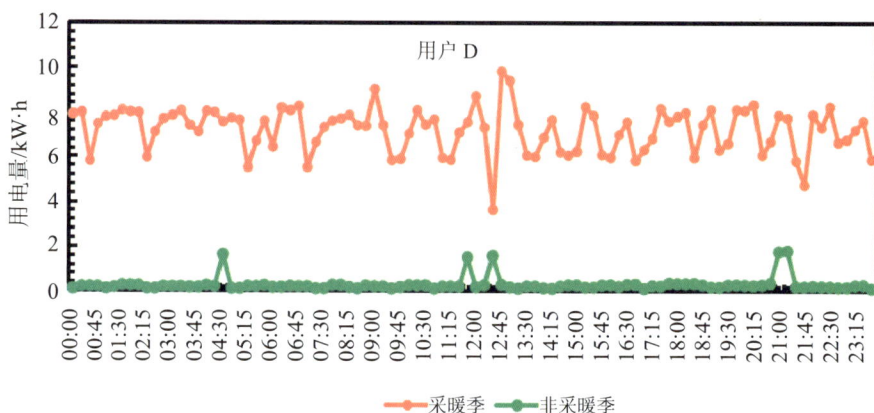

图 6-5　"煤改电"用户案例

以 2019—2020 年采暖季单月最高用电量的 2020 年 2 月为例，唐山 13.68 万"煤改电"用户用电量分布情况如表 6-1 所示。

表 6-1　2020 年 2 月唐山市"煤改电"用户用电量分布

用电量/ kW·h	0	0~100	100~ 300	300~ 600	600~ 1 000	1 000~ 2 000	2 000 以上
户数/户	31 304	44 948	34 953	13 395	7 032	4 229	977
占比/%	22.88	32.85	25.54	9.79	5.14	3.09	0.71

2020 年 2 月用电量为 0 的户数为 31 304 户，占比约为 22.88%；居民月度用电量超过 300 kW·h 的户数为 25 633 户，占比约为 18.73%，其中，月度用电量超过 600 kW·h 的居民户数为 12 238 户，占比约为 8.94%。由上述数据可以看出，唐山"煤改电"用户电采暖设备利用率总体处于较低水平。

6.4.2　"煤改电"用户电采暖实时监控技术

通过电采暖方式取代民用区域内散烧煤采暖，能够产生经济效益、环境效益、社会效益等综合效益。考虑到目前电力系统采用了 96 点（每隔 15 min）一次采集电力数据，可计算得出小时电能消耗，采用区域内的精细化电量可以较为精准地识别使用"煤改电"用户。在"煤改电"改造工程中，依据地域划分各地区将会采取不同的电取暖器用于冬季取暖，但是在一定范围内取暖器的类型与能耗较为接近。通过调研各地区的采暖季电取暖器的能耗功率，结合上述电力大数据采集用户的实际电能值即可判断该用户是否在采暖季期间使用了电采暖设备，判别该用户是"电取暖用户"还是"散煤用户"。依据上述方法，确定取暖器功率相近的民用台区为研究区域，实地调研确定地区内电采暖设备开启功率平均功率与功率波动情况，设定"煤改电"开启小时功率阈值，计算方式如式（6-6）所示。

$$P_{阈值} = P_{平均功率} \times (1-\alpha) \tag{6-6}$$

式中，α—— 波动水平。

分析用户常态用电情况，计算非采暖季（11 月 15 日前）典型日用电基准曲线 E_{day}。具体地，提取采暖季前一个月电力数据计算 $E_{day}=\{\bar{x}_1,\bar{x}_3,\cdots,\bar{x}_{24}\}$，其中 $\bar{x}_i$ 为各天内各时刻平均用电值，计算各时刻平均用电量。同时，逐日统计最大小时用电量集合 E_{max} 与最小小时用电量集合 E_{min}，日波动水平集合 $E_V=Emin_{max}$。因"煤改电"设备开启后每日用户的波动水平会产生较大变化，可以作为"煤改电"开启的一个判断因素，设定波动水平为两种状态，利用 K-means 聚类算法将波动水平划分为高水平波动类 E_{vh} 与低水平波动类 E_{vl}，取 E_{vh} 下边界为参数 $\beta=\min(E_{vh})$。同理，A 为衡量用户最低小时用电水平阈值，利用 K-means 聚类算法划分高水平最大小时用电类 E_{maxh} 与低水平最大小时用电类 E_{maxl}，取 E_{maxl} 上边界为参数 $A=\max(E_{maxl})$。设定"煤改电"开启阈值曲线，见式（6-7）。

$$E'_{day} = \{\bar{x}_1,\bar{x}_2,\cdots,\bar{x}_{24}\} + P_{阈值} \tag{6-7}$$

将采暖季(11 月 15 日)后日用电曲线 $D=\{x_1,x_2,\cdots,x_{24}\}$ 逐日判别改用户状态，分别为房屋空置状态、全天外出状态以及正常生活状态，具体划分条件见表 6-2。

表 6-2　状态划分

判断条件	状态	是否使用电采暖	
$S=0$	空置状态	不使用，设定 $N=0$	
$|S\min_{max}<\beta|$ 且 S_{max}	全天外出	不使用，设定 $N=0$	
$|S\min_{max}>\beta|$	正常居家生活	不使用	$N=0$
		使用 N 小时	$N>0$

在满足正常居家状态下，判断当日曲线与阈值曲线分布情况，判别当日是否有使用电采暖可能，判别方法为如果某时刻电量大于电量阈值，即可认为开启了电采暖设备。如图 6-6 所示，图中红点即当日满足"煤改电"开启电量阈值的时刻，认为该用户当天于晚间时段使用电采暖设备。

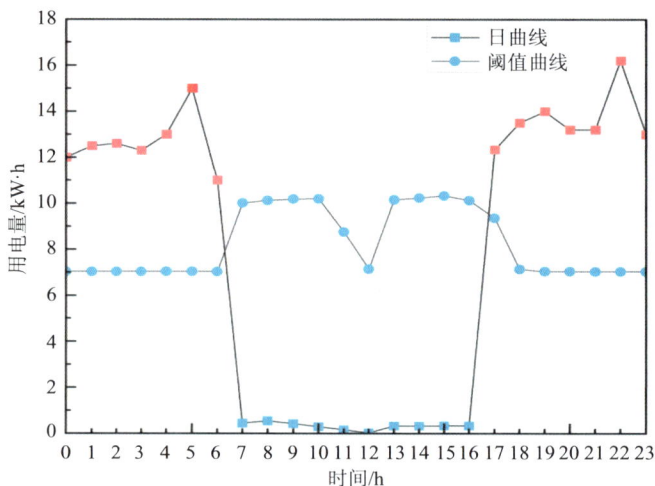

图 6-6　日用电量曲线与阈值曲线

注：日用电量曲线数据点为红色时表示使用"煤改电"设施。

依据上述电力大数据识用户方法即可识别出采暖季期间该民用区域内实际"煤改电"用户，以及不使用的散煤用户具体数量。本方法的优势为利用了电力大数据采集频率高、覆盖范围广等特点，同时保留了一部分实地调研工作但无须入户调研，节省了大量人力物力，为"煤改电"工程的有效评估作出贡献。

6.5　大气污染防控措施实施及实时监控系统

6.5.1　大气污染防控措施实施系统

基于电力大数据的大气污染防控措施实施系统如图 6-7 和图 6-8 所示。措施实施系统可显示各行业不同企业在红色、橙色预警期间的具体措施，并可查询预警期间各行业颗粒物、SO_2、NO_x、VOCs 的排放情况与用电情况。此外，还可以查看各县（市，区）企业污染物排放的总体贡献情况。

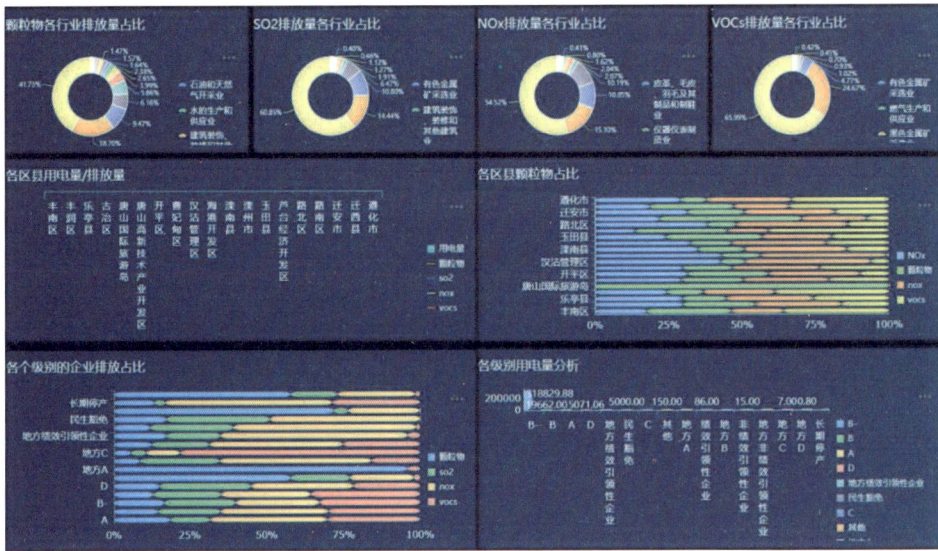

图 6-7　不同管控类型企业大气污染排放及用电情况

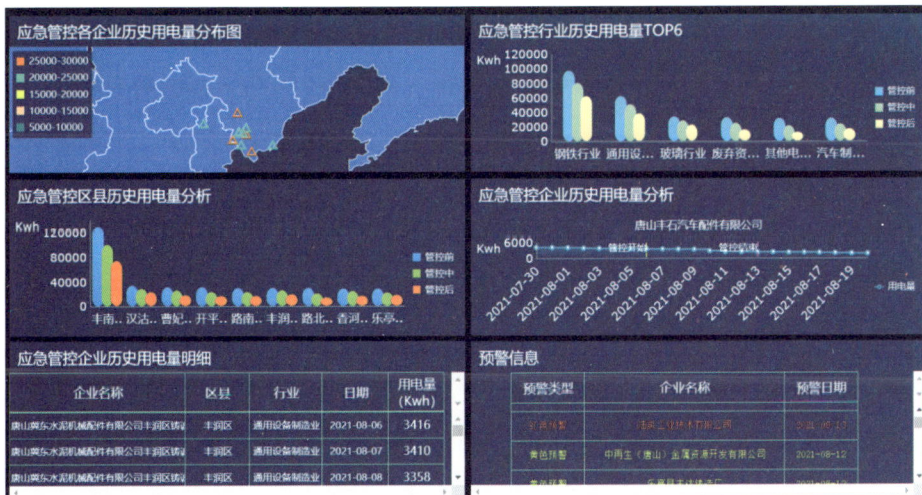

图 6-8　应急管控企业用电情况

6.5.2　大气污染防控措施实时监控系统

　　企业限产用电监测情况模块显示管控期间内企业的限产负荷、日用电量及企业用电明细，如图 6-9 所示，可根据管控开始及结束日期、限产负荷、行业大小分类及企业名称对企业限产用电检测情况进行查询。通过近实时监控红色、橙色预警期间企业的用电数据与防控措施所对应用电负荷的对比分析，监控预警期间各企业大气污染防控措施的执行情况。

图 6-9　工业企业大气污染防控措施实时监控系统

6.5.3　"煤改电"用户电采暖实时监控系统

　　研究北方地区冬季居民"煤改电"实施状况，统计分析典型电采暖设备使用情况，包括分散式蓄热电暖器、空气能热泵等，选定研究区域，研究不同电采暖设备、不同气候条件电采暖用户的用电特征，通过对用电指标的监测，建立居民电采暖使用实时监控技术。

　　台区"煤改电"用户用电监测模块可根据用户名称及日期、台区名称及日期对台区"煤改电"用户用电情况进行查询，如图 6-10 所示。显示近 30 d 用户用电量、近 30 d 台区用电量、显示近 12 个月用户用电量及近 12 个月台区用电量。"煤

改电"用户电采暖实时监控系统可从不同台区，以及台区具体用户两个维度进行
"煤改电"情况的实时监控。

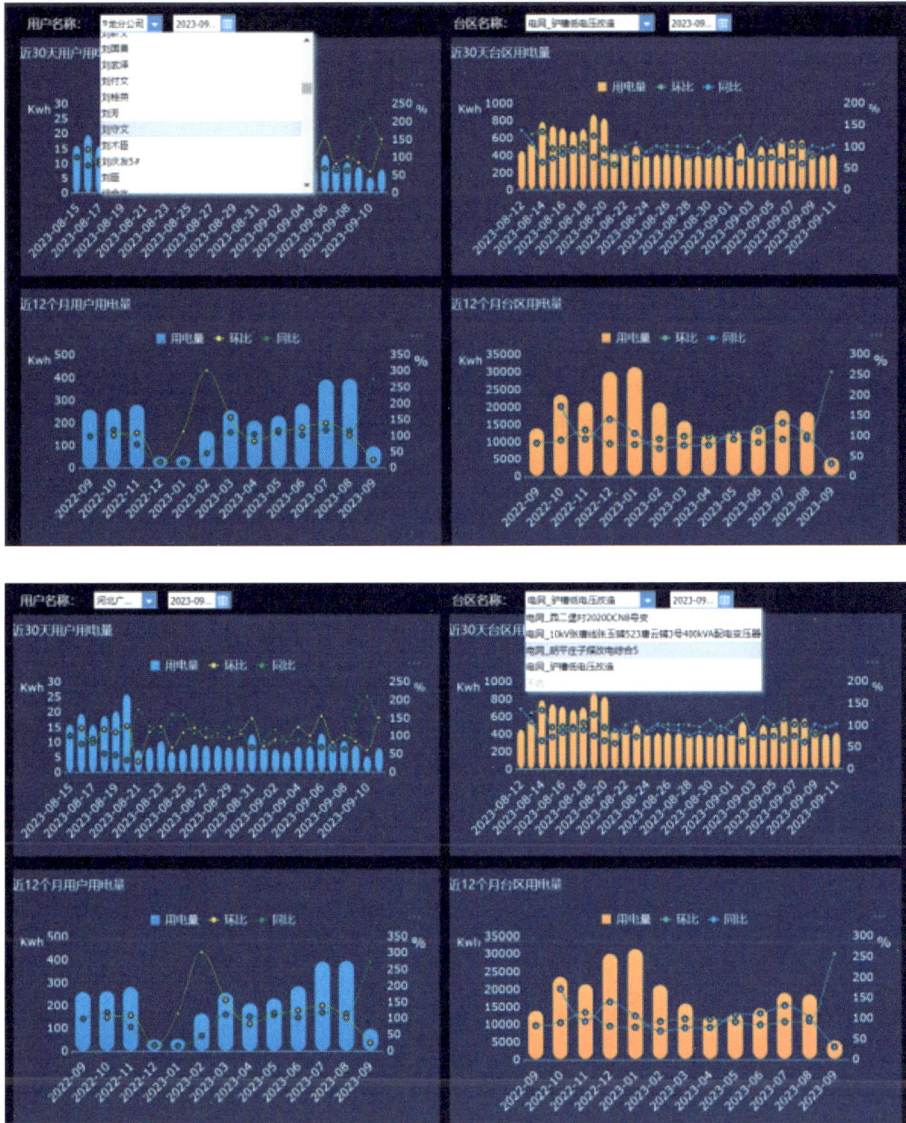

图 6-10　民用电采暖使用实时监控平台

6.6　本章小结

在本章中，本研究基于 KNN 方法得到污染企业近实时用电数据，以及确定的大气污染防控措施对应的企业实际生产负荷，利用随机森林算法拟合 A、B、C 类企业预警负荷对应的电量数据，通过对比近实时用电数据与预警负荷对应电量的差异，实现大气污染防控措施的实时监控。研究结论如下：

①本研究基于 96 点数据加工为小时数据，通过 KNN 算法进行数据清洗，以河北省某市所有企业的 2019 年全年用电数据为实验数据集，基于箱线分析进行剔除。数据中异常值的数量分别为 A 中 8 个、B 中 5 个、C 中 8 个、D 中 11 个，剔除后不难看出，用户小时用电负荷是一种单时间变量的时间序列数据，以全年尺度分析，用户日用电行为十分明显，逐日用电量呈现一定的重复性规律。

②本研究以铸造、砖瓦、焦化、玻璃行业为例进行梯度负荷用电量拟合，验证指标主要为 NMB、NME、MB、RMSE、R^2，可以看出，相关指标较好，能较好地拟合生产负荷对应用电量。基于上述研究提出实际生产负荷比例，可实现近实时监管。

③房屋空置率较高，用电量为 0 的用户数量排在整体的第 2 名。造成该现象的原因可能是冬季老人与子女居住、农村居民进城定居等现实因素。

④"煤改电"使用时段与生活作息时段大体一致。受收入水平、消费观念及家庭人口组成等的影响，家中有老人及幼儿的电取暖方式更受欢迎，如家庭组成仅为青壮年，"煤改电"使用频率及时段仅为早、中、晚作息时段。

⑤综合"煤改电"设备利用率较低，居民清洁化取暖不彻底。通过综合电网"煤改电"投入成本及"煤改电"识别大数据分析，整体"煤改电"使用率较低。民生工程建设投入大，建议在政策补贴、引导宣传等方面持续引导，进一步发挥"煤改电"工程的综合社会效益和经济效益。

第 7 章

精准化防控措施综合效益评价技术研究

本章将利用模糊数学综合评价法对精准化防控措施进行综合效益评价技术研究，其中权重利用层次分析法计算，隶属度通过隶属函数和专家评价法进行科学确定。对原有管控措施、极端工业减排 100%和精准化措施 3 种防控情景经济效益、社会效益和生态效益以及三者结合的综合效益进行具体数值计算和比较。

7.1 评价方法

大气污染防控是一个系统工程，涉及经济、环境、社会等多个方面的考量。因此，采用综合效益评价方法对防控策略和措施进行评估，能够全面考察其效果，为政策制定和实施提供科学依据。综合效益评价不仅关注污染物减排的环境效益，还包括经济效益、社会效益等多维度的评估，如成本效益分析、健康风险评估、社会影响评价等。

7.1.1 模糊数学综合评价法

在大气污染防控策略和措施的综合效益评价中，灰色关联分析法、模糊综合评价法、层次分析法和熵权法等方法被广泛应用。这些方法在实际应用中的优、缺点如表 7-1 所示，在实际应用中需要根据具体情况选择合适的评价方法。为了提高评价的准确性和可靠性，通常建议采用多种方法综合评价，以综合考虑各种因素的影响，从而更全面地评估大气污染防控策略和措施的综合效益。

表 7-1　综合效益评价方法优、缺点比较

名称	说明	优点	缺点	适用范围
灰色关联分析法	通过使用离散数据代替连续概念，并根据因素之间发展趋势的相似或不同程度来计算因素之间的相关程度	对于样本数量没有太多的要求，不需要构造复杂模型且操作步骤简单，计算量小	受定量分析最优值的影响较大，有些指标的最优值难以确定	适合多个方案的比较分析，能满足大多数系统对于选取最佳设计方案的评价需要
模糊综合评价法	模糊综合评价也就是评价过程中的模糊数学运算，对研究中非线性的评价进行量化综合，最终得出量化结果用于对比	评价结果以向量的形式呈现，最终会使评价结果更为直观，也更能准确反映系统实际情况	主观性较强，隶属函数不适用于所有评价指标	运用模糊数学对具有多种影响指标的事件做综合评价，适用于对多因素、多层次的复杂问题进行评价
层次分析法	将一个复杂的多目标决策问题作为一个系统，将目标分解为多个目标或准则，进而分解为多指标（或准则、约束）的若干层次	评价步骤具有简单、实用等优点，同时具有较强的系统性	通常评价对象中的因素不超过9个，在评价时具有较大的计算量	层次分析法比较适合具有分层交错评价指标的目标系统，而且目标值又难以定量描述的决策问题
熵权法	充分挖掘原始指标数据，以求利用到完整的客观数据信息，确定指标权重，最终完成对于评价目标的客观评价	适用范围比较广，评价精度较高，能保持评价的客观性	评价结果受指标数据的误差影响较大；评价结果可能会因为客观性太强而不能满足决策者期望	要结合一定专家打分法才能发挥熵权法的优势，底层的指标分比较细，权重比较难确定，在这种情况下采用熵权法比较合适

本研究对不同管控措施的综合治理效果进行综合评价，涉及的因素较多，各因素的模糊性和不确定性较大。因此，本研究最终选用模糊数学来进行不同措施下的综合评价。模糊综合评价法通过将定性因素进行定量化处理，实现量化评价，从而得出一个比较可靠的、全面的评价结果。该方法能较好地解决评价等级边界模糊和监测产生的误差等问题，通过两种方法的联合使用，可以消除质量等级划分中的主观因素，使评价结果更加符合实际。具体为首先选择层次分析法进行权重计算，其次使用隶属函数和专家评价法计算隶属度，最后进行模糊数学综合计算（指标权重×隶属度）。

模糊综合评价模型计算方法如下：

确定评判对象因素集：$U=\{u_1, u_2, \cdots, u_n\}$，建立评判等级集：$V=\{v_1, v_2, \cdots, v_m\}$，对 U 中每一因素根据评判等级指标进行模糊评判，得到评价矩阵：

$$R=\begin{pmatrix} R_1 \\ R_2 \\ \vdots \\ R_n \end{pmatrix}=\begin{bmatrix} r_{11} & \cdots & r_{1m} \\ \vdots & \ddots & \vdots \\ r_{n1} & \cdots & r_{nm} \end{bmatrix} \qquad (7\text{-}1)$$

式中，r_{nm} —— U_n 关于 V_m 的隶属度。

（U，V，R）则构成一个模糊综合评价模型。若各因素的权重不同（各因素对全局质量的影响程度不同），则需对每个因素加权，确定各因素权重集 $A=\{a_1, a_2, \cdots, a_n\}$，满足 $\sum\limits_{i=1}^{n} a_i = 1$，且 $a_i \geq 0$，于是有

$$B=A\cdot R=(a_1, a_2, \cdots, a_n)\begin{bmatrix} r_{11} & \cdots & r_{1m} \\ \vdots & \ddots & \vdots \\ r_{n1} & \cdots & r_{nm} \end{bmatrix}=(b_1, b_2, \cdots, b_m) \qquad (7\text{-}2)$$

归一化后，得到 $B=\{b_1, b_2, \cdots, b_m\}$，最终对每一级进行不同赋值，最终计算得到不同评价等级对应分数。

7.1.2　权重计算

本研究选择层次分析法（AHP）来确定大气污染防控策略、措施综合效益评价中各评价指标的权重。选择这种方法的原因：①结构清晰。AHP 通过构建层次结构模型，将复杂的评价问题分解为多个层次和因素，使问题更加清晰易懂。②定性与定量相结合。AHP 能够将专家的主观判断量化，通过成对比较矩阵和一致性检验，将定性分析与定量分析相结合，提高评价的科学性和合理性。③操作简便。AHP 操作过程简便，易于理解和实施，适合多目标、多准则的综合评价问题。

AHP 的具体操作步骤：①建立层次结构模型。将评价问题分解为目标层、准则层和方案层等多个层次，并确定各层次之间的关系。②构建成对比较矩阵。在准则层和方案层，针对同一层次的元素进行成对比较，根据相对重要性赋予 1～9 的标度值，并形成成对比较矩阵。③计算权重和一致性检验。利用特征值法或其

他方法计算成对比较矩阵的最大特征值及对应的特征向量，进而确定各因素的权重。同时进行一致性检验，确保判断的合理性。

通过采用层次分析法，本研究能够更加科学合理地确定评价指标的权重，为大气污染防控策略和措施的综合效益评价奠定坚实的基础。

7.1.3 隶属度计算

同时，本研究采用隶属函数计算方法和专家评价法相结合的方式来确定大气污染防控策略、措施综合效益评价中各评价指标的隶属度。其中，隶属函数计算方法是一种将定性评价指标量化的技术，通过构建隶属函数将评价指标的实际值转化为隶属度值，从而实现定量分析。该方法具有操作简便、计算速度快、易于实现的特点，适用于处理大量数据和进行客观评价；专家评价法依赖于专家的经验和知识，通过专家打分或排序等方式确定评价指标的隶属度。该方法能够充分利用专家的经验和判断，适用于处理难以量化或缺乏足够数据的评价指标。

隶属函数计算方法和专家评价法相结合可以兼顾定量分析和定性判断的优点，实现更为全面和准确的评价。大气污染防控策略、措施综合效益评价中易于量化的评价指标，可以采用隶属函数计算方法进行客观评价；而对于那些难以量化或主观性较强的评价指标，则可以采用专家评价法，利用专家的经验和知识进行评价。

综上所述，本研究通过结合隶属函数计算方法和专家评价法来确定评价指标的隶属度，既利用了定量分析的客观性，又结合了定性判断的专业性，从而提高了大气污染防控策略和措施综合效益评价的准确性和有效性。

7.2 评价指标

在对事物进行评价时，单纯使用某一个指标只能反映某一方面的性质特征。若要从整体上进行优劣的评判，就需要同时运用多个相关的指标，而这多个相互关联又相互独立的指标所构成的统一整体，即指标体系。指标体系可以从多个层次反映事物的全貌，具有全面性、系统性的特点。相较于单个指标，指标体系能够从不同方面反映被评价对象的整体状况。

在大气污染防控策略和措施的综合效益评价中，选择合适的评价指标是至关重要的一步。评价指标的确定应遵循科学性、系统性、可操作性和代表性的原则，以确保评价结果的准确性和有效性。为了全面衡量措施的效果，研究从经济效益、社会效益和生态环境效益 3 个方面选取指标，构建效益综合评价指标体系，选取合适的评价方法，构成全面系统的精准化措施治理效益评价系统，从而有效地指导治理工作的顺利开展，为制定和优化防控措施提供科学依据。针对研究区域评价效益情况，项目将治理效益评价指标体系分为二级，其中Ⅰ级评价指标 3 个，Ⅱ级评价指标 13 个。

7.2.1　生态指标

生态指标是评价大气环境质量改善效果的重要指标，可直观评判精准化防控措施所带来的大气调控效果。根据研究区域与大气环境的特点，本研究最终选定 $PM_{2.5}$ 改善效果、PM_{10} 改善效果、SO_2 改善效果以及 NO_2 改善效果为生态效益指标。

7.2.2　经济指标

精准化措施的有效实施，将对区域各产业的经济活动带来影响。在评估精准化措施带来的经济效益时，选择具有代表性的经济指标是关键。综合考虑数据的可获得性，本研究最终选取规模以上工业增加值、季度 GDP、电网经济性和电网稳定性作为经济效益指标。这些指标在反映经济总体表现的同时，也刻画了工业经济的发展状态，能够较好展示精准化措施对经济的影响。以下是每个指标的选择理由及其与社会经济之间的关系详细说明。

7.2.2.1　规模以上工业增加值

工业增加值是指企业全部生产活动的总成果扣除了在生产过程中消耗或转移的物质产品和劳务价值后的余额，是企业生产过程中新增加的价值。其中规模以上工业企业是年主营收入大于 2 000 万元的工业企业（含国有工业企业）。该指标紧扣工业，可显著表现出精准化措施带来的工业经济性。其表达式为工业增加值=工业总产值（现价、新规定）−工业中间投入+本期应交增值税。

7.2.2.2　季度 GDP

季度 GDP 是指一个季节的综合经济数据。GDP 是指按照国家市场价格计算的一个国家，也可以说是一个地区，而所有的常住单位在一定的时期内生产活动的最终成果，经常公认为是衡量国家经济状况的最佳指标。同时 GDP 也反映了一个地区的经济实力和市场的规模。该指标可在一定程度上反映精准化措施实施对当地经济发展和经济增长水平的影响。

7.2.2.3　电网稳定性

电网稳定性是指电力系统在正常运行条件下或在受到扰动后能够维持其运行状态的能力，包括电压稳定性和频率稳定性。本研究在评估精准化措施实施效果时，采用电网稳定性指标评估措施实施对连续和可靠供电方面的影响。

持续稳定的电力供应是所有工业活动顺利进行的前提。电网的不稳定性可能导致生产线意外停止，影响工业产品的生产效率和质量，进而影响企业收入和工业整体的经济表现。有效的电网稳定性措施确保工业活动不受电力问题的干扰，支撑经济持续增长。本研究中的电网稳定性指标，专指不同措施执行下电力系统受到扰动后维持状态的能力。

7.2.2.4　电网经济性

电网经济性是指在电力系统的建设、运行和维护过程中，实现成本效益最大化的原则。电网经济性指标主要衡量电力系统运行的成本效率，包括电力生成、传输和分配的成本。一个高效的电网系统能够减少能源浪费，提高能源利用效率，从而有助于降低能源成本，促进经济的可持续发展。

电网经济性的提升有助于增加政府的财政收入。一个运行高效、经济效益好的电网系统可以减少电力损耗，提高供电收益，从而增加电力企业的利润和税收贡献，这些税收收入是财政收入的重要来源之一。本研究中的电网经济性指标，专指防控措施实施引起的用电量波动情况。

本研究的电网经济性主要考虑的是营销售电额，根据大气污染防控措施实施后管控企业限产导致的用电量的变化以及行业的售电电价，计算管控期间电网售电额的变化，计算公式为

$$M = \sum M_i \times B_i \tag{7-3}$$

式中，M —— 污染管控期间工业企业售电额；

M_i —— 某污染管控企业购电价格；

B_i —— 污染管控期间企业。

7.2.3　社会指标

精准化措施治理项目必然会在一定程度上影响社会生产生活，这种影响涉及政治、卫生、教育和文化等多个方面。本研究最终选择城镇新增就业人数、城镇居民消费价格指数、城镇居民人均可支配收入、环境满意度和居民幸福感作为社会效益指标，选择依据如下所述。

7.2.3.1　城镇新增就业人数

城镇新增就业人数是指新参与就业经济活动，实现就业获得劳动报酬的人员数。该指标可反映社会就业工作状况的变化。

7.2.3.2　城市居民消费价格指数

城市居民消费价格指数是指反映城市居民家庭所购买的生活消费品价格和服务项目价格变动趋势和度的相对数。城市居民消费价格指数可以观察和分析消费品的零售价格与服务项目价格变动对职工货币工资的影响，作为研究职工生活和确定工资政策的依据，该指标是用来反映居民日常生活通货膨胀（紧缩）程度的指标。

7.2.3.3　城镇居民人均可支配收入

城镇居民人均可支配收入是指反映居民家庭全部现金收入能用于安排家庭日常生活的部分收入。它是家庭总收入扣除缴纳的所得税、个人缴纳的社会保障费以及调查户的记账补贴后的收入。该指标可在一定程度上显示精准化措施后居民生活的支配收入变化。

7.2.3.4　环境满意度

环境满意度是指个人或群体对其生活或工作环境的满意程度。它是衡量环境质量和人类福祉之间关系的重要指标，反映了人们对环境状况、资源可用性、生态系统健康以及环境服务的评价。

该指标与居民幸福感计划采用专家评价的方式进行调研，了解对生态环境各方面的主观满意程度，反映人民群众在生态文明建设方面的获得感。满意度越高则说明该项目的方案越符合当地的实际情况，说明项目实施越能得到社会的认可。这一指标反映了项目的合理性和社会性，是社会效益中的重要指标。

7.2.3.5　居民幸福感

居民幸福感是指居民对其生活质量、生活条件和社会环境的整体满意度和幸福体验。它是一个综合性概念，涵盖了经济、社会、环境、心理和健康等多个方面。

幸福感是一种心理体验，它既是对生活的客观条件和所处状态的一种事实判断，又是对生活的主观意义和满足程度的一种价值判断。它表现为在生活满意度基础上产生的一种积极心理体验。而幸福感指数，就是衡量这种感受具体程度的主观指标数值。最终确定的评价指标如图 7-1 所示。

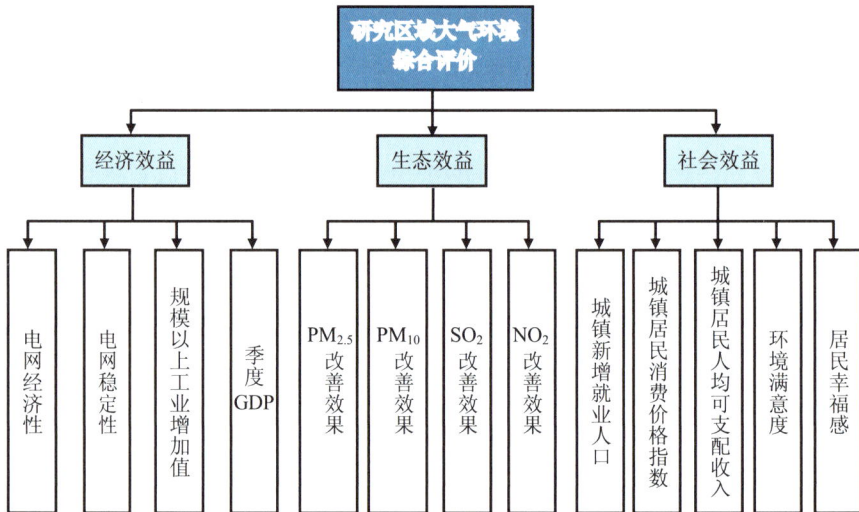

图 7-1　研究区域综合评价指标选取

7.3　确定各指标量化方式

本研究通过拟合历年评价指标与工业用电量数据，建立各项指标与工业用电量的关系，以实现指标的量化。通过关系式的计算可避免预测时段其他因素的影响，能够准确地模拟经济、社会各项指标的估算值。本研究利用此估算值与精准化措施值进行比较，进而得到精准化措施带来的指标变化情况。同时在最终的模糊综合评价中，针对不同的指标，将利用不同的隶属函数来进行隶属度的计算，以求得最终最合适的评判等级。

7.3.1　经济指标

7.3.1.1　规模以上工业增加值

选取 1992 年 1 月至 2021 年 12 月各月工业用电量与规模以上工业增加值，共 360 组数据来构建一个指数函数，$y = 0.467\,8x^{1.548\,9}$，方差 R^2 为 0.967 8。可在后期较好地计算出该月的规模以上工业增加值来进行参考评价。图 7-2 为工业用电量与规模以上工业增加值的公式关系。

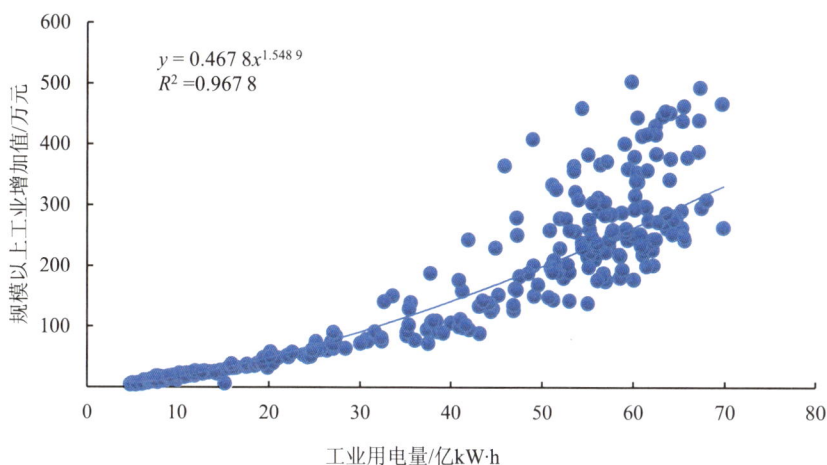

图 7-2　工业用电量与规模以上工业增加值的关系

7.3.1.2　季度 GDP

本研究根据可获取数据选取了 2017 年第一季度至 2021 年第四季度为主要时间点，建立了与相对应季度的工业用电量之间的关系式。最终公式为 $y = -0.034\,95x^2 + 24.944\,19x - 1\,455.191\,53$，两组数据之间相关性较好，方差 $R^2 = 0.99$，能很好地作为一个计算后期数据的公式。图 7-3 为工业用电量与季度 GDP 的关系。

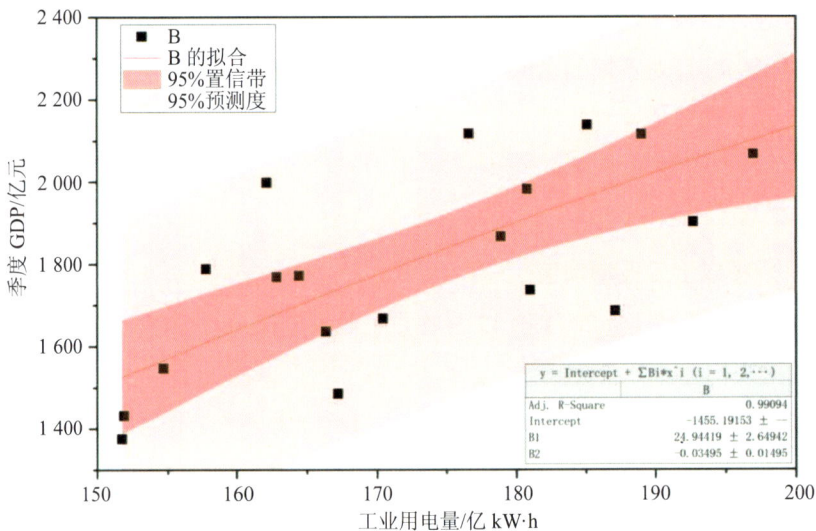

图 7-3　工业用电量与规模以上季度 GDP 的关系

7.3.1.3　电网经济性和电网稳定性

考虑到电网经济性和电网稳定性是工业用电量的过程因子，无法建立二者之间与工业用电量的关系。本研究将通过专家评价法进行电网经济性和电网稳定性指标相关隶属度的赋值。

7.3.2　社会指标

7.3.2.1　城镇新增就业人数

本研究选用 2004—2020 年逐年城镇新增就业人口与对应时间工业用电量构建公式：$y = 0.000\,032\,741\,9x^2 - 0.026\,42x + 12.566\,13$。方差 $R^2 = 0.976\,8$，能较好地作为一个计算后期数据的公式。图 7-4 为工业用电量与城镇新增人口的关系。

7.3.2.2　城镇居民消费价格指数

选取 1992—2020 年的数据来与对应年份的工业用电量建立关系，最终得到关系式：$y = 0.000\,027\,234\,6x^2 - 0.026\,14x + 107.462\,23$，方差 $R^2 = 0.998\,55$。图 7-5 为工业用电量与城镇居民消费价格指数的关系。

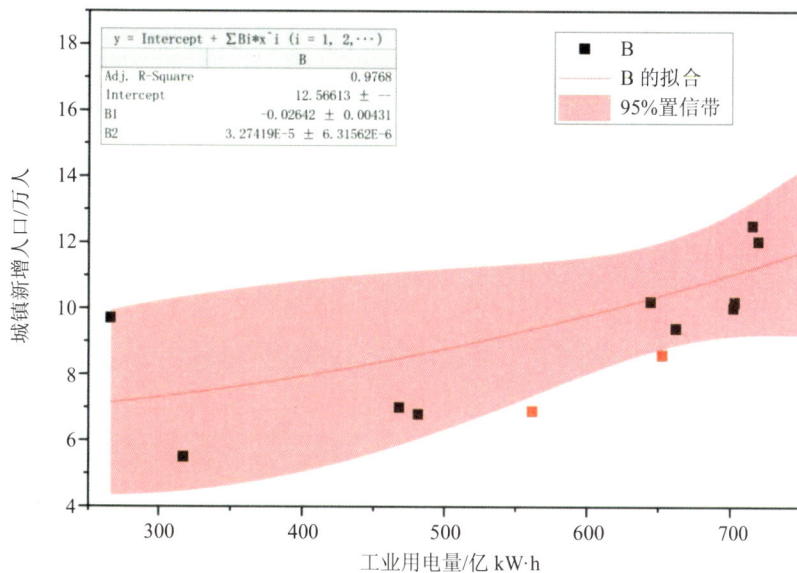

图 7-4　工业用电量与城镇新增人口的关系

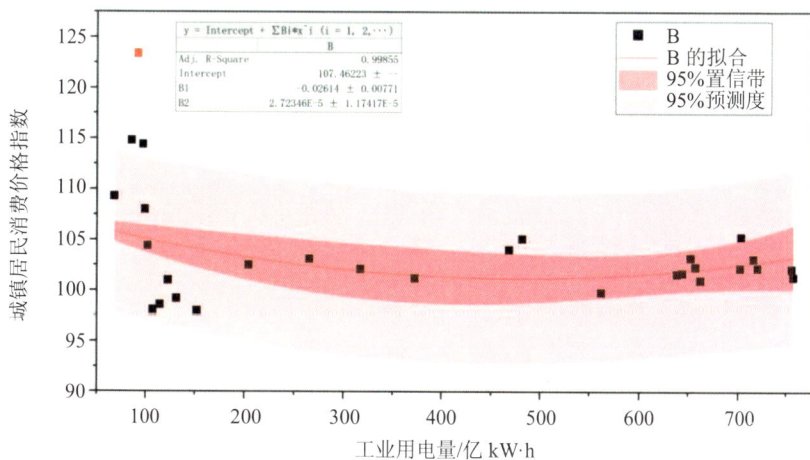

图 7-5　工业用电量与城镇居民消费价格指数的关系

7.3.2.3　城镇居民人均可支配收入

本研究选取 1995—2020 年的数据，并建立与工业用电量之间的相关关系。城镇居民消费价格指数和工业用电量之间关系式为 $y = 0.038\,99x^2 + 12.699\,63x + 3\,270.245\,66$。

方差为 R^2=0.928 56。图 7-6 为工业用电量与城镇居民人均可支配收入的关系。

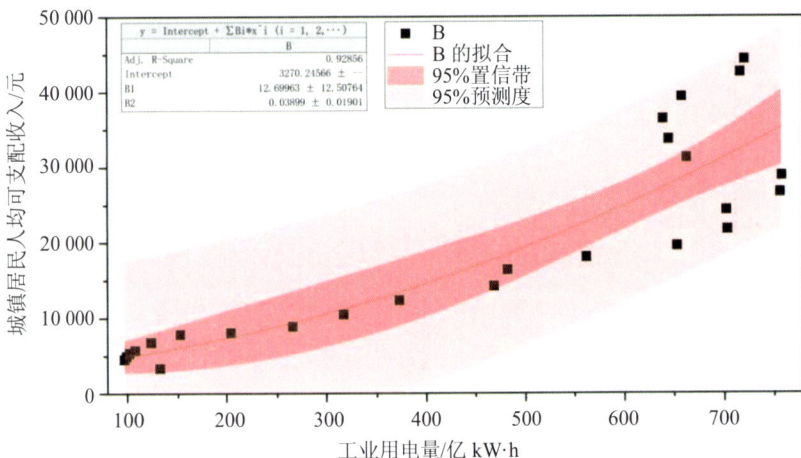

图 7-6　工业用电量与城镇居民人均可支配收入的关系

7.3.2.4　环境满意度和居民幸福感指标

考察的社会指标体系中还存在环境满意度与居民幸福感两个指标，以上两个指标通过专家评价法来获取权重数据，并最终在模糊综合评价中进行计算。

7.3.3　生态指标

生态效益指标中涉及的 $PM_{2.5}$、PM_{10}、SO_2 和 NO_2 浓度指标数据变化未能与工业用电量建立直接的关系，因此后续精准化、动态化优化措施后的效益比对中，上述未成功建立关系的经济指标和社会指标与生态效益指标将通过专家评价法进行隶属度赋值。原始数据中环境指标无须建立与工业用电量之间的关系来进行预测，可直接利用模拟所得的数据代入模糊数学模型，进行综合评价。

7.4　精准化大气污染防控措施实施时的工业用电量变化

本研究以第 5 章梳理出的气象型为例，对气象型下实施的基于电力大数据优化后应急减排措施进行分析，并计算措施实施时工业用电量的变化情况。

各工厂，尤其是在钢铁厂中生产情况最复杂，经济产值较难溯源，因此需对工业总产值进行量化，以进行合理估算优化前后的应急减排措施的经济效益。考虑到工厂的主要经济产品品类有限，且具有较高的可获取性，因此定义应急减排清单中的工业总产值及产品产量数据之比为单位产品产量工业产值，后续基于该比值，与优化后应急减排措施下产品增量结合，即可对经济效益进行初步估算，从而计算优化应急减排措施下工业用电量的变化情况。

7.4.1 工厂单位产品产量工业产值计算

由于各工厂产品类目及产量均有区别，工业产值的来源较为复杂，因此需对工业产值进行单位统一化。考虑到该方案研究对象主要为工厂生产负荷，以产品产量为依据对工业产值进行单位统一可更好地结合负荷计算经济效益。考虑到不同行业类别的工厂产品均有区别，同种类别工厂产品产出也不尽相同，因此对各类工厂产品进行统一，本研究中长流程钢铁主要以粗钢为研究对象；钢压延行业主要以钢压延件（冷锻、热锻、其他锻造件等）为研究对象；水泥行业主要以水泥（熟料按一定比例进行折合，即熟料∶水泥=0.64∶1）为研究对象；砖瓦、陶瓷、玻璃、焦化分别以砖瓦、陶瓷件、玻璃、焦炭为研究对象。工厂单位产品产量工业产值 Z_j 计算公式如式（7-4）所示：

$$Z_j = \frac{IO_j}{IPO_j} \tag{7-4}$$

式中，j —— 行业，分别为长流程钢铁、钢压延、水泥、焦化、陶瓷、砖瓦；

IO_j —— 某厂工业总产值，万元；

IPO_j —— 某厂产品（粗钢、钢压延件、水泥、焦化、陶瓷、砖瓦）年产量，万 t（万 m³、万件）。

7.4.2 工厂产品增量计算

本研究基于应急减排清单工厂级数据，通过以上研究所得电力数据优化前后应急减排措施生产负荷，通过产品日产量即可得出研究时段内日级产品增量。某厂产品增量（A_j，万 t）计算公式如式（7-5）所示：

$$A_j = \sum_{i=1}^{6} S_{ij} - S'_{ij} = \sum_{i=1}^{6} \left(R_{ij} \times D_j - R'_{ij} \times D_j \right) \tag{7-5}$$

式中，S_{ij}，S'_{ij} —— 分别为原管控措施条件下和新管控措施条件下第 i 天日产量，

某厂研究时段内 R_{ij} 和 R'_{ij} 为原管控措施条件下和新管控措施

条件下经取整落实后的第 i 天生产负荷，%；

D_j —— 某厂产品日生产产量，万 t（万 m^3、万件）。

以气象型 II 为例，采用基于电力大数据的精准化大气污染防控措施在预警期间使唐山市典型行业工业产值总量增加 20.2%。具体来看，预警期间，唐山市各县（市、区）钢铁行业产品产量整体增加 43%，水泥、砖瓦、焦化行业产品产量增幅均高于 10%，分别为 10.91%、19.05%、41.86%。由于陶瓷和玻璃在预警期间主要用于平衡其他行业增加的排放，故产量增幅相对较低，处于–2.84%～7.01%。

对于各县（市、区）而言，气象型 II 对应的预警期间，钢铁行业产量增加范围为–0.18%～408.4%，可能的原因为部分县（市、区）在原措施下停产而在气象型新措施中正常生产，使产量具有较高提升；水泥行业整体上几乎无产量变化；砖瓦产量增加范围为 33.3%～343.44%；玻璃产量增加范围为 0～11.1%；焦化行业产量增加范围为 30.6%～70.3%。同时，根据各厂吨产品用电与计算所得产量增加值相乘，最终得到电力大数据优化措施工业用电量变化情况。

$$P_i = M_i \times N_i \tag{7-6}$$

式中，P_i —— 电力大数据优化措施下 i 厂吨产品用电；

N_i —— i 厂的产量增加。

计算所得精准优化措施下用电量增加 1 115.16 万 kW·h，气象型预警时段内用电量为 9 096 万 kW·h。最终得到行业用电量增加占比为 12.25%，因此后续研究中对精准化、动态化措施下的用电量变化率设为 12.25%。

7.5　层次分析法确定评价指标权重

本节将运用层次分析法计算评价指标权重，结合具体研究区域的治理项目实际情况，构建治理效益层次图。如图 7-1 所示，层次分析法的目标层为研究区域大气环境综合评价，准则层为经济效益、生态效益、社会效益，方案层为电网经济性、电网稳定性、规模以上工业增加值、季度 GDP、PM$_{2.5}$ 改善效果、PM$_{10}$ 改善效果、SO$_2$ 改善效果、NO$_2$ 改善效果、城镇新增就业人口、城镇居民消费价格指数、城镇居民人均可支配收入、环境满意度和居民幸福感。同时根据表 7-2 的标度，确定各指标间的相对重要性，建立两两对比判断矩阵，然后计算相对重要性权值，接着检验一致性，最后确定各指标的权重。表 7-2 为层次分析法成对比较标准及含义。

表 7-2　成对比较标准及含义

标度（指标 U_i/指标 U_j）	含义
1	U_i 与 U_j 具有同等重要性
3	U_i 与 U_j 稍微重要
5	U_i 与 U_j 明显重要
7	U_i 与 U_j 非常重要
9	U_i 与 U_j 极其重要
2，4，6，8	分别为 1～3，3～5，5～7 及 7～9

7.5.1　准则层相对于目标层

7.5.1.1　指标成对比较

关于治理评价效益中的经济效益、生态效益、社会效益三个指标相对之间的比较标准，征求有关专家学者的意见，建立了如表 7-3 所示的成对比较表。

表 7-3　准则层各评价指标之间成对比较

总体评价效益	经济效益	生态效益	社会效益
经济效益	1.00	1.60	1.40
生态效益	0.63	1.00	1.20
社会效益	0.71	0.83	1.00

7.5.1.2　计算相对重要性权值

将判断矩阵中每一项的值都与它所在列的和相除，再计算每一行的算术平均值，这些平均值即这些标准的相对重要性权值，也就是这些标准的优先级。因此，根据计算，得出表 7-3 中 3 项指标的重要性权值依次为 0.43、0.30、0.28。

7.5.1.3　检验一致性

①将判断矩阵中同一列的每一项与相对重要性权值相乘，然后再相加，得到

加权值向量：

$$0.43 \times \begin{pmatrix} 1 \\ 0.63 \\ 0.71 \end{pmatrix} + 0.30 \times \begin{pmatrix} 1.60 \\ 1 \\ 0.83 \end{pmatrix} + 0.28 \times \begin{pmatrix} 1.4 \\ 1.2 \\ 1 \end{pmatrix} = \begin{pmatrix} 1.29 \\ 0.89 \\ 0.83 \end{pmatrix} \qquad (7\text{-}7)$$

②将得到的加权值向量除以各指标的相对重要性权值，得到：

经济效益：3.01；生态效益：3.01；社会效益：3.00。

③计算 3 个数值的平均值（$\lambda_{\max}$）=（3.01+3.01+3.00）/3=3.01。

④计算一致性指标（CR）和一致性指数（CI）。

$\mathrm{CI} = (\lambda_{\max} - n)/(n-1)$，式中 n 为比较项个数。

$\mathrm{CR} = \mathrm{CI/RI}$，式中，RI 为矩阵阶数的函数，表示同阶平均一致性指标，取值大小取决于该比较项的个数，1～10 阶矩阵 RI 取值见表 7-4。

表 7-4　准则层判断矩阵平均随机一致性指标 RI 值

n	1	2	3	4	5	6	7	8	9	10
RI	0.00	0.00	0.58	0.9	1.12	1.24	1.32	1.41	1.45	1.49

由 n=3 得 RI=0.58。将数据代入式中，计算得出 CI=0.005 5；CR=（0.005 5/0.58）<0.1，符合条件，治理评价效益准则层评价指标的相对重要权重分别为 A=（B_1，B_2，B_3）=[0.42，0.30，0.28]。

⑤计算结果图。

准则层各效益占比如图 7-7 所示。

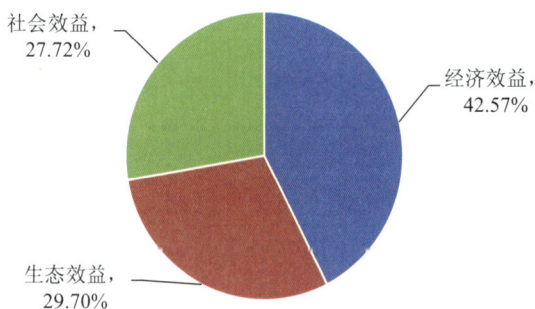

图 7-7　准则层各效益占比

7.5.2　方案层相对于准则层

同理,按照准则层相对于目标层确定指标权重的方法计算方案层相对于准则层的指标权重。

7.5.2.1　经济效益

(1) 经济效益各指标权重确定

所得矩阵为

$$\begin{pmatrix} 1 & 0.86 & 0.57 & 0.57 \\ 1.17 & 1 & 0.71 & 0.71 \\ 1.75 & 1.40 & 1 & 1 \\ 1.75 & 1.40 & 1 & 1 \end{pmatrix} \tag{7-8}$$

经济效益指标权重如表 7-5 所示。

表 7-5　经济效益指标权重

经济评价效益	C_1	C_2	C_3	C_4
季度 GDP C_1	1.00	0.86	0.57	0.57
规模以上工业增加值 C_2	1.17	1.00	0.71	0.71
电网经济性 C_3	1.75	1.40	1.00	1.00
电网稳定性 C_4	1.75	1.40	1.00	1.00

(2) 计算相对重要性权值

将判断矩阵中每一项的值都与它所在列的和相除,再计算每一行的算术平均值,这些平均值即这些标准的相对重要性权值,也就是这些标准的优先级。因此,根据计算,得出两项指标的重要性权值依次为 0.19、0.21、0.3、0.3。进而继续计算相对重要性权值。

(3) 检验一致性

①将判断矩阵中同一列的每一项与相对重要性权值相乘,然后再相加,得到加权值向量:

$$0.19 \times \begin{pmatrix} 1 \\ 1.17 \\ 1.75 \\ 1.75 \end{pmatrix} + 0.21 \times \begin{pmatrix} 0.86 \\ 1 \\ 1.4 \\ 1.4 \end{pmatrix} + 0.3 \times \begin{pmatrix} 0.57 \\ 0.71 \\ 1 \\ 1 \end{pmatrix} + 0.3 \times \begin{pmatrix} 0.57 \\ 0.71 \\ 1 \\ 1 \end{pmatrix} = \begin{pmatrix} 0.71 \\ 0.86 \\ 1.22 \\ 1.22 \end{pmatrix} \quad (7\text{-}9)$$

②将得到的加权值向量除以各指标的相对重要性权值，得到：

季度 GDP：4.00；规模以上工业增加值：4.00；电网经济性：4.00；电网稳定性：4.00。

③计算两个数值的平均值（$\lambda_{\max}$）=4.00。

④计算一致性指标（CR）和一致性指数（CI）。

$CI = (\lambda_{\max} - n)/(n-1)$，式中 n 为比较项个数。

$CR = CI/RI$，1～10 阶矩阵 RI 取值见表 7-6。

表 7-6　经济效益判断矩阵平均随机一致性指标 RI 值

n	1	2	3	4	5	6	7	8	9	10
RI	0.00	0.00	0.58	0.9	1.12	1.24	1.32	1.41	1.45	1.49

由 n=4 得 RI=0.9。将数据代入式中，计算得出 CR<0.1，符合条件，治理评价效益准则层评价指标的相对重要权重分别为 $A=(B_1, B_2, B_3, B_4) = [0.19, 0.21, 0.3, 0.3]$。

经济效益指标占比如图 7-8 所示。

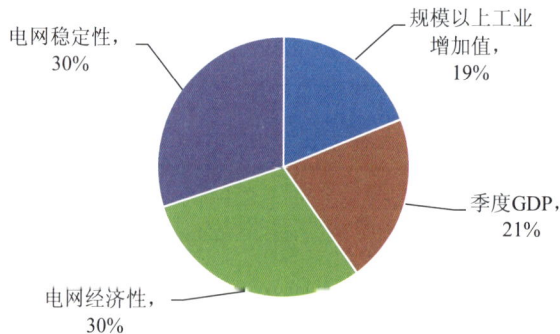

图 7-8　经济效益指标占比

7.5.2.2 生态效益

（1）生态效益各指标权重确定（表 7-7）

表 7-7 生态效益各指标权重

生态评价效益	C_5	C_6	C_7	C_8
$PM_{2.5}$ C_5	1.00	1.40	1.20	1.11
PM_{10} C_6	0.71	1.00	1.17	1.33
SO_2 C_7	0.83	0.86	1.00	0.71
NO_2 C_8	0.90	0.75	1.40	1.00

所得矩阵为

$$\begin{pmatrix} 1 & 1.40 & 1.20 & 1.11 \\ 0.71 & 1 & 1.17 & 1.33 \\ 0.83 & 0.86 & 1 & 0.71 \\ 0.90 & 0.75 & 1.40 & 1 \end{pmatrix} \tag{7-10}$$

（2）计算相对重要性权值

将判断矩阵中每一项的值都与它所在列的和相除，再计算每一行的算术平均值，这些平均值即这些标准的相对重要性权值，也就是这些标准的优先级。因此，根据计算，得出表 7-7 中 4 项指标的重要性权值依次为 0.28，0.26，0.21，0.25。

（3）检验一致性

①将判断矩阵中同一列的每一项与相对重要性权值相乘，然后再相加，得到加权值向量：

$$0.28 \times \begin{pmatrix} 1 \\ 0.71 \\ 0.83 \\ 0.90 \end{pmatrix} + 0.26 \times \begin{pmatrix} 1.40 \\ 1 \\ 0.86 \\ 0.75 \end{pmatrix} + 0.21 \times \begin{pmatrix} 1.20 \\ 1.17 \\ 1 \\ 1.4 \end{pmatrix} + 0.25 \times \begin{pmatrix} 1.11 \\ 1.33 \\ 0.71 \\ 1 \end{pmatrix} = \begin{pmatrix} 1.17 \\ 1.03 \\ 0.85 \\ 0.99 \end{pmatrix} \tag{7-11}$$

②将得到的加权值向量除以各指标的相对重要性权值，得到：

$PM_{2.5}$：4.04；PM_{10}：4.05；SO_2：4.04；NO_2：4.03。

③计算 4 个数值的平均值（λ_{max}）= 4.04。

④计算一致性指标（CR）和一致性指数（CI）。

$CI = (\lambda_{max} - n) / (n-1)$，式中 n 为比较项个数。

$CR = CI / RI$，1～10 阶矩阵 RI 取值见表 7-8。

表 7-8　生态效益判断矩阵平均随机一致性指标 RI 值

n	1	2	3	4	5	6	7	8	9	10
RI	0.00	0.00	0.58	0.9	1.12	1.24	1.32	1.41	1.45	1.49

由 n=4 得 RI=0.9。将数据代入式中，计算得出 CI=0.014；CR=（0.014/0.9）<0.1，符合条件，治理评价效益准则层评价指标的相对重要权重分别为 A=（B_1，B_2，B_3，B_4）=[0.28，0.26，0.21，0.25]。

生态效益指标如图 7-9 所示。

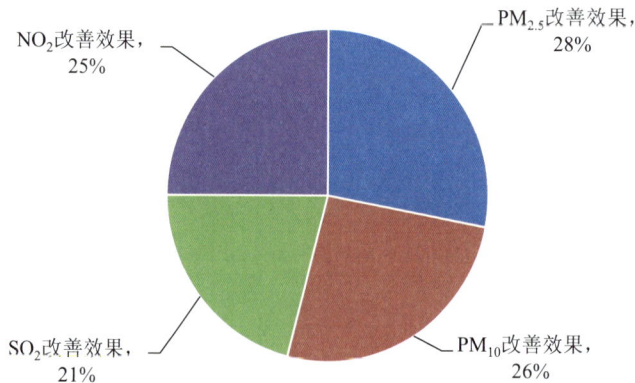

图 7-9　生态效益指标

7.5.2.3　社会效益

（1）社会效益各指标权重确定（表 7-9）

表 7-9　社会效益各指标权重

社会评价效益	C_9	C_{10}	C_{11}	C_{12}	C_{13}
城镇新增就业人口 C_9	1.00	1.14	1.40	1.13	1.17
城镇居民消费价格指数 C_{10}	0.88	1.00	0.88	1.20	1.17
城镇居民人均可支配收入 C_{11}	0.71	1.14	1.00	1.13	1.17
环境满意度 C_{12}	0.89	0.83	0.89	1.00	0.71
居民幸福感 C_{13}	0.86	0.86	0.86	1.40	1.00

所得矩阵为

$$\begin{pmatrix} 1 & 1.14 & 1.40 & 1.13 & 1.17 \\ 0.88 & 1 & 0.88 & 1.20 & 1.17 \\ 0.71 & 1.14 & 1 & 1.13 & 1.17 \\ 0.89 & 0.83 & 0.89 & 1 & 0.71 \\ 0.86 & 0.86 & 0.86 & 1.40 & 1 \end{pmatrix} \tag{7-12}$$

（2）计算相对重要性权值

将判断矩阵中每一项的值都与它所在列的和相除，再计算每一行的算术平均值，这些平均值即这些标准的相对重要性权值，也就是这些标准的优先级。因此，根据计算，得出表 7-9 中 5 项指标的重要性权值依次为 0.23，0.20，0.20，0.18，0.19。

（3）检验一致性

①将判断矩阵中同一列的每一项与相对重要性权值相乘，然后再相加，得到加权值向量：

$$0.23 \times \begin{pmatrix} 1 \\ 0.88 \\ 0.71 \\ 0.89 \\ 0.86 \end{pmatrix} + 0.20 \times \begin{pmatrix} 1.14 \\ 1 \\ 1.14 \\ 0.83 \\ 0.86 \end{pmatrix} + 0.20 \times \begin{pmatrix} 1.40 \\ 0.88 \\ 1 \\ 0.89 \\ 0.86 \end{pmatrix} + 0.18 \times \begin{pmatrix} 1.13 \\ 1.20 \\ 1.13 \\ 1 \\ 1.40 \end{pmatrix} + 0.19 \times \begin{pmatrix} 1.17 \\ 1.17 \\ 1.17 \\ 0.71 \\ 1 \end{pmatrix} = \begin{pmatrix} 1.16 \\ 1.01 \\ 1.02 \\ 0.86 \\ 0.98 \end{pmatrix}$$

$$\tag{7-13}$$

②将得到的加权值向量除以各指标的相对重要性权值。

城镇新增就业人口：5.04；城镇居民消费价格指数：5.03；城镇居民人均可支配收入：5.03；环境满意度：5.03；居民幸福感：5.03。

③计算3个数值的平均值（λ_{max}）= 5.03。

④计算一致性指标（CR）和一致性指数（CI）。

$CI = (\lambda_{max} - n)/(n-1)$，式中 n 为比较项个数。

$CR = CI/RI$，1～10阶矩阵RI取值见表7-10。

表7-10 社会效益判断矩阵平均随即一致性指标RI值

n	1	2	3	4	5	6	7	8	9	10
RI	0.00	0.00	0.58	0.9	1.12	1.24	1.32	1.41	1.45	1.49

由 n=5 得 RI=1.12。将数据代入式中，计算得出 CI=0.008；CR=（0.008/1.12）<0.1，符合条件。治理评价效益准则层评价指标的相对重要权重分别为 A=（B_1，B_2，B_3，B_4，B_5）=[0.23，0.20，0.20，0.18，0.19]。

社会效益指标如图7-10所示。

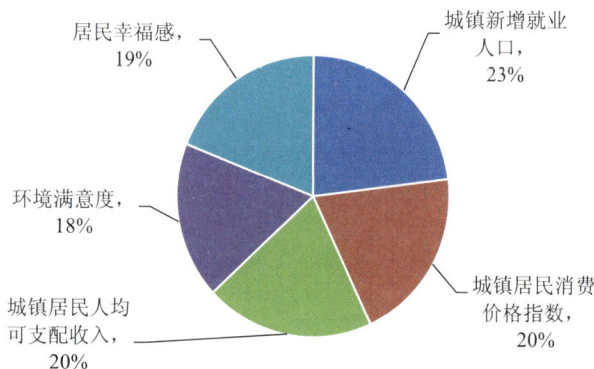

图7-10 社会效益指标

7.5.3 方案层相对于目标层

将准则层权重与各指标层权重相乘可以计算出整个指标体系中每个评价指标

的综合权重（表 7-11）。

表 7-11　各评价指标综合权重

准则层	准则层权重	评价指标	指标层权重	综合权重
经济效益 B	0.42	规模以上工业增加值 C_1	0.19	0.075 7
		季度 GDP C_2	0.21	0.091 4
		电网经济性 C_3	0.3	0.130 2
		电网稳定性 C_4	0.3	0.130 2
生态效益 B	0.30	$PM_{2.5}$ 改善效果 C_5	0.28	0.086 1
		PM_{10} 改善效果 C_6	0.26	0.076 0
		SO_2 改善效果 C_7	0.21	0.062 2
		NO_2 改善效果 C_8	0.25	0.073 0
社会效益 B	0.28	城镇新增就业人口 C_9	0.23	0.063 6
		城镇居民消费价格指数 C_{10}	0.20	0.055 4
		城镇居民人均可支配收入 C_{11}	0.20	0.055 6
		环境满意度 C_{12}	0.18	0.047 2
		居民幸福感 C_{13}	0.19	0.053 5

7.6　隶属函数确定隶属度

应用隶属函数的模糊数学中，构造恰当的隶属函数是模糊集理论应用的基础。一种基本的构造隶属函数的方法是"参考函数法"，即参考一些典型的隶属函数，通过选择适当的参数，或通过拟合、整合、试验等手段得到需要的隶属函数。

隶属度是描述污染物的含量与各个污染等级之间的相关程度的参数。由于确定空气污染程度是一个模糊的概念，空气分级标准也是模糊的，所以采用隶属度（r）来划分分级界限是科学的。

在计算污染物的隶属度时，需要选择一个隶属度函数，本研究采用降半阶梯形隶属度函数，其计算公式见式（7-11）。其余未建立关系指标中包括环境满意度、居民幸福感、电网经济性与稳定性及环境指标数据。其中环境指标由于其长期变动为上下波动，且由于近年来环境治理的优化，易使得优化前后的环境指标处于同一评价级。对此决定对未能拟合隶属函数的指标进行专家评价法确定隶属度。

通过模糊函数中的隶属函数（U）对各指标进行评价，计算方法如式（7-14）所示：

$$U_{ij} = \frac{X_{ij} - X_{\min}}{X_{\max} - X_{\min}} , \ X \in （a, \ d） \tag{7-14}$$

式中，X_{ij} —— 第 i 个指标的第 j 个数值；

　　　$X_{\max}$ —— 该指标的最大数值；

　　　$X_{\min}$ —— 该指标的最小数值。

通过该公式计算各指标所占 3 个等级的比例：（m，n，l）为该指标占评价等级"好"的比例为 m；占评价等级"较好"的比例为 n；占"一般"评价等级的比例为 l。

通过以下分段公式计算所属隶属度。

当 j=1 时，隶属函数为

$$r_{ij} = \begin{cases} 0, x_i \geqslant s_{i(j+1)} \\ \dfrac{s_{i(j+1)} - x_i}{s_{i(j+1)} - s_{ij}}, s_{ij} \leqslant x_i \leqslant s_{i(j+1)} \\ 1, \ x_i \leqslant s_{ij} \end{cases} \tag{7-15}$$

当 j=2，3，…，n-1 时，隶属函数为

$$r_{ij} = \begin{cases} 0, \ x_i \leqslant s_{i(j-1)}, \ x_i \geqslant s_{i(j+1)} \\ \dfrac{x_i - s_{i(j-1)}}{s_{ij} - s_{i(j-1)}}, \ s_{i(j-1)} \leqslant x_i \leqslant s_{ij} \\ \dfrac{s_{i(j+1)} + x_i}{s_{i(j+1)} + s_{iy}}, \ s_{ij} \leqslant x_i \leqslant s_{i(j+1)} \end{cases} \tag{7-16}$$

当 $j=n$ 时，隶属函数为

$$r_{ij} = \begin{cases} 0, & x_i \leqslant s_{i(j-1)} \\ \dfrac{x_i - s_{i(j-1)}}{s_{ij} - s_{i(j-1)}}, & s_{i(j-1)} \leqslant x_i \leqslant s_{ij} \\ 1, & x_i \geqslant s_{ij} \end{cases} \tag{7-17}$$

式中，j —— 分好的级别，j=1、2、3；

X_i —— 环境中的第 i 种指标的实际值；

S_{ij} —— 第 i 种污染物的第 j 级标准值；

r_{ij} —— 第 i 种指标对第 j 级的隶属度。

将相应的数据代入上面确定的隶属度函数中，就可以得到其隶属度，并建立对应的模糊评价矩阵，模糊矩阵 R 是评价各级隶属度的一种转化关系。

7.6.1　经济效益指标

根据上述隶属函数的构建，将所涉及的指标进行数据分段。该评价等级分为三级，除最大值、最小值以外，取数据中位数作为第二级的分段标准值。

①以规模以上工业值为例：

当 j=1 时，隶属函数为

$$r_{i1} = \begin{cases} 0, & x_i \geqslant 77.27 \\ \dfrac{77.27 - x_i}{77.27 - 4.46}, & 4.46 \leqslant x_i \leqslant 77.27 \\ 1, & x_i \leqslant 4.46 \end{cases} \tag{7-18}$$

当 j=2 时，隶属函数为

$$r_{ij} = \begin{cases} 0, & x_i \leqslant 4.46, \ x_i \geqslant 467.75 \\ \dfrac{x_i - 4.46}{77.27 - 4.46}, & 4.46 \leqslant x_i \leqslant 77.27 \\ \dfrac{467.75 - x_i}{467.75 - 77.27}, & 77.27 \leqslant x_i \leqslant 467.75 \end{cases} \tag{7-19}$$

当 $j=3$ 时，隶属函数为

$$r_{ij} = \begin{cases} 0, & x_i \leqslant 77.27 \\ \dfrac{x_i - 77.27}{467.75 - 77.27}, & 77.27 \leqslant x_i \leqslant 467.75 \\ 1, & x_i \geqslant 467.75 \end{cases} \tag{7-20}$$

本研究所选取模拟时间段的橙色预警期间天数为 7～8 d，因此设为预警天内其工业用电量减排 10%，则设优化期间 2019 年月均工业用电量为 58.94 kW·h，其对应规模以上工业增加量为 249.56 亿元，将 249.56 亿元设为 X_i 值，所得隶属度矩阵为（0.44，0.56，0）。根据优化清单后所得数据计算，工业用电量较管控期用电量增加了 12.25%。由此得出，新用电量为 58.95 kW·h，X_i 为 269.911 5 亿元。所得隶属度矩阵为（0.49，0.51，0）。

建立污染阶段工业用电量减排 100%情景，并对其进行计算：优化期间 2019 年月均工业用电量变为 45.187 kW·h，其对应规模以上工业增加量为 171.205 亿元，将 171.205 亿元设为 X_i 值，所得隶属度矩阵为（0.24，0.76，0）。

②季度 GDP：当 $j=1$ 时，隶属函数为

$$r_{i1} = \begin{cases} 0, & x_i \geqslant 1\,780.55 \\ \dfrac{1\,780.55 - x_i}{1\,780.55 - 1\,375.2}, & 1\,375.2 \leqslant x_i \leqslant 1\,780.55 \\ 1, & x_i \leqslant 1\,375.2 \end{cases} \tag{7-21}$$

当 $j=2$ 时，隶属函数为

$$r_{ij} = \begin{cases} 0, & x_i \leqslant 1\,375.2,\ x_i \geqslant 2\,309.8 \\ \dfrac{x_i - 1\,375.2}{1\,780.55 - 1\,375.2}, & 1\,375.2 \leqslant x_i \leqslant 1\,780.55 \\ \dfrac{2\,309.8 - x_i}{2\,309.8 - 1\,780.55}, & 1\,780.55 \leqslant x_i \leqslant 2\,309.8 \end{cases} \tag{7-22}$$

当 $j=3$ 时，隶属函数为

$$r_{ij} = \begin{cases} 0, & x_i \leqslant 1\,780.55 \\ \dfrac{x_i - 1\,780.55}{2\,309.8 - 1\,780.55}, & 1\,780.55 \leqslant x_i \leqslant 2\,309.8 \\ 1, & x_i \geqslant 2\,309.8 \end{cases} \tag{7-23}$$

对原有措施下橙色预警内的工业用电量进行估算，得到原有措施下进行的减排可对污染时段内的工业用电量达到降低 10%的结果，因此 2019 年季度工业用电量由 179.026 亿 kW·h 降为 177.634 亿 kW·h，X_i 值由 1 890.31 亿元变为 1 872.93 亿元，得到新的隶属矩阵为（0.17，0.83，0）。根据优化清单后所得数据计算，工业用电量较管控期用电量增加了 12.25%。由此得出，新用电量为 180.733 kW·h，X_i 为 1 911.426 76 亿元。所得隶属度矩阵为（0.25，0.75，0）。

建立污染阶段工业用电量减排 100%情景，并对其进行计算：2019 年季度工业用电量由 179.026 亿 kW·h 降为 165.102 亿 kW·h，X_i 值由 1 890.31 亿元变为 1 710.45 亿元，得到新的隶属矩阵为（0，0.83，0.17）。

7.6.2 社会效益指标

①城镇新增就业人口：

当 j=1 时，隶属函数为

$$r_{i1} = \begin{cases} 0, & x_i \geq 9.75 \\ \dfrac{9.75 - x_i}{9.75 - 5.5}, & 5.5 \leq x_i \leq 9.75 \\ 1, & x_i \leq 5.5 \end{cases} \tag{7-24}$$

当 j=2 时，隶属函数为

$$r_{ij} = \begin{cases} 0, & x_i \leq 5.5, \ x_i \geq 17.23 \\ \dfrac{x_i - 5.5}{9.75 - 5.5}, & 5.5 \leq x_i \leq 9.75 \\ \dfrac{17.23 - x_i}{17.23 - 9.75}, & 9.75 \leq x_i \leq 17.23 \end{cases} \tag{7-25}$$

当 j=3 时，隶属函数为

$$r_{ij} = \begin{cases} 0, & x_i \leq 9.75 \\ \dfrac{x_i - 9.75}{17.23 - 9.75}, & 9.75 \leq x_i \leq 17.23 \\ 1, & x_i \geq 17.23 \end{cases} \tag{7-26}$$

对原有措施下橙色预警内的工业用电量进行估算，得到原有措施下进行的减排可对污染时段内的工业用电量达到降低 10%的结果，因此 2019 年年均工业用电量由 716.1 亿 kW·h 降为 714.73 亿 kW·h，X_i 值为 10.41 万人，得到新的隶属矩阵为（0.09，0.91，0）。根据优化清单后所得数据计算，工业用电量较管控期用电量增加了 12.25%。由此得出，新用电量为 717.783 7 kW·h，X_i 为 10.47 万人。所得隶属度矩阵为（0.10，0.90，0）。

建立污染阶段工业用电量减排 100%情景，并对其进行计算：2019 年年均工业用电量由 716.1 亿 kW·h 降为 702.366 5 亿 kW·h，X_i 值为 10.16 万人，得到新的隶属矩阵为（0.055，0.945，0）。

②城镇居民消费价格指数：

当 j=1 时，隶属函数为

$$r_{i1} = \begin{cases} 0, & x_i \geqslant 101.9 \\ \dfrac{101.9 - x_i}{101.9 - 97.4}, & 97.4 \leqslant x_i \leqslant 101.9 \\ 1, & x_i \leqslant 97.4 \end{cases} \qquad (7\text{-}27)$$

当 j=2 时，隶属函数为

$$r_{ij} = \begin{cases} 0, & x_i \leqslant 97.4, \ x_i \geqslant 123.4 \\ \dfrac{x_i - 97.4}{101.9 - 97.4}, & 97.4 \leqslant x_i \leqslant 101.9 \\ \dfrac{123.4 - x_i}{123.4 - 101.9}, & 101.9 \leqslant x_i \leqslant 123.4 \end{cases} \qquad (7\text{-}28)$$

当 j=3 时，隶属函数为

$$r_{ij} = \begin{cases} 0, & x_i \leqslant 101.9 \\ \dfrac{x_i - 101.9}{123.4 - 101.9}, & 101.9 \leqslant x_i \leqslant 123.4 \\ 1, & x_i \geqslant 123.4 \end{cases} \qquad (7\text{-}29)$$

对原有措施下橙色预警内的工业用电量进行估算，得到原有措施下进行的减排可对污染时段内的工业用电量达到降低 10%的结果，因此 2019 年年均工业用电量由 716.1 亿 kW·h 降为 714.72 亿 kW·h，X_i 值为 102.71，得到新的隶属矩阵为（0.001 8，0.998 2，0）。根据优化清单后所得数据计算，工业用电量较管控期用电量增加了

12.25%。由此得出，新用电量为 717.783 7 kW·h，X_i 为 102.73。所得隶属度矩阵为（0.04，0.96，0）。

建立污染阶段工业用电量减排 100% 情景，并对其进行计算：2019 年年均工业用电量由 716.1 亿 kW·h 降为 702.366 5 亿 kW·h，X_i 为 102.54，得到新的隶属矩阵为（0.036，0.964，0）。

③城镇居民人均可支配收入：

当 j=1 时，隶属函数为

$$r_{i1} = \begin{cases} 0, & x_i \geq 11\,432 \\ \dfrac{11\,432 - x_i}{11\,432 - 195}, & 195 \leq x_i \leq 11\,432 \\ 1, & x_i \leq 195 \end{cases} \tag{7-30}$$

当 j=2 时，隶属函数为

$$r_{ij} = \begin{cases} 0, & x_i \leq 195, \; x_i \geq 44\,337 \\ \dfrac{x_i - 195}{11\,432 - 195}, & 195 \leq x_i \leq 11\,432 \\ \dfrac{44\,337 - x_i}{44\,337 - 11\,432}, & 11\,432 \leq x_i \leq 44\,337 \end{cases} \tag{7-31}$$

当 j=3 时，隶属函数为

$$r_{ij} = \begin{cases} 0, & x_i \leq 11\,432 \\ \dfrac{x_i - 11\,432}{44\,337 - 11\,432}, & 11\,432 \leq x_i \leq 44\,337 \\ 1, & x_i \geq 44\,337 \end{cases} \tag{7-32}$$

对原有措施下橙色预警内的工业用电量进行估算，得到原有措施下进行的减排可对污染时段内的工业用电量达到降低 10% 的结果，因此 2019 年年均工业用电量由 716.1 亿 kW·h 降为 714.73 亿 kW·h，X_i 为 32 264.44 元，得到新的隶属矩阵为（0.633，0.367，0）。根据优化清单后所得数据计算，工业用电量较管控期用电量增加了 12.25%。由此得出，新用电量为 717.783 7 kW·h，X_i 为 32 474 元。所得隶属度矩阵为（0.637，0.363，0）。

建立污染阶段工业用电量减排 100% 情景，并对其进行计算：2019 年年均工业用电量由 716.1 亿 kW·h 降为 702.366 5 亿 kW·h，X_i 为 31 424.54 元，得到新的
隶属矩阵为（0.64，0.36，0）。

7.7　专家评价法确定隶属度

7.7.1　原有措施专家评价

7.7.1.1　生态情况

对于专家评价涉及的指标，首先是环境指标。在 2019—2020 年选择 7 段不同
气象型下的污染时段，并从中任意选取两次优化后的污染物结果与原污染时段内
的污染物浓度进行比较，判定清单优化后污染物浓度变化情况。

（1）气象型 Ⅰ

根据图 7-11～图 7-15 和表 7-12 数据可得，在气象型 Ⅰ 现有情景预警下，与
未管控 $PM_{2.5}$、PM_{10}、SO_2 和 NO_2 浓度相比，降低数值分别为 0.57 μg/m³、0.69 μg/m³、
0.77 μg/m³ 和 0.69 μg/m³。

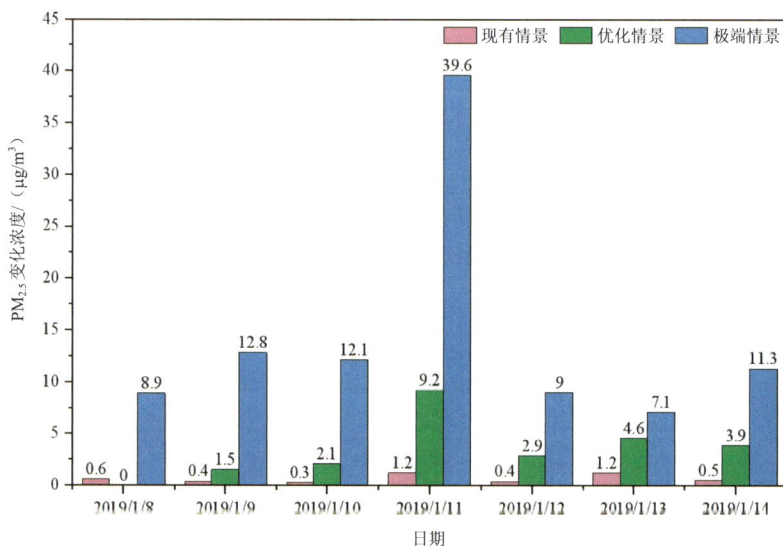

图 7-11　气象型 Ⅰ 污染时段内不同情景模拟 $PM_{2.5}$ 浓度变化

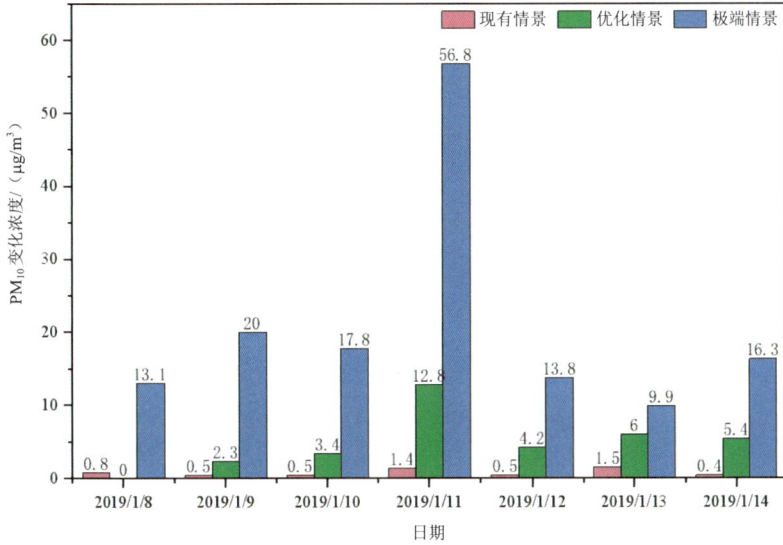

图 7-12　气象型 I 污染时段内不同情景模拟 PM_{10} 浓度变化

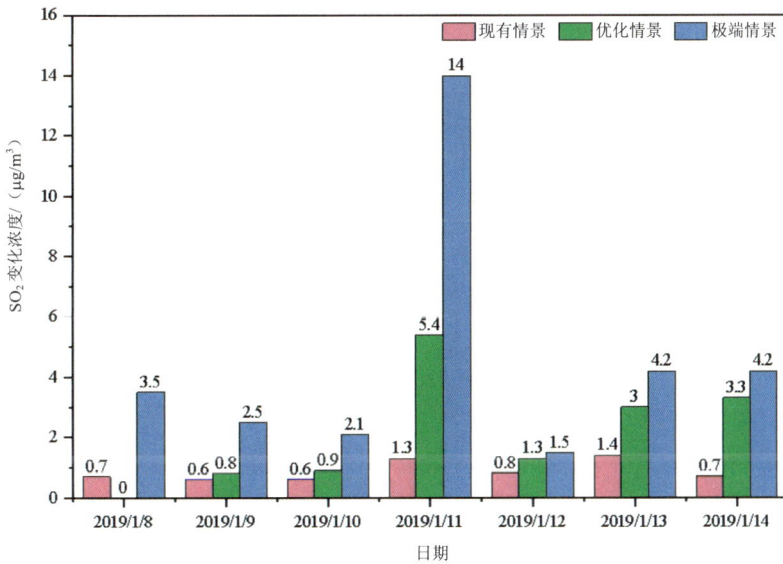

图 7-13　气象型 I 污染时段内不同情景模拟 SO_2 浓度变化

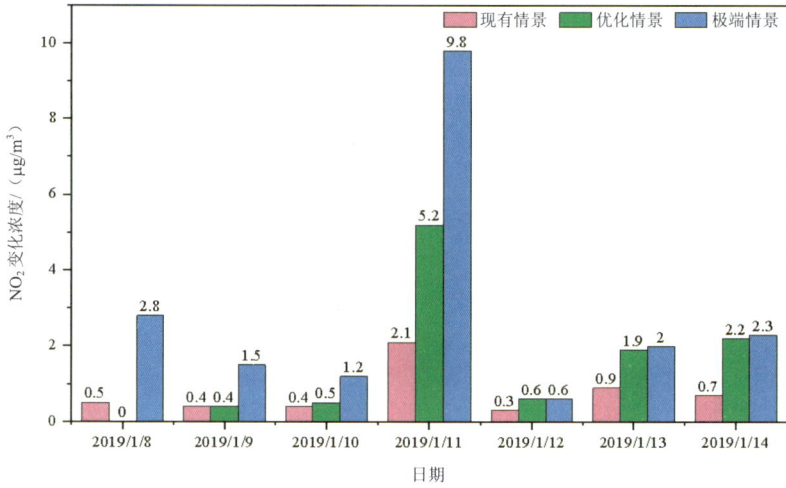

图 7-14 气象型 I 污染时段内不同情景模拟 NO$_2$ 浓度变化

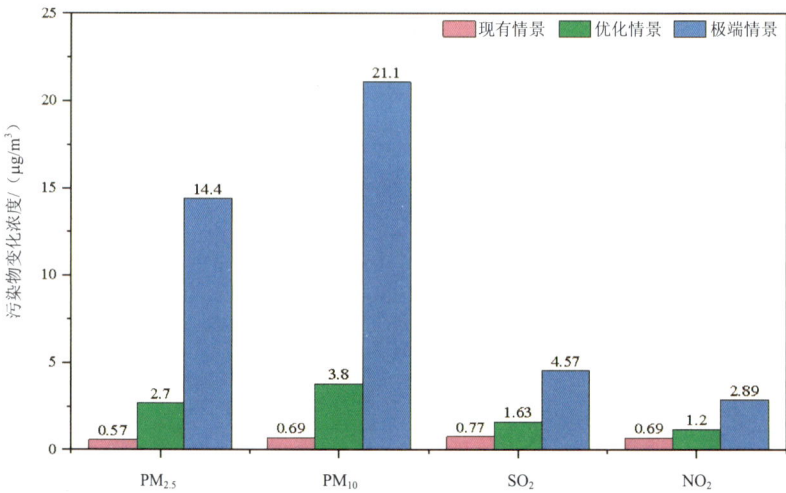

图 7-15 气象型 I 污染时段内不同情景模拟所得污染物平均变化情况

表 7-12　在气象型 I 不同情景预警下与未管控浓度差值　　单位：μg/m³

与未管控差值	PM$_{2.5}$	PM$_{10}$	SO$_2$	NO$_2$
优化情景	2.70	3.80	1.63	1.20
现有情景	0.57	0.69	0.77	0.69
极端情景	14.40	21.10	4.57	2.89

（2）气象型Ⅵ

根据表 7-13 和图 7-16～图 7-20 数据可得，在气象型Ⅵ现有措施预警下，PM$_{2.5}$、PM$_{10}$、SO$_2$ 和 NO$_2$ 浓度降低变化分别为 0.42 μg/m³、0.36 μg/m³、0.6 μg/m³ 和 0.62 μg/m³。

表 7-13　在气象型Ⅵ不同情景预警下与污染物浓度差值　　单位：μg/m³

与未管控差值	PM$_{2.5}$	PM$_{10}$	SO$_2$	NO$_2$
优化情景	1.50	2.18	1.24	1.22
现有情景	0.42	0.36	0.60	0.62
极端情景	43.70	71.54	6.74	39.66

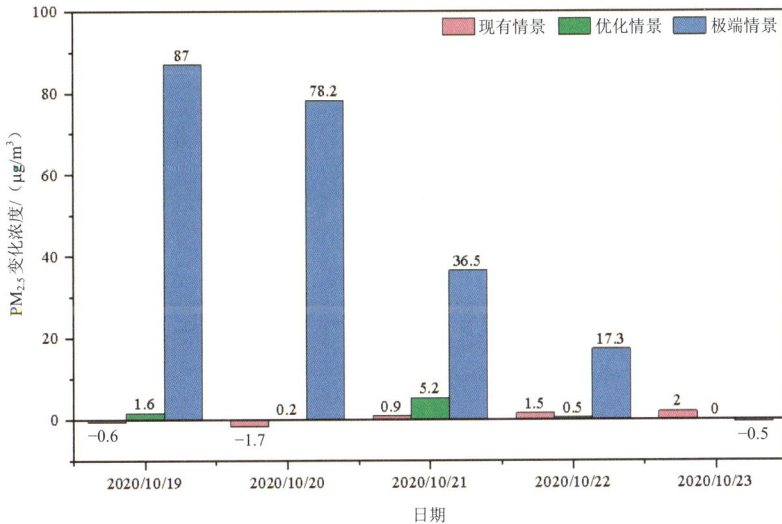

图 7-16　气象型Ⅵ污染时段内不同情景模拟 PM$_{2.5}$ 浓度变化

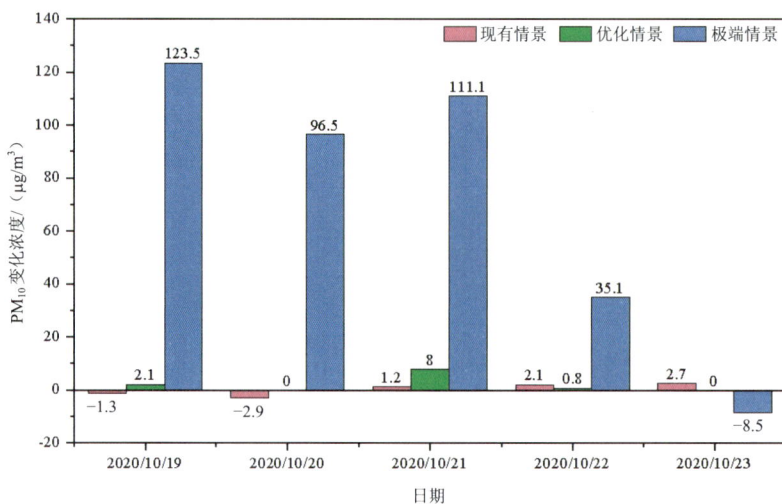

图 7-17　气象型Ⅵ污染时段内不同情景模拟 PM$_{10}$ 浓度变化

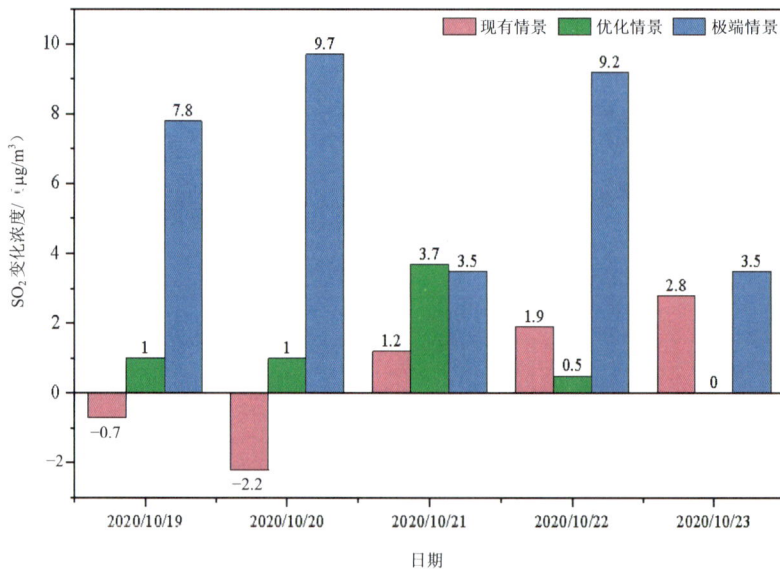

图 7-18　气象型Ⅵ污染时段内不同情景模拟 SO$_2$ 浓度变化

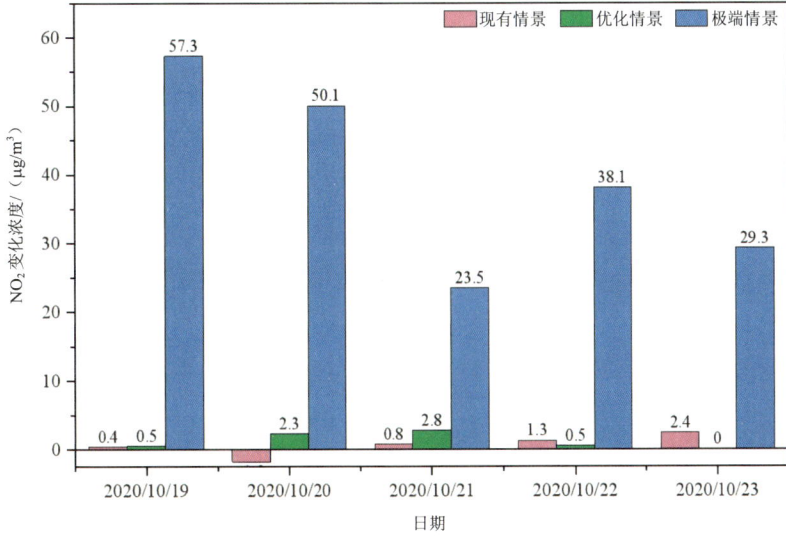

图 7-19　气象型Ⅵ污染时段内不同情景模拟 NO$_2$ 浓度变化

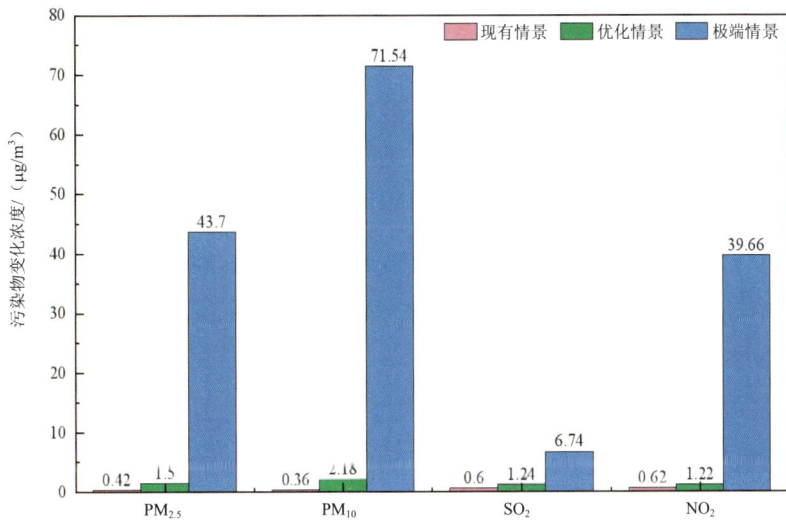

图 7-20　气象型Ⅵ污染时段内不同情景模拟所得污染物平均变化情况

7.7.1.2　电网经济性和稳定性

总体来说，电网经济性和稳定性的最佳状态是在保证电力供应稳定和可靠的前提下，实现电力系统的高效运行和成本最优化。

（1）电网经济性

用电量的变化直接影响电力系统的运行成本和收益，进而影响电网的经济性。

当用电量增加时，特别是当需要启动边际成本较高的发电设备时，电网需要更多的发电量来满足需求，这可能导致发电成本增加。同时，输电和分配系统的负荷也会增加，可能需要更多的维护和升级投资。然而，用电量的增加也可能带来规模经济效应，降低单位电力的平均成本，提高电网的经济性。

当用电量减少时，电网的发电量和输电负荷会相应减少，这可能导致发电和输电成本降低。然而，如果用电量的减少导致电网设施的利用率下降，可能会增加单位电力的平均成本，降低电网的经济性。

（2）电网稳定性

用电量的变化会直接影响电网的负载平衡，进而影响电网的稳定性。

当用电量增加时，电网的负载会增加，如果电力供应不能及时跟上需求的增长，可能会导致电压下降，甚至导致供电不足，影响电网的稳定性。此外，用电量的快速增加也可能导致电网频率下降，进一步影响电网的稳定性。

当用电量减少时，如果电力供应没有相应减少，可能会导致电网中的电能过剩，导致电压升高或频率升高，同样影响电网的稳定性。而橙色预警下，预计用电量为原来污染天数内用电量的 90%，下降 10%。

7.7.1.3 环境满意度和居民幸福感

环境满意度是指个人或群体对其生活或工作环境的满意程度。它是衡量环境质量和人类福祉之间关系的重要指标，反映了人们对环境状况、资源可用性、生态系统健康以及环境服务的评价。

居民幸福感是指居民对其生活质量、生活条件和社会环境的整体满意度和幸福体验。它是一个综合性概念，涵盖了多个方面，包括经济、社会、环境、心理和健康等因素。

环境质量中清洁的空气、安全的饮用水、良好的住房条件和舒适的自然环境都有助于提高居民幸福感。专家评价法中计划根据一系列环境指标（如 $PM_{2.5}$、PM_{10} 等）中进行的量化分析，间接反映环境满意度，进而专家进行评价。

7.7.1.4　专家评价结果

对于研究区域内经济、社会和环境治理效益进行评价，其部分指标的等级不易精确量化，一般采用"好""较好""一般"等有一定模糊属性的语言来评判，且无法确定具体数值，故采用百分比统计法，计算出各指标隶属度。项目评语采用三级分级，由 3 位专家给出评价意见，对治理效益给出 3 级评判，再计算各指标的隶属度，建立模糊评价指标隶属度矩阵，见表 7-14。

表 7-14　现有措施专家评价

准则层	评价指标	等级		
		Ⅰ（好）	Ⅱ（较好）	Ⅲ（一般）
经济效益	电网经济性 C_3	0.33	0.67	0
	电网稳定性 C_4	0.33	0.67	0
生态效益	$PM_{2.5}$ 改善效果 C_5	0	0.67	0.33
	PM_{10} 改善效果 C_6	0.33	0.34	0.33
	SO_2 改善效果 C_7	0.33	0.67	0
	NO_2 改善效果 C_8	0.33	0.67	0
社会效益	环境满意度 C_{12}	0.33	0.34	0.33
	居民幸福感 C_{13}	0.33	0.34	0.33

表 7-14 为专家根据现有措施前对唐山市预警下情况所做的评价表，逐个等级下指标的数据代表专家评分对此评价的占比：0.33 即 3 个专家中有 1 人认为该状况下可评价为"好"。

7.7.2　优化措施专家评价

7.7.2.1　生态情况

对于专家评价涉及的指标，首先是环境指标。在 2019—2020 年选择 7 段不同气象型下的污染时段，并从中任意选取两次优化后的污染物结果与原污染时段内的污染物进行浓度比较，判定清单优化后污染物浓度变化情况。

（1）气象型 I

根据图 7-11～图 7-15 和表 7-12 的数据可得，在气象型 I 优化措施下，与未管控相比 $PM_{2.5}$、PM_{10}、SO_2 和 NO_2 浓度降低数值分别为 2.70 $\mu g/m^3$、3.80 $\mu g/m^3$、1.63 $\mu g/m^3$ 和 1.20 $\mu g/m^3$。其中 2019 年 1 月 11 日，4 种污染物降低浓度最为明显，分别为 9.2 $\mu g/m^3$、12.8 $\mu g/m^3$、5.4 $\mu g/m^3$ 和 5.2 $\mu g/m^3$。由此得到，在精准动态化措施下的污染物浓度降低情况明显优于现有预警下的防控措施。

（2）气象型 VI

根据图 7-16～图 7-20 和表 7-13 数据可得，在气象型 VI 优化措施下，与未管控相比 $PM_{2.5}$、PM_{10}、SO_2 和 NO_2 浓度降低数值分别为 1.50 $\mu g/m^3$、2.18 $\mu g/m^3$、1.24 $\mu g/m^3$ 和 1.22 $\mu g/m^3$。其中 2020 年 10 月 21 日，4 种污染物降低浓度最为明显，分别为 5.2 $\mu g/m^3$、8.0 $\mu g/m^3$、3.7 $\mu g/m^3$ 和 2.8 $\mu g/m^3$。由此得到，优化措施下的污染物浓度降低情况明显优于现有情景预警下的防控措施。

7.7.2.2　电网经济性和稳定性

优化清单后，经计算可得工业用电量较管控期增加了 12.25%；而橙色预警下，预计用电量为原来污染天数内用电量的 90%，下降了 10%。由此可得，在措施优化下，电网经济性与稳定性皆存在一定程度的变优。

7.7.2.3　环境满意度和居民幸福感

坏境质量中清洁的空气、安全的饮用水、良好的住房条件和舒适的自然环境都有助于提高居民幸福感。专家评价法中计划根据一系列环境指标（如 $PM_{2.5}$、PM_{10} 等）中进行的量化分析，间接反映环境满意度和居民幸福感，进而专家进行评价。

7.7.2.4　专家评价结果

对治理效益给出 3 级评判，再计算各指标的隶属度，建立模糊评价指标隶属度矩阵。优化措施情景评价等级情况见表 7-15。

表 7-15　优化措施后专家评价

准则层	评价指标	等级		
		I（好）	II（较好）	III（一般）
经济效益	电网经济性 C_3	0.67	0.33	0
	电网稳定性 C_4	0.67	0.33	0

准则层	评价指标	等级		
		Ⅰ（好）	Ⅱ（较好）	Ⅲ（一般）
生态效益	$PM_{2.5}$ 改善效果 C_5	0.33	0.67	0
	PM_{10} 改善效果 C_6	0.33	0.67	0
	SO_2 改善效果 C_7	0.67	0.33	0
	NO_2 改善效果 C_8	0.67	0.33	0
社会效益	环境满意度 C_{12}	0.67	0.33	0
	居民幸福感 C_{13}	0.67	0.33	0

7.7.3　极端情景专家评价

7.7.3.1　生态情况

对于专家评价涉及的指标，首先是环境指标。在 2019—2020 年选择 7 段不同气象型下的污染时段，并从中任意选取两次优化后的污染物结果与原污染时段内的污染物进行浓度比较，判定清单优化后污染物浓度变化情况。

（1）气象型Ⅰ

根据图 7-11～图 7-15 和表 7-12 数据可得，在气象型Ⅰ极端情景下，与未管控相比 $PM_{2.5}$、PM_{10}、SO_2 和 NO_2 浓度降低数值分别为 14.40 μg/m³、21.10 μg/m³、4.57 μg/m³ 和 2.89 μg/m³。由此得到，极端情境下污染物减排比较明显。

（2）气象型Ⅵ

根据图 7-16～图 7-20 和表 7-13 数据可得，在气象型Ⅵ极端情景下，与未管控相比 $PM_{2.5}$、PM_{10}、SO_2 和 NO_2 浓度降低数值分别为 43.70 μg/m³、71.54 μg/m³、6.74 μg/m³ 和 39.66 μg/m³。由此得到，在两种气象型下污染物污染都得到了最大限度地减少。

7.7.3.2　电网经济性和稳定性

在极端减排工业用电量 100% 的情景下，电网经济性会随着用电量的减少而降低，同时电网稳定性也会得到相对降低的波动。

7.7.3.3　环境满意度和居民幸福感

环境质量中清洁的空气、安全的饮用水、良好的住房条件和舒适的自然环境都有助于提高居民幸福感。专家评价法中计划根据一系列环境指标（如 PM$_{2.5}$、PM$_{10}$ 等）中进行的量化分析，间接反映环境满意度和居民幸福感，进而专家进行评价。在极端情境下，污染物出现大幅下降，但工业用电量降低代表一定程度下行业停产，对居民幸福感也会产生相应影响。

7.7.3.4 专家评价结果

表 7-16 为极端情景下专家评价。

表 7-16　极端情景下专家评价

准则层	评价指标	等级		
		I（好）	II（较好）	III（一般）
经济效益	电网经济性 C_3	0	0	1
	电网稳定性 C_4	0	0.33	0.67
生态效益	PM$_{2.5}$ 改善效果 C_5	1	0	0
	PM$_{10}$ 改善效果 C_6	1	0	0
	SO$_2$ 改善效果 C_7	1	0	0
	NO$_2$ 改善效果 C_8	0.67	0.33	0
社会效益	环境满意度 C_{12}	0.67	0.33	0
	居民幸福感 C_{13}	0	0.33	0.67

7.8　精准动态化措施综合效益与原有防控措施对比

7.8.1　经济效益对比

本节主要对经济效益进行计算，B_1 为原有防控措施下的模糊数学计算结果；B_2 为精准动态化措施下的模糊数学计算结果；B_3 为减排 100%工业用电量情景下模糊数学计算结果；W_1 为经济指标中层次分析法计算所得各指标权重；R_1 为原有防控措施下的经济指标占比所构成的隶属度；R^2 为精准动态化措施下的经济指标占比所构成的隶属度；R_3 为减排 100%工业用电量情景下经济指标占比所构成的隶属度。经济指标分别为规模以上工业增加值、季度 GDP、电网稳定性和电网经济性。

$$B_1 = W_1 \cdot R_1 = \begin{pmatrix} 0.19 & 0.21 & 0.3 & 0.3 \end{pmatrix} \times \begin{pmatrix} 0.44 & 0.56 & 0 \\ 0.17 & 0.83 & 0 \\ 0.33 & 0.67 & 0 \\ 0.33 & 0.67 & 0 \end{pmatrix}$$

$$= \begin{pmatrix} 0.316\,3 & 0.683\,7 & 0 \end{pmatrix}$$

$$B_2 = W_1 \cdot R_2 = \begin{pmatrix} 0.19 & 0.21 & 0.3 & 0.3 \end{pmatrix} \times \begin{pmatrix} 0.49 & 0.51 & 0 \\ 0.25 & 0.75 & 0 \\ 0.67 & 0.33 & 0 \\ 0.67 & 0.33 & 0 \end{pmatrix}$$

$$= \begin{pmatrix} 0.548\,3 & 0.451\,7 & 0 \end{pmatrix}$$

$$B_3 = W_1 \cdot R_3 = \begin{pmatrix} 0.19 & 0.21 & 0.3 & 0.3 \end{pmatrix} \times \begin{pmatrix} 0.24 & 0.76 & 0 \\ 0 & 0.83 & 0.17 \\ 0 & 0 & 1 \\ 0 & 0.33 & 0.67 \end{pmatrix}$$

$$= \begin{pmatrix} 0.043\,6 & 0.411\,8 & 0.545\,6 \end{pmatrix}$$

由模糊数学计算结果可得 B_1 为（0.316 3，0.683 7，0），该结果代表原有防控措施下经济效益在"好""较好"和"一般"中所占比例分别为 31.63%、68.37% 和 0。而在精准动态化措施下的经济效益在"好""较好"和"一般"的占比分别为 54.83%、45.17% 和 0。该结果表明，经济效益在"好"和"较好"层面所占比例都有变化，"好"所占比例上升了 23.2%，"较好"占比减少了 23.2%。同时计算工业减排 100% 的情景，所得结果为"好""较好"和"一般"的占比分别为 4.36%、41.14% 和 54.51%（图 7-21）。

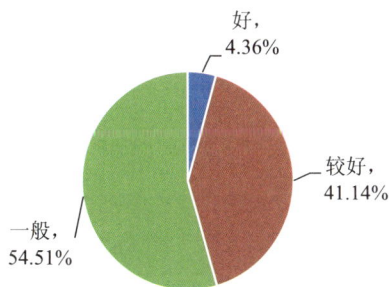

（a）工业减排 100%　　　　　　　　（b）原有防控措施

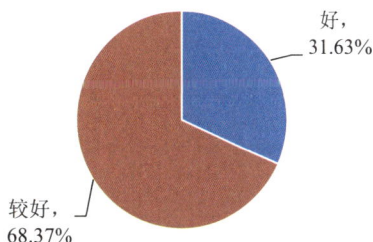

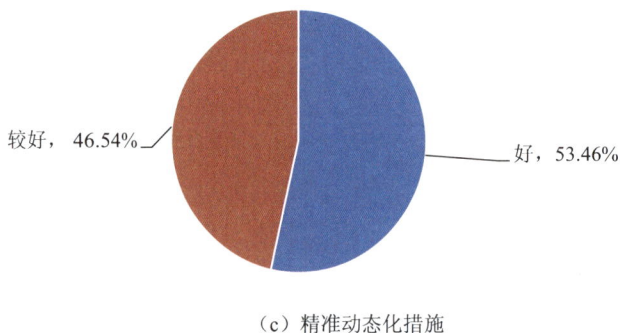

（c）精准动态化措施

图 7-21　工业减排 100%、原有防控措施与精准动态化措施经济效益占比

对三级评价："好""较好"和"一般"进行相应评价的赋值，分别为 90 分、75 分和 60 分。最终得到，原有防控措施下分值为 79.80 分；精准动态化措施后，经济评价分值为 83.22 分，工业减排 100%经济评分为 75.59 分。该结果表明，经济指标在精准化和动态化措施下得到较大提升，精准动态化措施所得经济效益优于原有防控措施。而工业减排 100%的"一刀切"政策所得经济效益并没有得到提升，反而得分会下降。

7.8.2　社会效益对比

本节主要对社会效益进行计算，B_4 为原有防控措施下的模糊数学计算结果；B_5 为精准动态化措施下的模糊数学计算结果；B_6 为减排 100%工业用电量情景下模糊数学计算结果；W_2 为社会指标中层次分析法计算所得各指标权重；R_4 为原有防控措施下的社会指标占比所构成的隶属度；R_5 为精准动态化措施下的社会指标占比所构成的隶属度；R_6 为精准动态化措施下的社会指标占比所构成的隶属度。经济指标分别为城镇新增就业人口、城镇居民消费价格指数、城镇居民人均可支配收入、环境满意度和居民幸福感。

$$B_4 = W_2 \cdot R_4 = \begin{pmatrix} 0.23 & 0.20 & 0.20 & 0.18 & 0.19 \end{pmatrix} \times \begin{pmatrix} 0.09 & 0.91 & 0 \\ 0.0018 & 0.9982 & 0 \\ 0.633 & 0.367 & 0 \\ 0.33 & 0.34 & 0.33 \\ 0.33 & 0.34 & 0.33 \end{pmatrix}$$

$$= \begin{pmatrix} 0.2763 & 0.6029 & 0.1208 \end{pmatrix}$$

$$B_5 = W_2 \cdot R_5 = \begin{pmatrix} 0.23 & 0.20 & 0.20 & 0.18 & 0.19 \end{pmatrix} \times \begin{pmatrix} 0.10 & 0.90 & 0 \\ 0.04 & 0.96 & 0 \\ 0.64 & 0.36 & 0 \\ 0.67 & 0.33 & 0 \\ 0.67 & 0.33 & 0 \end{pmatrix}$$

$$= \begin{pmatrix} 0.404\,3 & 0.595\,7 & 0 \end{pmatrix}$$

$$B_6 = W_2 \cdot R_6 = \begin{pmatrix} 0.23 & 0.20 & 0.20 & 0.18 & 0.19 \end{pmatrix} \times \begin{pmatrix} 0.055 & 0.945 & 0 \\ 0.036 & 0.964 & 0 \\ 0.608 & 0.392 & 0 \\ 0.67 & 0.33 & 0 \\ 0 & 0.33 & 0.67 \end{pmatrix}$$

$$= \begin{pmatrix} 0.256\,2 & 0.613\,5 & 0.130\,3 \end{pmatrix}$$

由模糊数学计算结果可得 B_4 为（0.276 3，0.602 9，0.120 8），该结果代表原有防控措施下社会效益在"好""较好"和"一般"中所占比例分别为 27.63%、60.29% 和 12.08%。而精准动态化措施下的社会效益在"好""较好"和"一般"的占比分别为 40.43%、59.57% 和 0。该结果表明，社会效益在"好""较好"和"一般"中所占比例都有变化，"好"所占比例上升了 12.61%，"较好"占比减少了 0.72%，"一般"占比减少了 12.80%。同时计算工业减排 100% 的情景，所得结果为"好""较好"和"一般"的占比分别为 25.62%、61.35% 和 13.03%（图 7-22）。

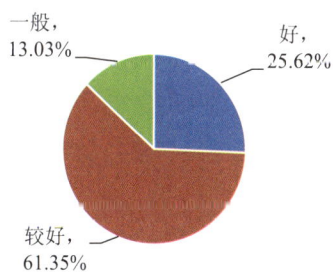

（a）工业减排 100%　　　　　　（b）原有防控措施

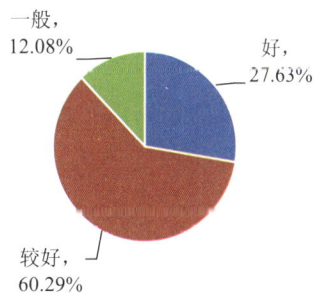

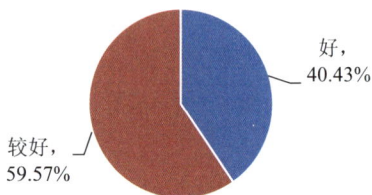

（c）精准动态化措施

图 7-22　工业减排 100%、原有防控措施与精准动态化措施社会效益占比

对三级评价："好""较好"和"一般"进行相应评价的赋值，分别为 90 分、75 分和 60 分。最终得到，原有防控措施下分值为 77.33 分；精准动态化措施后，综合评价分值为 81.06 分，工业减排 100% 社会评分为 76.89 分。该结果表明，社会指标在精准化和动态化措施下得到较大提升，精准动态化措施所得社会效益优于原有防控措施。而工业减排 100% 的"一刀切"政策所得社会效益并没有得到提升，反而得分会下降。

7.8.3　生态效益对比

本节主要对生态效益进行计算，B_7 为原有防控措施下的模糊数学计算结果；B_8 为精准动态化措施下的模糊数学计算结果；B_9 为减排 100% 工业用电量情景下模糊数学计算结果；W_3 为生态指标中层次分析法计算所得各指标权重；R_7 为原有防控措施下的生态指标占比所构成的隶属度；R_8 为精准动态化措施下的生态指标占比所构成的隶属度；R_9 为精准动态化措施下的生态指标占比所构成的隶属度。生态指标分别为 $PM_{2.5}$ 改善结果、PM_{10} 改善结果、SO_2 改善结果和 NO_2 改善结果。

$$B_7 = W_3 \cdot R_7 = \begin{pmatrix} 0.28 & 0.26 & 0.21 & 0.25 \end{pmatrix} \times \begin{pmatrix} 0 & 0.67 & 0.33 \\ 0.33 & 0.34 & 0.33 \\ 0.33 & 0.67 & 0 \\ 0.33 & 0.67 & 0 \end{pmatrix}$$

$$= \begin{pmatrix} 0.234\,5 & 0.585\,7 & 0.179\,8 \end{pmatrix}$$

$$B_8 = W_3 \cdot R_8 = \begin{pmatrix} 0.28 & 0.26 & 0.21 & 0.25 \end{pmatrix} \times \begin{pmatrix} 0.33 & 0.67 & 0 \\ 0.33 & 0.67 & 0 \\ 0.67 & 0.33 & 0 \\ 0.67 & 0.33 & 0 \end{pmatrix}$$

$$= \begin{pmatrix} 0.484\,7 & 0.515\,3 & 0 \end{pmatrix}$$

$$B_9 = W_3 \cdot R_9 = \begin{pmatrix} 0.28 & 0.26 & 0.21 & 0.25 \end{pmatrix} \times \begin{pmatrix} 1 & 0 & 0 \\ 1 & 0 & 0 \\ 1 & 0 & 0 \\ 0.67 & 0.33 & 0 \end{pmatrix}$$

$$= \begin{pmatrix} 0.919 & 0.081 & 0 \end{pmatrix}$$

　　由模糊数学计算结果可得 B_7 为（0.234 5、0.585 7、0.179 8），该结果代表原有防控措施下生态效益在"好""较好"和"一般"中所占比例分别为 23.45%、59.57%和 17.98%。而在精准动态化措施下的生态效益在"好""较好"和"一般"的占比分别为 48.47%、51.53%和 0。该结果表明，生态效益在"好""较好"和"一般"中所占比例都有变化，"好"占比上升了 25.02%，"较好"占比减少了 8.04%，"一般"占比减少了 17.98%。同时计算工业减排 100%的情景，所得结果为"好""较好"和"一般"的占比分别为 91.9%、8.1%和 0%（图 7-23）。

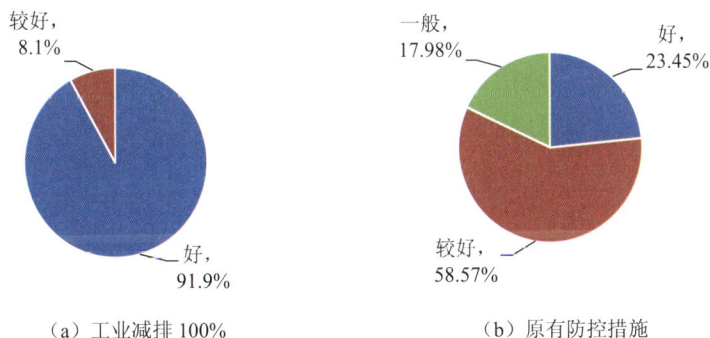

（a）工业减排 100%　　　　　　　（b）原有防控措施

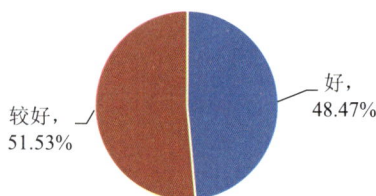

（c）精准动态化措施

图 7-23   工业减排 100%、原有防控措施与精准动态化措施生态效益占比

对三级评价："好""较好"和"一般"进行相应评价的赋值，分别为 90 分、75 分和 60 分。最终得到，原有防控措施下分值为 75.81 分；精准动态化措施后，综合评价分值为 82.27 分。工业减排 100%经济评分为 88.78 分。该结果表明，生态指标在精准化和动态化措施下得到较大提升，精准动态化措施所得生态效益优于原有防控措施。且在工业减排 100%的极端情况下，生态指标数据大幅下降，最终得分为 3 种情景下最高值。

7.8.4 综合效益对比

本节主要对综合效益进行计算，B_{10} 为原有防控措施下的模糊数学计算结果；B_{11} 为精准动态化措施下的模糊数学计算结果；B_{12} 为减排 100%工业用电量情景下模糊数学计算结果；W_4 为整合整体指标根据层次分析法确定的权重；R_{10} 为原有防控措施下的综合指标占比所构成的隶属度；R_{11} 为精准动态化措施下的综合指标占比所构成的隶属度；R_{12} 为精准动态化措施下的综合指标占比所构成的隶属度。综合指标分别为规模以上工业增加值、季度 GDP、电网稳定性、电网经济性、$PM_{2.5}$ 改善结果、PM_{10} 改善结果、SO_2 改善结果、NO_2 改善结果、城镇新增就业人口、城镇居民消费价格指数、城镇居民人均可支配收入、环境满意度和居民幸福感。

$B_{10}=W_4 \cdot R_{10}=$（0.075 7　0.091 4　0.130 2　0.130 2　0.086 1　0.076 0　0.062 2　0.073 0

0.063 6　0.055 4　0.055 6　0.472　0.053 5）×

$$\begin{pmatrix} 0.44 & 0.56 & 0 \\ 0.17 & 0.83 & 0 \\ 0.33 & 0.67 & 0 \\ 0.33 & 0.67 & 0 \\ 0 & 0.67 & 0.33 \\ 0.33 & 0.34 & 0.33 \\ 0.33 & 0.67 & 0 \\ 0.33 & 0.67 & 0 \\ 0.09 & 0.91 & 0 \\ 0.001\,8 & 0.998\,2 & 0 \\ 0.633 & 0.367 & 0 \\ 0.33 & 0.34 & 0.33 \\ 0.33 & 0.34 & 0.33 \end{pmatrix} = (0.280\,9 \quad 0.632\,4 \quad 0.086\,7)$$

$B_{11}=W_4 \cdot R_{11}$（0.075 7　　0.091 4　　0.130 2　　0.130 2　　0.086 1　　0.076 0

0.062 2　0.073 0　0.063 6　0.055 4　0.055 6　0.472　0.053 5）×

$$\begin{pmatrix} 0.49 & 0.51 & 0 \\ 0.25 & 0.75 & 0 \\ 0.67 & 0.33 & 0 \\ 0.67 & 0.33 & 0 \\ 0.33 & 0.67 & 0 \\ 0.33 & 0.67 & 0 \\ 0.67 & 0.33 & 0 \\ 0.67 & 0.33 & 0 \\ 0.10 & 0.90 & 0 \\ 0.04 & 0.96 & 0 \\ 0.64 & 0.36 & 0 \\ 0.67 & 0.33 & 0 \\ 0.67 & 0.33 & 0 \end{pmatrix} = (0.489\,8 \quad 0.510\,2 \quad 0)$$

$B_{12}=W_4 \cdot R_{12}$（0.075 7　0.091 4　0.130 2　0.130 2　0.086 1　0.076 0　0.062 2

0.073 0　0.063 6　0.055 4　0.055 6　0.472　0.053 5）×

$$
\begin{pmatrix}
0.24 & 0.76 & 0 \\
0 & 0.83 & 0.17 \\
0 & 0 & 1 \\
0 & 0.33 & 0.67 \\
1 & 0 & 0 \\
1 & 0 & 0 \\
1 & 0 & 0 \\
0.67 & 0.33 & 0 \\
0.055 & 0.945 & 0 \\
0.036 & 0.964 & 0 \\
0.608 & 0.392 & 0 \\
0.67 & 0.33 & 0 \\
0 & 0.33 & 0.67
\end{pmatrix}
= \begin{pmatrix} 0.361\,9 & 0.369\,1 & 0.269\,0 \end{pmatrix}
$$

由模糊数学计算结果可得 B_{10} 为（0.280 9，0.632 4，0.086 7），该结果代表原有防控措施下综合效益在"好""较好"和"一般"中的占比分别为 28.09%、63.24% 和 8.67%。而精准动态化措施下的综合效益在"好""较好"和"一般"的占比分别为 48.98%、51.02% 和 0。该结果表明，综合效益在"好""较好"和"一般"中的比例都有变化，"好"占比上升了 20.89%，"较好"占比减少了 12.22%，"一般"占比减少了 8.67%。同时计算工业行业减排 100% 的情景，所得结果为"好""较好"和"一般"的占比分别为 36.19%、36.91% 和 26.90%（图 7-24）。

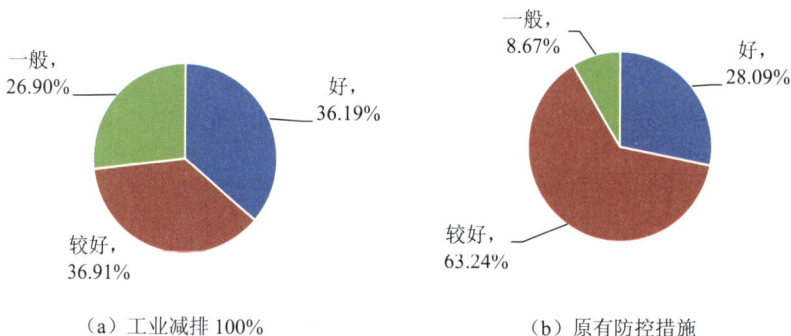

（a）工业减排 100%

（b）原有防控措施

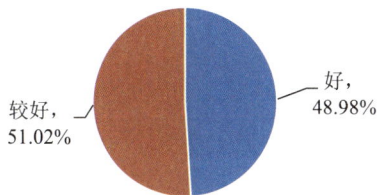

（c）精准动态化措施

图 7-24　工业减排 100%、原有防控措施与精准动态化措施综合效益占比

原有防控措施下"好"与"较好"总占比为 90.82%；精准动态化措施后，则"好"与"较好"总占比为 100%。该结果表明，综合指标在精准化和动态化措施下得到较大提升，精准动态化措施所得综合效益优于原有防控措施，同时优于极端情景工业行业减排 100%情况。

对三级评价："好""较好"和"一般"进行相应评价的赋值，分别为 90 分、75 分和 60 分。最终得到，原有防控措施下分值为 77.91 分；精准动态化措施后，综合评价分值为 82.35 分。工业减排 100%经济评分为 76.39 分。最终得到优化前后措施所得综合效益高于原有措施，最终结果为精准动态化措施较好。而工业减排 100%的"一刀切"政策所得综合效益并没有得到提升，反而得分会下降。

7.9　本章小结

在本章中，我们通过运用层次分析法（AHP）、隶属函数法和专家评价法对精准化大气污染防控措施的综合效益进行了前后对比研究，并以极端情景工业减排 100%作为对照情况进行联合分析。并得出以下 4 个主要结论：

（1）经济效益的提升

通过模糊数学计算，分析了原有防控措施和精准动态化措施对经济效益的影响。计算结果显示，精准动态化措施在经济效益方面表现更优，电网的经济性和稳定性得到了提高。特别是在"好"等级的比例从 31.63%上升到 54.83%。这表明精准动态化措施在经济效益方面更具优势。而极端情景下"好"的占比仅为

4.36%，并不适合经济效益的提升。优化措施分数最高，为 83.22 分。

（2）社会效益的改善

优化措施对城镇新增就业人口、城镇居民消费价格指数和城镇居民人均可支配收入等指标产生了积极影响。优化后，"好"的比例从 27.63% 上升到 40.43%，而"一般"的占比减少了 12.80%。居民的生活质量和幸福感得到了提高。这进一步证明了精准动态化措施在提升社会效益方面的有效性。极端情景较现有情景分数并未提升。最优分数仍为优化措施 81.06 分。

（3）生态效益的增强

通过优化措施，$PM_{2.5}$、PM_{10}、SO_2 和 NO_2 等污染物的浓度得到了有效控制。优化后，生态效益隶属于好的隶属度从 23.45% 提升到 48.47%，表明空气质量得到了显著改善，环境破坏得到了减少。"一刀切"的极端情景确实极大地降低了污染物浓度，这表明适当的工业减排可以有效减轻污染物的污染情况。

（4）综合效益的增强

将经济、社会和生态 3 个方面的效益进行综合考虑，优化措施前后的综合效益均得到了提升。优化前，"好""较好"和"一般"的综合效益占比分别为 28.09%、63.24% 和 8.67%，总体"较好"的占比为 91.33%。优化后，"好""较好"和"一般"的综合效益占比分别为 48.98%、51.02% 和 0，总体"较好"的占比提升到了 100%。原有防控措施下分值为 77.91 分；精准动态化措施后，综合评价分值为 82.35 分。这表明优化措施不仅在单一方面取得了进步，而且在整体上实现了更高的综合效益，为实现经济发展与环境保护的"双赢"提供了有效途径。减排 100% 的极端情景最终"好""较好"和"一般"的综合效益占比分别为 36.19%、36.91% 和 26.90%。优化后的防控措施在经济、社会和生态 3 个方面均表现出更高的综合效益。这为政府部门制定和实施大气污染防控策略提供了科学依据，并为未来环境治理提供了新的思路和方法。

第8章

基于电力数据的大气污染防控
实施效果验证性应用

根据河北省生态环境应急与重污染天气预警中心和中国环境监测总站、河北省气象灾害防御和环境气象中心联合会商，自 2019 年 11 月 19 日起，唐山市扩散条件转差，污染持续累积，将出现中度及以上污染过程。经唐山市重污染天气应对指挥部研究决定，在确保安全的前提下，唐山市自 2019 年 11 月 19 日 20 时起，全市启动重污染天气 II 级应急响应，此次预警于 2019 年 11 月 24 日 12 时解除。本研究以该大气污染预警及应急管控期作为验证应用周期，通过对比分析原有应急减排措施以及本研究建立的基于电力大数据的精准化大气污染防控措施对空气质量的改善效果，评估基于电力大数据的精准化大气污染防控措施的效益。

8.1 预警期间基于电力大数据的大气污染防控措施

根据气象数据进行相关分析，易得该时段为气象型 II，因此通过结合电力大数据优化后的排放清单及空气质量模式 WRF-CMAQ 进行模拟，基于前文提供的启停条件，由此可得具体县（市、区）污染预警措施实施共 6 d，每天启停县（市、区）如表 8-1 所示：第 1 天，丰润、路南、芦台、丰南、曹妃甸共 5 区需实施相关应急减排措施；第 2 天，除迁西、遵化、古冶、滦南、乐亭以外，其余县（市、区）均需实施相关污染预警措施，第 3 天至第 6 天，除迁西、遵化、滦南、乐亭以外，其余县（市、区）均需实施相关污染预警措施。预警行业基于原有准则，即当该曲线 B 级行业整体排放水平较高时，A/B 保持原有减排比例，而保生产行业不考虑原有方案，全部可进行自主减排，而非保生产行业中 C 级及以下行业需进一步限产用以承担保生产行业原有承担的减排量。而当县（市、区）B 级评级企业整体排放水平较低时，除保生产行业以外，该县（市、区）B 级行业整体同样进行自主减排监管，而将其原有减排任务量交由非保生产行业的 C 级及以下企业进行平衡，具体如表 8-2 所示，以迁安县、迁西县为例，即当迁安需要预警时，A 级企业以及钢铁和水泥行业 B 级行业可自主减排，其他企业则需共同分担上述企业原有减排任务量；而当迁西县需要进行污染预警时，焦化作为保生产行业，其行业整体可保持自主减排，而钢铁行业 B 级及所有 A 级企业同样需采取自主减排措施，其他企业则需共同承担上述企业原有减排任务量。

表 8-1　预警期间随时间推进需要实施相关污染预警措施县（市、区）结果

县（市、区）	研究时段					
	11 月 19 日	11 月 20 日	11 月 21 日	11 月 22 日	11 月 23 日	11 月 24 日
迁安市		■	■	■	■	■
迁西县						
遵化市						
玉田县		■	■	■	■	■
丰润区	■	■	■	■	■	■
滦州市	■	■	■	■	■	■
高新技术产业开发区	■	■	■	■	■	■
开平区	■	■	■	■	■	■
古冶区	■		■	■	■	■
路北区		■	■	■	■	■
路南区	■	■	■	■	■	■
芦台经济开发区	■	■	■	■	■	■
汉沽管理区	■		■	■	■	■
丰南区	■	■	■	■	■	■

县（市、区）	研究时段					
	11 月 19 日	11 月 20 日	11 月 21 日	11 月 22 日	11 月 23 日	11 月 24 日
滦南县						
乐亭县						
曹妃甸区	■（橙）	■（橙）	■（橙）	■（橙）	■（橙）	■（橙）
海港经济开发区		■（橙）	■（橙）	■（橙）	■（橙）	■（橙）

表 8-2　预警期间各县（市、区）优选行业

县（市、区）	钢铁	水泥	焦化	玻璃	陶瓷	砖瓦
迁安市	■（绿）	■（绿）				
迁西县	■（绿）		■（红）			
遵化市	■（绿）					
玉田县	■（绿）					■（绿）
丰润区	■（红）			■（红）		
滦州市	■（红）				■（红）	■（绿）
高新技术产业开发区						■（红）
开平区						■（红）
古冶区						
路北区						
路南区	■（红）					
芦台经济开发区					■（红）	
汉沽管理区						
丰南区		■（红）				■（红）
滦南县					■（红）	
乐亭县						■（红）
曹妃甸区						
海港经济开发区						

注：红色部分为优选行业，绿色为所对应县（市、区）B 级企业统一保生产。

8.2　预警前后空气质量改善效果评价

相较于未管控，基于电力大数据的大气污染防控措施使预警期间的 $PM_{2.5}$ 日均浓度均值下降 3.4 μg/m³，$PM_{2.5}$ 日均浓度最高值下降 9.2 μg/m³。表 8-3 展示了未管控与管控情景模拟的 $PM_{2.5}$ 日浓度值差异。由表 8-3 可知，管控情景预警期间 $PM_{2.5}$ 日浓度分布在 35.6～144.9 μg/m³，未管控情景预警期间 $PM_{2.5}$ 日浓度分布在 35.6～154.1 μg/m³。对比未管控情景，$PM_{2.5}$ 日浓度减少值介于 0～9.2 μg/m³。表 8-4 展示了未管控与管控情景模拟的 $PM_{2.5}$ 小时浓度值差异。由表 8-4 可知，基于电力大数据的大气污染防控措施的实施使预警期间 $PM_{2.5}$ 小时浓度平均下降 7.2 μg/m³，防控措施对 2019 年 10 月 21 日 18：00 的空气改善效果最好（$PM_{2.5}$ 小时浓度平均下降 29.7 μg/m³）。

表 8-3　管控与未管控情景模拟的 $PM_{2.5}$ 日浓度对比

单位：μg/m³

日期	未管控	管控	管控–未管控
2019/11/19	35.6	35.6	0
2019/11/20	70.2	68.7	−1.5
2019/11/21	56.8	54.7	−2.1
2019/11/22	154.1	144.9	−9.2
2019/11/23	96.6	93.7	−2.9
2019/11/24	75.1	70.5	−4.6

表 8-4　管控与未管控情景模拟的 $PM_{2.5}$ 小时浓度对比

单位：μg/m³

日期及时间	未管控	管控	管控–未管控
2019/10/19 20：00：00	155.5	151.4	−4.10
2019/10/19 21：00：00	155.7	150	−5.70
2019/10/19 22：00：00	127.4	119.9	−7.50
2019/10/19 23：00：00	113.5	104.5	−9.00

日期及时间	未管控	管控	管控–未管控
2019/10/20 00：00：00	114.5	105.2	−9.30
2019/10/20 01：00：00	115.2	107.7	−7.50
2019/10/20 02：00：00	106.6	99.5	−7.10
2019/10/20 03：00：00	103.8	97.8	−6.00
2019/10/20 04：00：00	97.6	94.6	−3.00
2019/10/20 05：00：00	94.1	92	−2.10
2019/10/20 06：00：00	102	99.9	−2.10
2019/10/20 07：00：00	121.1	118.8	−2.30
2019/10/20 08：00：00	147.3	143.3	−4.00
2019/10/20 09：00：00	176.3	167.4	−8.90
2019/10/20 10：00：00	177.6	162.7	−14.90
2019/10/20 11：00：00	116.2	101	−15.20
2019/10/20 12：00：00	77.1	68.3	−8.80
2019/10/20 13：00：00	62.6	58.2	−4.40
2019/10/20 14：00：00	51.3	48.8	−2.50
2019/10/20 15：00：00	48.7	47.7	−1.00
2019/10/20 16：00：00	53	52.2	−0.80
2019/10/20 17：00：00	62.2	61.2	−1.00
2019/10/20 18：00：00	106.3	102.6	−3.70
2019/10/20 19：00：00	146.5	139.5	−7.00
2019/10/20 20：00：00	176	161.6	−14.40
2019/10/20 21：00：00	186.1	169.4	−16.70
2019/10/20 22：00：00	168.9	153.5	−15.40
2019/10/20 23：00：00	146.3	134.2	−12.10
2019/10/21 00：00：00	135.1	122.7	−12.40
2019/10/21 01：00：00	130.9	117.1	−13.80
2019/10/21 02：00：00	125.9	110.7	−15.20
2019/10/21 03：00：00	127.3	105.4	−21.90

日期及时间	未管控	管控	管控−未管控
2019/10/21 04：00：00	122.8	102.2	−20.60
2019/10/21 05：00：00	116.2	99.3	−16.90
2019/10/21 06：00：00	115.5	100.8	−14.70
2019/10/21 07：00：00	124.6	110.8	−13.80
2019/10/21 08：00：00	143.7	128.9	−14.80
2019/10/21 09：00：00	164.6	147.6	−17.00
2019/10/21 10：00：00	190.8	170	−20.80
2019/10/21 11：00：00	212.6	188.8	−23.80
2019/10/21 12：00：00	220.5	195.9	−24.60
2019/10/21 13：00：00	206.5	185.9	−20.60
2019/10/21 14：00：00	200	182.9	−17.10
2019/10/21 15：00：00	210.2	192.7	−17.50
2019/10/21 16：00：00	242.7	218.8	−23.90
2019/10/21 17：00：00	252.5	223.5	−29.00
2019/10/21 18：00：00	259.5	229.8	−29.70
2019/10/21 19：00：00	265.2	239.3	−25.90
2019/10/21 20：00：00	212.8	195.1	−17.70
2019/10/21 21：00：00	149.2	137	−12.20
2019/10/21 22：00：00	118.6	109.4	−9.20
2019/10/21 23：00：00	105.8	96.9	−8.90
2019/10/22 00：00：00	106	95.7	−10.30
2019/10/22 01：00：00	101.5	92.3	−9.20
2019/10/22 02：00：00	89	82.4	−6.60
2019/10/22 03：00：00	78.4	74.5	−3.90
2019/10/22 04：00：00	71.7	69.3	−2.40
2019/10/22 05：00：00	70.1	68.3	−1.80
2019/10/22 06：00：00	75.8	74.4	−1.40
2019/10/22 07：00：00	93.3	91.8	−1.50

日期及时间	未管控	管控	管控−未管控
2019/10/22 08：00：00	121.8	119.8	−2.00
2019/10/22 09：00：00	154.5	151.5	−3.00
2019/10/22 10：00：00	179.2	174.9	−4.30
2019/10/22 11：00：00	152.6	148.9	−3.70
2019/10/22 12：00：00	116	113.4	−2.60
2019/10/22 13：00：00	91.9	90.2	−1.70
2019/10/22 14：00：00	53.2	51.4	−1.80
2019/10/22 15：00：00	26.6	26.1	−0.50
2019/10/22 16：00：00	25.6	25.5	−0.10
2019/10/22 17：00：00	35.6	35.8	0.20
2019/10/22 18：00：00	47.2	46.4	−0.80
2019/10/22 19：00：00	58.1	55.8	−2.30
2019/10/22 20：00：00	68.2	65.8	−2.40
2019/10/22 21：00：00	89.1	86.6	−2.50
2019/10/22 22：00：00	103.4	100.4	−3.00
2019/10/22 23：00：00	106.1	102.6	−3.50
2019/10/23 00：00：00	109	103.7	−5.30
2019/10/23 01：00：00	105.1	98.7	−6.40
2019/10/23 02：00：00	92.4	86.6	−5.80
2019/10/23 03：00：00	85.4	82.3	−3.10
2019/10/23 04：00：00	81.5	81.3	−0.20
2019/10/23 05：00：00	78.9	79.9	1.00
2019/10/23 06：00：00	81.8	82.9	1.10
2019/10/23 07：00：00	94.6	95.2	0.60
2019/10/23 08：00：00	110.9	110.5	−0.40
2019/10/23 09：00：00	119.7	117.6	−2.10
2019/10/23 10：00：00	132.4	127.6	−4.80
2019/10/23 11：00：00	138.4	132	−6.40

日期及时间	未管控	管控	管控-未管控
2019/10/23 12：00：00	125.4	119.3	−6.10
2019/10/23 13：00：00	99.5	94.8	−4.70
2019/10/23 14：00：00	79.7	75.4	−4.30
2019/10/23 15：00：00	71.5	66.3	−5.20
2019/10/23 16：00：00	93.8	84.1	−9.70
2019/10/23 17：00：00	108.2	93.9	−14.30
2019/10/23 18：00：00	110.4	98.1	−12.30
2019/10/23 19：00：00	99.2	93.2	−6.00
2019/10/23 20：00：00	89.1	88.1	−1.00
2019/10/23 21：00：00	85.7	86.6	0.90
2019/10/23 22：00：00	65	65.5	0.50
2019/10/23 23：00：00	55.3	55.1	−0.20
2019/10/24 00：00：00	48.2	47.8	−0.40
2019/10/24 01：00：00	36.2	36.2	0.00
2019/10/24 02：00：00	19.5	19.7	0.20
2019/10/24 03：00：00	17	17	0.00
2019/10/24 04：00：00	17.5	17.5	0.00
2019/10/24 05：00：00	20.6	20.3	−0.30
2019/10/24 06：00：00	27.5	26.6	−0.90
2019/10/24 07：00：00	29.7	27.7	−2.00
2019/10/24 08：00：00	19.8	18.7	−1.10
2019/10/24 09：00：00	16.2	14.9	−1.30
2019/10/24 10：00：00	15	13.6	−1.40
2019/10/24 11：00：00	12.4	11.2	−1.20
2019/10/24 12：00：00	11.6	10.6	−1.00

　　本研究进一步分析了防控措施对预警期间空气质量改善效果的空间分布情况（图 8-1）。由图 8-1 可知，管控情景下 $PM_{2.5}$ 日均浓度下降比例高值区为丰润区、曹妃甸区及南部周边地区，出现多个高值点，最大降幅为 0.5%。

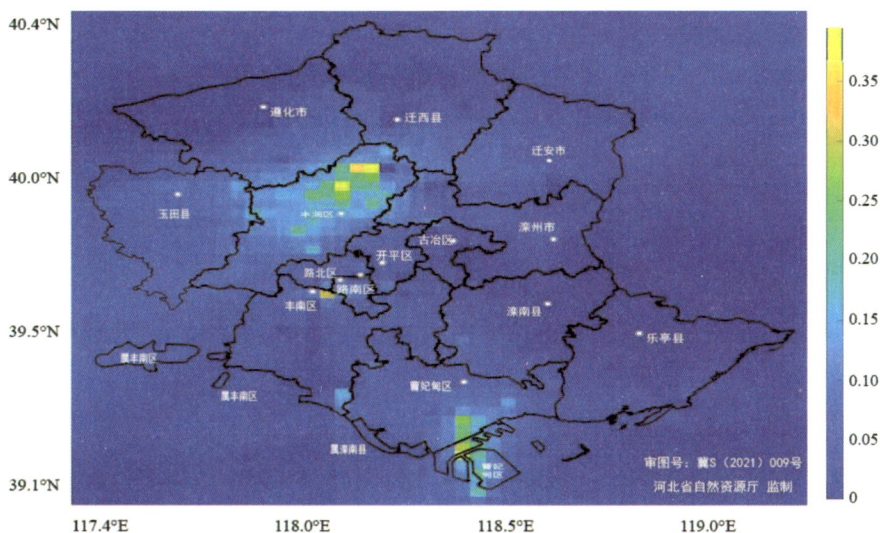

图 8-1　预警期间 PM$_{2.5}$ 日均浓度下降比例空间分布

由上文可知，虽然基于电力大数据的大气污染防控措施有效避免了预警期间空气质量的进一步恶化，但是 PM$_{2.5}$ 的降幅较少。本研究分析了预警期间的气团轨迹，预警期间唐山市主要受到东南、西南气团的影响。其中，500 m 的气团始于天津和济南，200 m 的气团始于沧州、泰安和临沂。随着气团的移动，上述城市的污染传输至唐山市上空，到达唐山后，气团在 1 000 m 以下的地面附近移动，加重唐山市空气污染程度。

根据本研究第 3 章所述效益评价方法，分别计算本次预警期间（2019 年 11 月 19 日 20 时至 2019 年 11 月 24 日 12 时）采取应急响应减排措施（实施管控措施）和未采取应急响应减排措施（未管控）经济指标、社会指标和环境指标中的 13 个指标进行隶属度计算。以期评估实施项目提出的基于电力大数据的精准化区域大气污染防控措施带来的综合效益。

8.2.1　未管控时期隶属度计算

8.2.1.1　隶属函数计算隶属度

（1）经济指标

规模以上工业增加值未管控期间 2019 年全年工业用电量月均值为 59.68 kW·h，

其对应规模以上工业增加量为 263.42 亿元，将 263.42 亿元设为 X_i 值，所得隶属度矩阵为（0.46，0.54，0）；季度 GDP X_i 值为 1 890 亿元，得到隶属矩阵为（0.21，0.79，0）。

（2）社会指标

2019 年年均工业用电量由 716.1 亿 kW·h，对应城镇新增就业人口 X_i 为 10.43 万人，得到隶属矩阵为（0.09，0.91，0）；城镇居民消费价格指数的 X_i 为 102.70，得到隶属矩阵为（0.04，0.96，0）；城镇居民人均可支配收入的 X_i 为 42 467 元，得到新的隶属矩阵为（0.635，0.365，0）。

8.2.1.2 专家评价法确定隶属度

同样对未管控期间各类指标进行专家评价法，表 8-5 中数值可作为未管控期间模糊数学综合评价法中隶属度的数值。

表 8-5　未管控期间专家评价

准则层	评价指标	等级		
		Ⅰ（好）	Ⅱ（较好）	Ⅲ（一般）
经济效益	电网经济性 C_3	0.33	0.33	0.34
	电网稳定性 C_4	0.33	0.33	0.34
生态效益	PM$_{2.5}$ 改善效果 C_5	0	0.33	0.67
	PM$_{10}$ 改善效果 C_6	0	0.67	0.33
	SO$_2$ 改善效果 C_7	0.33	0.34	0.33
	NO$_2$ 改善效果 C_8	0	0.67	0.33
社会效益	环境满意度 C_{12}	0.33	0.34	0.33
	居民幸福感 C_{13}	0.33	0.34	0.33

表 8-5 为专家根据优化措施前对唐山市预警下情况所作的评价表，逐个等级下指标的数据代表专家评分对此评价的占比为 0.33，即 3 个专家中有 1 人认为该状况下可评价为"好"。

8.2.2　未管控时期效益计算

8.2.2.1　经济效益计算

$$B_{13} = W_1 \cdot R_{13} = \begin{pmatrix} 0.19 & 0.21 & 0.3 & 0.3 \end{pmatrix} \times \begin{pmatrix} 0.46 & 0.54 & 0 \\ 0.21 & 0.79 & 0 \\ 0.33 & 0.33 & 0.34 \\ 0.33 & 0.33 & 0.34 \end{pmatrix}$$

$$= \begin{pmatrix} 0.327\,5 & 0.465\,4 & 0.207\,1 \end{pmatrix}$$

由模糊数学计算结果可得 B_{13} 为（0.327 5，0.465 4，0.207 1），该结果代表未管控措施下经济效益在"好""较好"和"一般"中的占比分别为 32.75%、46.54% 和 20.71%。而精准动态化措施下的经济效益在"好""较好"和"一般"中的占比分别为 54.83%、45.17% 和 0。对三级评价："好""较好"和"一般"进行相应评价的赋值，分别为 90 分、75 分和 60 分。最终得到，未管控措施下分值为 76.81 分；精准动态化措施后，经济评价分值为 83.22 分，该结果表明，经济指标在精准化和动态化措施下得到较大提升，精准动态化措施所得经济效益优于管控措施。

8.2.2.2　社会效益

$$B_{14} = W_2 \cdot R_{14} = \begin{pmatrix} 0.23 & 0.20 & 0.20 & 0.18 & 0.19 \end{pmatrix} \times \begin{pmatrix} 0.09 & 0.91 & 0 \\ 0.04 & 0.96 & 0 \\ 0.635 & 0.365 & 0 \\ 0 & 0.33 & 0.67 \\ 0 & 0.67 & 0.33 \end{pmatrix}$$

$$= \begin{pmatrix} 0.157\,2 & 0.663\,8 & 0.179\,0 \end{pmatrix}$$

由模糊数学计算结果可得 B_{14} 为（0.157 2，0.663 8，0.179 0），该结果代表未管控措施下经济效益在"好""较好"和"一般"中的占比分别为 15.72%、66.38% 和 17.90%。而精准动态化措施下的社会效益在"好""较好"和"一般"中的占比分别为 40.43%、59.57% 和 0。对三级评价："好""较好"和"一般"进行相应评价的赋值，分别为 90 分、75 分和 60 分。最终得到，未管控措施下分值为 74.67 分；精准动态化措施后，经济评价分值为 81.06 分，该结果表明，经济指标在精准化和动态化措施下得到较大提升，精准动态化措施所得社会效益优于未管控措施。

8.2.2.3 生态效益

$$B_{15} = W_3 \cdot R_{15} = \begin{pmatrix} 0.28 & 0.26 & 0.21 & 0.25 \end{pmatrix} \times \begin{pmatrix} 0 & 0.33 & 0.67 \\ 0 & 0.67 & 0.33 \\ 0.33 & 0.34 & 0.33 \\ 0 & 0.67 & 0.33 \end{pmatrix}$$

$$= \begin{pmatrix} 0.069\,0 & 0.502\,5 & 0.428\,5 \end{pmatrix}$$

由模糊数学计算结果可得 B_{15} 为（0.069 0，0.502 5，0.428 5），该结果代表未管控措施下经济效益在"好""较好"和"一般"中的占比分别为 6.90%、50.25% 和 42.85%。而精准动态化措施下的生态效益在"好""较好"和"一般"中的占比分别为 48.47%、51.53%和 0。对三级评价："好""较好"和"一般"进行相应评价的赋值，分别为 90 分、75 分和 60 分。最终得到，未管控措施下分值为 69.61 分；精准动态化措施后，经济评价分值为 82.27 分，该结果表明，经济指标在精准化和动态化措施下得到较大提升，精准动态化措施所得生态效益优于未管控措施。

8.2.2.4 综合效益

$$B_{16} = W_4 \cdot R_{16} = (0.075\,7 \quad 0.091\,4 \quad 0.130\,2 \quad 0.130\,2 \quad 0.086\,1$$
$$0.076\,0 \quad 0.062\,2 \quad 0.073\,0 \quad 0.063\,6 \quad 0.055\,4$$
$$0.055\,6 \quad 0.472\,0 \quad 0.053\,5) \times$$

$$\begin{pmatrix} 0.46 & 0.54 & 0 \\ 0.21 & 0.79 & 0 \\ 0.33 & 0.33 & 0.34 \\ 0.33 & 0.33 & 0.34 \\ 0 & 0.33 & 0.67 \\ 0 & 0.67 & 0.33 \\ 0.33 & 0.34 & 0.33 \\ 0 & 0.67 & 0.33 \\ 0.09 & 0.91 & 0 \\ 0.04 & 0.96 & 0 \\ 0.635 & 0.365 & 0 \\ 0 & 0.33 & 0.67 \\ 0 & 0.67 & 0.33 \end{pmatrix} = \begin{pmatrix} 0.203\,8 & 0.531\,0 & 0.265\,2 \end{pmatrix}$$

由模糊数学计算结果可得 B_{16} 为（0.203 8，0.531 0，0.265 2），该结果代表未管控措施下经济效益在"好""较好"和"一般"中的占比分别为 20.38%、53.10% 和 26.52%。而精准动态化措施下的综合效益在"好""较好"和"一般"中的占比分别为 48.98%、51.02% 和 0。对三级评价："好""较好"和"一般"进行相应评价的赋值，分别为 90 分、75 分和 60 分。最终得到，未管控措施下分值为 74.08 分；精准动态化措施后，经济评价分值为 82.35 分，该结果表明，经济指标在精准化和动态化措施下得到较大提升，精准动态化措施所得综合效益优于未管控措施。

由此结果可得，未管控措施在各层效益下所得分数皆低于优化措施下分数。根据图 8-2 可得，生态效益分数最低，为 69.61 分，与优化措施分数相差 12.66 分。经济效益和社会效益分别相差 6.41 分和 6.39 分。综合效益相差 8.27 分。综合各项效益，最终得到优化措施下结果优于未管控措施。

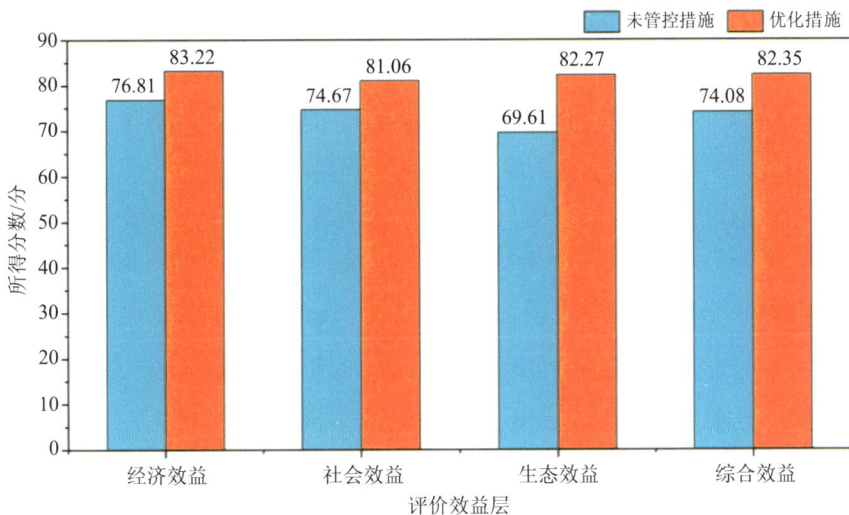

图 8-2　各级效益分数比较

8.3　预警期间防控措施实施情况分析

本研究通过比较基于电力网络的大气污染防控措施实时监控技术估算的钢铁

生产、陶瓷制造、砖瓦制造、水泥生产、玻璃制造等典型污染行业的重点企业预警前后（预警阶段：2019 年 11 月 19 日 20 时至 24 日 12 时）的小时生产负荷数据和收集的预警措施主要响应工序的小时 CEMS 数据，研判该预警期间各企业对污染预警措施的落实情况。此次重污染过程，唐山市全市启动重污染天气 II 级应急响应，工业企业严格落实《唐山市 2020 年应急减排清单》橙色应急响应减排措施。

其中，唐山正丰钢铁有限公司和唐山梦牌瓷业有限公司属于唐山市重点优质制造企业，重污染天气 II 级应急响应期间采取自主减排措施，厂区内停止使用国四及以下重型载货车辆（含燃气）进行运输。由表 8-6 可知，预警前后唐山正丰钢铁有限公司小时预测生产负荷下降 2.22%，电炉炼钢烟气排放的小时平均烟尘排放量增加 2.74%。预警前后唐山梦牌瓷业有限公司小时预测生产负荷下降 1.09%，隧道窑废气排放口小时平均烟尘排放量增加 2.55%。可见，两家企业用预警前后小时预测生产负荷和污染物排放变化均较小，视为企业正常生产导致的波动，与两家企业采取自主减排措施相符。

重污染天气 II 级应急响应期间，唐山市宏佰泰建材有限公司禁止新坯进窑或蹲火保窑，并保证窑内产品生产完成，预警响应时间连续超过 60 h，窑车车速由 60 min/辆延长至 100 min/辆，破碎、筛分、成型排放 PM 工序停产，停止使用国四及以下重型载货车辆（含燃气）进行运输。由表 8-6 可知，预警前后唐山市宏佰泰建材有限公司小时预测生产负荷下降 30.59%，窑废气排口小时平均氮氧化物排放量下降 29.90%。该企业积极落实了橙色应急响应减排措施，研究提出的基于电力网络的大气污染防控措施实时监控技术可以准确刻画企业的实际生产状态。

唐山泰丰实业集团有限公司在应急响应期间日最大产量从 500 t/d 降至 360 t/d，同时停止使用国四及以下重型载货车辆（含燃气）进行运输。由表 8-6 可知，预警前后唐山泰丰实业集团有限公司小时预测生产负荷下降 5.36%，排气筒小时平均氮氧化物排放量下降 1.52%，虽然两个数值存在差异，但是基于电力网络的大气污染防控措施实时监控技术预测的企业小时生产负荷变化仍较好反映了该企业橙色应急响应减排措施的执行情况。此外，可以看出该企业对应急响应减排措施的落实情况未达到要求。

唐山冀东启新水泥有限责任公司优质制造正面清单企业，在重污染天气 II 级应急响应期间采取自主减排措施，同时停止使用国四及以下重型载货车辆（含燃气）进行运输。由表 8-6 可知，预警前后唐山冀东启新水泥有限责任公司小时预测生产负荷下降 17.86%，排气筒小时平均氮氧化物排放量下降 19.20%。虽然该企业执行自主减排措施，但预警期间仍存在显著的污染物排放量下降，且预警前后污染物排放量的降幅很好地被基于电力网络的大气污染防控措施实时监控技术预测负荷变化所反映。

由上文可知，虽然预警前后基于电力网络的大气污染防控措施实时监控技术预测各企业小时生产负荷变化值与预警措施主要响应工序的小时 CEMS 排放数据变化情况存在一定的差异，但是基于企业用电数据预测的生产负荷仍较好地刻画了不同企业对应《唐山市 2019 年重污染天气应急减排工业源清单》橙色应急减排措施的响应及落实情况。

表 8-6　预警前后典型污染行业企业小时平均电量和小时平均排放量变化情况

行业类型	企业名称	预警前后预测生产负荷变化情况/%	CEMS 排口	污染物类型	排口预警前后污染物小时平均排放量变化情况/%	橙色预警措施
短流程钢铁	唐山正丰钢铁有限公司	2.22	电炉炼钢烟气排放口	烟尘	−2.74	自主减排
陶瓷	唐山梦牌瓷业有限公司	1.09	隧道窑废气排放口	烟尘	−2.55	自主减排
砖瓦	唐山市宏佰泰建材有限公司	30.59	窑废气排放口	氮氧化物	29.90	窑车车速由60 min/辆延长至100 min/辆
水泥生产	唐山冀东启新水泥有限责任公司	17.86	窑尾废气排放口	氮氧化物	19.20	自主减排
玻璃制造	唐山泰丰实业集团有限公司	5.36	排气筒	氮氧化物	1.52	日最大产量从500 t/d 降至360 t/d

注：变化情况=（预警前电量或浓度−预警后电量或浓度）/预警前电量或浓度×100%。

8.4　本章小结

自 2019 年 11 月 19 日起，唐山市扩散条件转差，污染持续累积，将出现中度及以上污染过程。唐山市自 2019 年 11 月 19 日 20 时至 24 日 12 时全市启动重污染天气Ⅱ级应急响应。本研究以该大气污染预警及应急管控期作为验证应用周期，通过对比分析原有应急减排措施以及本研究建立的基于电力大数据的精准化大气污染防控措施对空气质量的改善效果，评估基于电力大数据的精准化大气污染防控措施的效益。

①相较于未管控，基于电力大数据的大气污染防控措施有效避免了预警期间空气质量的进一步恶化。防控措施使预警期间的 $PM_{2.5}$ 日均浓度均值下降 3.4 $\mu g/m^3$，$PM_{2.5}$ 日均浓度最高值下降 9.2 $\mu g/m^3$，使预警期间 $PM_{2.5}$ 小时浓度平均下降 7.2 $\mu g/m^3$。丰润区、曹妃甸区及南部周边地区 $PM_{2.5}$ 日均浓度下降比例相对较高，最大降幅为 0.5%。预警期间唐山市主要受到东南、西南气团的影响，气团将天津、济南、沧州、泰安等地的污染物传输至唐山市上空，污染的区域贡献显著。

②通过模糊数学综合评价法对未管控时段进行经济效益、社会效益、生态效益和综合效益的得分进行计算，最终得到未管控期间 4 项效益得分分别为 76.81 分、74.67 分、69.61 分和 74.08 分。而精准、动态化优化措施后的 4 项得分分别为 83.22 分、81.06 分、82.27 分和 82.35 分。分别较未管控措施分数高了 6.41 分、6.39 分、12.66 分和 8.27 分。基于电力大数据的精准化区域大气污染防控措施的实施为唐山市在预警期间内带来了较为显著的经济效益、社会效益及生态效益。

③基于电力网络的大气污染防控措施实时监控技术估算的钢铁生产、陶瓷制造、砖瓦制造、水泥生产、玻璃制造等典型污染行业的重点企业预警前后的小时生产负荷变化与各企业预警措施主要响应工序的小时 CEMS 排放数据一致性较好，基于企业用电数据预测的生产负荷可以较好地反映各企业对应急减排措施的响应及落实情况。

第 9 章
研究结论

本研究通过电力大数据的挖掘，研究满足大气污染防控需求的电力大数据要求，建立满足电网信息安全要求的大数据共享、传输技术方法，提出电力大数据与气象、污染物排放等数据的共享、融合应用技术方案，建立数据共享及测试平台；在此基础上，构建基于电力大数据的企业污染物排放预测模型、民用源大气污染源排放清单动态修正技术，结合气象数据，开发基于电力大数据的污染天气预警技术、污染防控策略及措施的生成技术，实现污染防控的精准化、动态化；建立基于电力数据、电力网络的防控措施实施及实时监控技术，实现措施实施的主动性、精准化；建立污染防控措施综合效益评价方法，对比精准化、动态化污染防控措施与原有固化措施的综合效益，并在相应区域完成成果的验证应用。得出以下结论：

①本研究建立了精准匹配和模糊匹配相结合的企业环保与用电数据匹配方法。基于多准则决策法，从污染物排放和经济社会影响两个维度对匹配企业进行逐级打分优选，选定唐山市的典型污染行业。提出了基于 3σ 标准异常数据剔除方法和基于最大连续缺失天数差异化缺失数据补全方法，对电力数据进行优化处理。搭建了电力数据、气象数据和企业地理信息、分类信息，以及排放信息数据共享与融合平台。

②本研究通过唐山市钢铁、水泥、焦化、砖瓦、陶瓷、玻璃行业不同时间尺度的用电廓线分析，识别出企业充分利用峰谷电价的生产特征。基于现场调研、随机森林模型等手段提出基于用电量分档拟合的企业生产与用电关系模型，进一步结合排放因子法，通过用电量对唐山市典型污染行业的大气污染物排放进行估

算，估算结果与 MEIC 清单误差小于 30%。本研究同时构建了一套"煤改电"用户电采暖情况识别方法，提出基于空间精准分配和用能时间特征精细刻画的民用污染源大气污染排放清单优化技术。以基于电力数据的大气污染物排放清单驱动的 WRF-CMAQ 模型模拟结果与观测数据一致性较好。基于电力数据的大气污染物排放模型估算的企业小时污染物排放可以很好地再现 CEMS 排放的趋势变化。

③本研究提出基于 VMD-CNN-BILSTM 模型的工业企业的短期用电量预测方法，结合"电力-产量-污染物"模型核算污染物未来排放，并结合未来气象数据利用 WRF-CMAQ 模型开展未来污染物浓度模拟。同步梳理 2018—2020 年 35 个预警时段污染物浓度数据，提出 NO_x、SO_2 和 $PM_{2.5}$ 的 24 h 平均浓度分别为 80 $\mu g/m^3$、50 $\mu g/m^3$ 和 150 $\mu g/m^3$ 预警启动条件。针对污染传输过程的动态模拟，基于电力大数据的区域预警技术可有效减少不同县（市、区）启动橙色预警的周期，模拟的污染物浓度与实际观测浓度的偏差更小。

④为保证各县（市、区）部分低污染高产值行业的生产积极性，本研究采用熵权法-线性加权法从典型污染行业中优选各个县（市、区）的保生产行业，并基于污染物排放平衡理论将预警期间的污染物减排量分配到管控行业的 C 级及以下企业。进一步结合企业用电-生产-排放的关系模型和现行重污染预警响应措施，将预警减排量落实到不同企业的工序。通过 1~3 km 高空平均湿度、气温垂直递减率、平均风向、平均风速指标将 2018—2020 年重污染预警的气象场划分为8 类，形成区分气象场类型的县（市、区）差异化精准大气污染防控措施生成技术。以 2019 年 1 月 8—14 日红色预警期间为例，相较于现行预警措施，精准化区域大气污染防控措施可带来预警期间污染物浓度的进一步降低，同时使各县（市、区）预警期间的产值同比增加 10% 以上。

⑤基于动态时间规整-K 近邻算法（DTW-KNN）预处理得到的工业企业及民用台区小时电力数据，结合应急减排中总产值和产能数据，利用随机森林算法建立重点行业企业 0~100% 梯度生产负荷对应电量；基于电力大数据优化后的区域重污染天气应急减排措施生产对应企业区域预警时期生产负荷，并建立预警期间工业企业生产负荷和梯度生产负荷对应电量联系，并通过和近实时电量对比，实现区域大气污染防控措施实时监控。同时分析电取暖用户在采暖季的用电特征，刻画用电特征曲线，通过电取暖用户实际用电规律与电取暖用户用电特征曲线的

比较，判断该用户是否在采暖季期间使用了电采暖设备。

⑥本研究根据大气污染防控的目标和要求，从经济效益、社会效益和生态效益 3 个方面选取了涵盖大气污染防控策略各个方面的 13 个指标，构建了全面系统的效益评价指标体系。随后利用层次分析、隶属函数和专家评价法确定指标权重，通过模糊综合评价法对精准化防控措施的综合效益进行评价。相较于传统措施，精准动态化措施提高了电网的经济性和稳定性，促进了城镇就业，提升了城镇居民人均可支配收入，同时有效控制了 $PM_{2.5}$、PM_{10}、SO_2 和 NO_2 等污染物的浓度。精准化防控措施使综合效益评价结果"较好"的占比从传统措施的 91.33% 提升至 100%。

⑦本研究以唐山市 2019 年 11 月 19 日 20 时至 24 日 12 时的真实橙色预警时段为验证应用周期，对模型及本研究提出的优化措施进行了成效验证。结果表明，相较于未管控，基于电力大数据的大气污染防控措施有效避免了预警期间空气质量的进一步恶化，防控措施使得预警期间 $PM_{2.5}$ 日均浓度均值下降 3.4 μg/m^3，小时浓度平均下降 7.2 μg/m^3。此外，基于企业用电数据预测的生产负荷模型较好地刻画了各企业对应急减排措施的响应及落实情况。基于电力大数据的精准化区域大气污染防控措施的实施为唐山市在预警期间内带来了较为显著的经济效益、社会效益及生态效益。

附　录

附录 1　基于电力大数据的典型污染企业大气污染物排放预测模型

排放预测模型 Python 脚本：

```
import pandas as pd
from sklearn.cluster import KMeans
from sklearn.preprocessing import MinMaxScaler
path1= r'C：/Users/Fubai Li/Desktop/python/s_a_1/钢铁/总数据/'
df_cp_name=pd.read_excel（'./产量模型/钢铁清单因子及数据 1019.xlsx'，
sheet_name='折合产能'）
df_cp_name=df_cp_name.fillna（0）
for m in range（df_cp_name['企业名称'].shape[0]）：
try：
df_power=pd.read_excel(path1+df_cp_name['企业名称'][m]+'.xlsx'，index_col=0)
df_power=df_power.fillna（method='bfill'）
print（df_cp_name['企业名称'][m]）
except：
continue
df_power['铁水产能']=df_cp_name['高炉产能'][m]
df_power['吨铁水日均产能（万吨）']=df_power['铁水产能']/330
df_power['吨铁水购电']=df_power['pap_e']/df_power['吨铁水日均产能（万吨）
```

```
']/10000
    df_power['吨铁水总电量']=df_power['吨铁水购电']*1.2478+126.51
    df_power['总电量']=df_power['吨铁水日均产能（万吨）']*df_power['吨铁水总
电量']*10000
    #聚类分档
    org=df_power['pap_e'].values
    ss = MinMaxScaler（）
    org1 = org.reshape（-1，1）
    x=org1
    kmeans=KMeans（n_clusters=3，max_iter=300，n_init=10，init='k-means++'，
random_state=0）#K=3
    kmeans.fit（x）
    ls=kmeans.labels_
    df_power['sort']=ls
    sv=df_power.groupby（'sort'）['总电量'].max（）.sort_values（）
    try：
    max_laod = sv.iloc[1]
    min_load = sv.iloc[0]
    except：
    max_laod = 0
    min_load = 0
    df_power['max_laod ']=max_laod
    df_power['min_load ']=min_load
    gongxu=['烧结'，'球团'，'高炉'，'转炉']
    for i in gongxu：
    if df_cp_name[i][m]!=0：
    df_power[i+'用电']=df_power['总电量']*df_cp_name[i][m]/100
    df_power[i + '负荷']=df_power[i+'用电']/（max_laod*df_cp_name [i][m]/100）
*df_cp_name[i+'产能产量比'][m]
```

```
else：
df_power[i + '用电'] = 0
df_power[i + '负荷'] = 0
continue
chanliang=['烧结', '球团', '高炉', '转炉']
for i in chanliang：
df_power[i + '产量']=df_cp_name[i+'产能'][m]/330*10000*df_power[i + '负荷']
df_emissions_factor=pd.read_excel('./产量模型/钢铁清单因子及数据1019.xlsx',
sheet_name='钢铁因子', index_col=0）
saojie_factor=df_emissions_factor[df_emissions_factor['生产工段']=='烧结']
qiutuan_factor=df_emissions_factor[df_emissions_factor['生产工段']=='球团']
gaolv_factor=df_emissions_factor[df_emissions_factor['生产工段']=='高炉']
zhuanlv_factor=df_emissions_factor[df_emissions_factor['生产工段']=='转炉']
pollution=['SO2排放量', 'NOx排放量', 'CO排放量', 'VOCs排放量', 'NH3排
放量', 'TSP排放量', 'PM10排放量', 'PM2.5排放量', 'BC排放量', OC排放量',
'CO2排放量']
for i in chanliang：
for j in pollution：
try：
df_power[i + j]=df_power[i + '产量']*df_emissions_factor[df_emissions_ factor['
生产工段']==i].loc[df_cp_name['企业名称'][m], j]
except：
continue
for k in pollution：
df_power[i]=df_power.loc[：, lambda d: d.columns.str.contains（k）].sum（axis=1）
df_power.to_excel（'./pollution/'+df_cp_name['企业名称'][m]+'.xlsx'）
import pandas as pd
import numpy as np
import os
```

```
from sklearn.cluster import KMeans
from matplotlib import pyplot as plt
from scipy.spatial.distance import  pdist，euclidean
plt.rcParams['font.family']='Microsoft YaHei'#修改了全局变量
plt.rcParams['font.size']=10
data_origil=pd.read_excel （r'/Users/songziqian/Desktop/处理后文件/求和/
new_new_new_河北纵横集团丰南钢铁有限公司.xlsx'，index_col=0）
x=data_origil['sum'].values
x=x.reshape（-1，1）
kmeans=KMeans（n_clusters=3，max_iter=300，n_init=10, init= 'k-means++',
random_state=0）#K=2
kmeans.fit（x）
ls=kmeans.labels_
data_origil['sort']=ls
sv=data_origil.groupby（'sort'）['sum'].max（）.sort_values（）
try：
max_laod = sv.iloc[1]
min_load = sv.iloc[0]
except：
max_laod = 0
min_load = 0
data_origil['max_laod '] = max_laod
data_origil['min_load '] = min_load
plt.plot（data_origil['sum']）
plt.plot（data_origil[data_origil['sort']==0]['sum']，'ro'）
plt.plot（data_origil[data_origil['sort']==1]['sum']，'go'）
plt.plot（data_origil[data_origil['sort']==2]['sum']，'bo'）
plt.plot（data_origil[data_origil['sort']==3]['sum']，'yo'）
plt.show（）
```

附录 2 精准化大气污染防控措施数据技术规范

1 适用范围

本规范适用于唐山市应急减排相关措施制定，对环境区域重污染天气条件下污染预警措施等内容进行了规定。

2 规范性引用文件

本规范内容引用了下列文件中的条款。不注明日期的引用文件，其有效版本适用于本规范。

GB 3095　环境空气质量标准

HJ 633　环境空气质量指数（AQI）技术规定

关于加强重污染天气应对夯实应急减排措施的指导意见

重污染天气重点行业应急减排措施制定技术指南

3 术语和定义

3.1 绩效分级

为突出精准治污、科学治污、依法治污，更好地保障公众身体健康，积极应对重污染天气，优化营商环境，促进相关行业高质量发展，做好重污染天气应急期间重点行业差异化管控，县级以上地方生态环境主管部门根据国家、地方设定的行业大气污染防治绩效分级指标，针对企业装备水平、污染物治理水平、排放限值、无组织管控要求、监测监控水平、环境管理水平、运输方式、运输管控要求等评价指标，由会同技术单位和有关专家对重点行业企业的大气污染防治水平进行分级，根据分级对企业实行重点行业差异化管控。绩效分级分为 A 级、B（含B-）级、C 级、D 级、绩效引领性和非绩效引领性等级别。其中，A 级和引领性企业应达到国家级先进水平，各项指标为全国一流；B 级企业应达到区域或省级领先水平。原则上，A 级和引领性企业在重污染期间可自主采取减排措施，并减少监督检查频次；B 级及以下企业和非引领性企业，减排力度应不低于国家和省级应急减排措施制定技术指南相关要求。

3.2　管控行业

由本技术规范进行行业优选后，对重污染排放、低社会经济效益的行业企业进行生产限制，用以中和对于非管控行业在应急减排期间提升生产负荷限制所额外产生的排放量，实现污染物排放量达到整体平衡。则这部分重污染排放、低社会经济效益的行业被称为管控行业，其他优选行业被称为非管控行业。

3.3　污染物减排任务量平衡

在原有的应急减排措施中，企业生产会根据相关措施对本身的生产负荷进行一定的限制。由于限制期间企业与正常生产时存在一部分排放量的差值，则这部分差值被称为污染物减排任务量。为了到达污染物减排任务量总和不变，即污染物减排任务量平衡，会对部分管控行业进行进一步生产负荷限制，以实现部分非管控行业能在应急减排期间管控下生产负荷提升甚至自主减排而整体污染物减排任务量总量保持不变。

3.4　生产负荷

指投产项目某一时间段的产品产量与设计生产能力之比，本规范中生产负荷一般指日生产负荷。

3.5　空气质量数值模拟

利用环境空气质量数值模式，对大气中的主要污染物浓度及时空变化进行模拟，研究城市和区域环境空气质量状况与潜在污染过程，为群众的生活和生产活动提供指导和服务，为管理部门采取应对措施提供科学依据。

3.6　突变点

在对行业进行优选排序后仅可得出行业污染排放和经济效益的相对水平高低，无法对管控行业和非管控行业进行初步优选，以此需选取一个值，可实现对于管控行业和非管控行业的有效区分。通过对行业排放信息进行累加分析可得知，对于区域部分行业在整体排放中具有较大排放占比，各县（市、区）在累加过程中存在"突变"现象，以开平区为例，排名靠前的分别为砖瓦、陶瓷、玻璃，而陶瓷作为开平区优势企业之一，各类污染物排放均具有较高水平（占开平区应急减排清单总排放 90% 以上），在累加过程中，砖瓦和陶瓷行业污染物排放累加值远大于砖瓦行业污染物排放量，则定义此时的排放水平占总排放的水平为突变点，即

在该情况下，管控行业需进行生产负荷限制的企业在应急减排下的实际排放总量
远小于非管控行业进行自主减排后的原有污染物减排任务量，此时难以达到污染
物减排任务量平衡，故无法将陶瓷行业判定为非管控行业。

4　技术方法

行业优选属于典型多属性评价求解，相关属性指标间具有矛盾性，由此需引
入权重进行计算评价。

4.1　基本要求

多准则决策需多方面考虑企业行业特点及用电情况、经济社会影响、行政干
预等因素，因此需结合应急减排清单，对其中的企业工业总产值、颗粒物排放量、
二氧化硫排放量、氮氧化物排放量、VOCs 排放量、工业用电量进行收集，污染
物排放量单位需保证单位一致性。

4.2　基本要求

各准则值在评价方案中包含信息量有差异，而熵在信息科学中具有重要意义，
一般无序程度越高，所包含的信息量就越小，熵越大；相反无序程度越低，所包
含信息量越高，熵越小。美国数学家 Shannon 在论文《通讯的数学理论》中应用
概率论知识及相关逻辑推算出信息熵公式：

$$H(x) = -\sum_{i=1}^{m} p(x_i) \log p(x_i) \qquad （1）$$

式中，x_i —— 第 i 个状态值；

　　　$p(x_i)$ —— 出现第 i 个状态值的概率。

基于信息熵 $H(x)$ 用以评价相关指标信息量大小并赋予相关权重 w。由于信息熵
与事件概率分布有关，作为一种客观赋权的方法，可以避免人为因素带来的误差。

相关计算步骤如下：

（1）评价指标矩阵构建

评价指标通常为 n 个指标及 m 项被评价对象构成相关矩阵 $X=(x_{ij})_{m \times n}$，称为评
价指标矩阵。本规范中，基于电力数据包含的企业生产等信息的准确性和时效性，
以单位电量对相关指标进行处理可为电力系统监控提供更准确更具有价值的信息，
由此考虑到课题特殊性及相关环境经济效益性，指标主要为单位电量颗粒物排放

量、单位电量 SO_2 排放量、单位电量 NO_x 排放量、单位电量 VOCs 排放量、单位电量工业总产值。

（2）归一化

考虑到行业优选需保证经济效益和环境效益，因此归一化时需考虑相关指标的正负向性。本规范中，单位电量颗粒物排放量、单位电量 SO_2 排放量、单位电量 NO_x 排放量、单位电量 VOCs 排放量定义为负向指标，而单位电量工业总产值定义为正向指标。

对负向指标，公式如式（2）所示：

$$f_{i,j} = \left(f_{j,\max} - f_j\right)/\left(f_{j,\max} - f_{j,\min}\right) \tag{2}$$

式中，$f_{i,j}$ —— i 行业 j 指标得分；

f_j —— i 行业 j 指标对应值；

$f_{j,\max}$ —— j 指标最大值；

$f_{j,\min}$ —— j 指标最小值。

对正向指标，公式如式（3）所示：

$$f_{i,j} = \left(f_j - f_{j,\min}\right)/\left(f_{j,\max} - f_{j,\min}\right) \tag{3}$$

（3）矩阵平移

考虑到后续公式需用到对数运算，一般需在归一化指标后进行平移，为保证其准确性，平移值选+0.000 01。

（4）指标概率及熵值计算

计算指标 j 概率：

$$p(x_{ij}) = f_{i,j}\bigg/ \sum_{i=1}^{m} f_{i,j} \tag{4}$$

计算指标 j 熵值：

$$E_j = -K \sum_{i=1}^{m} p(x_{ij}) \ln p(x_{ij}) \tag{5}$$

式中，取 $K = \dfrac{1}{\ln m}$，此时，$0 \leqslant E_j \leqslant 1$。

（5）计算信息量权重

由于熵值较小时，指标间差别较大，因此需将式（4）结果进行式（6）处理获取 d_j 值。

$$d_j = 1 - E_j \qquad (6)$$

因此，权重 w_j 值计算公式如式（7）所示：

$$w_j = \frac{d_j}{\sum_{j=1}^{n} d_j} \qquad (7)$$

由此可得相关指标权重，通过对相关指标进行线性加权即可得到最终评选结果。

5 措施生成工作流程

精准化大气污染防控措施工作流程包括区域重污染天气资料收集与处理、行业优选、区域启停时间段设定、行业企业生产负荷确定、综合措施制定（图1）。

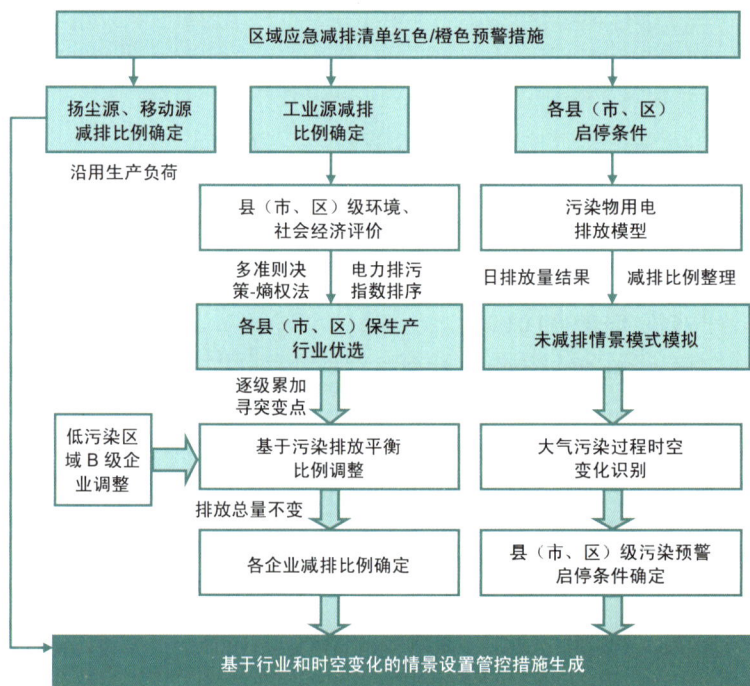

图 1 精准化大气污染防控措施工作流程

5.1 区域重污染天气资料收集与处理

规范研究相关资料来自区域重污染天气应急减排清单、MEIC 城市清单，需对相关数据进行初步处理和核验，保证污染物排放水平单位一致，以及相关行业企业分类一致。

5.2 行业优选

为生成更精细化、精准化区域重污染天气管控措施，需对行业进行优选，将行业分为管控行业与非管控行业。

评价指标通常为 n 个指标及 m 项被评价对象构成相关矩阵 $X=(x_{ij})_{m×n}$，称为评价指标矩阵。综合企业行业特点及用电情况、经济社会影响、行政干预等因素，研究结合前述基于行业用电量、行业年生产总值（正向指标）、行业年污染物排放量（SO_2、NO_x、PM、VOCs）（负向指标），以多准则决策-熵权法进行行业排序优选。

考虑到各县（市、区）具有不同的企业分布特征，为进行精准化措施制订，对各县（市、区）企业名录和经纬度进行匹配，得出分县（市、区）名录及相关指标记录。通过对各县（市、区）企业进行行业划分及基于熵权法的线性加权后，可获得对应县（市、区）行业排序情况，数字越高代表对于该地区单位用电条件下，该行业能在更高社会效益的情况下保证更低的污染物排放水平，则该行业越可能优选为非管控企业。

以 2019 年应急减排清单数据为例进行行业优选，结果如表 1 所示。

表 1 各县（市、区）线性加权后行业排名

县（市、区）	钢铁	水泥	焦化	玻璃	陶瓷	砖瓦
迁安市	2	3	1	4	—	5
迁西县	3	2	1	4	—	5
遵化市	2	3	1	5	—	3
玉田县	3	4	1	6	2	5
丰润区	2	3	—	1	4	5
滦州市	2	4	3	6	1	5
高新技术产业开发区	1	—	—	—	3	2

县（市、区）	钢铁	水泥	焦化	玻璃	陶瓷	砖瓦
开平区	5	6	4	3	2	1
古冶区	1	3	2	—	4	5
路北区	1	2	—	—	4	3
路南区	—	1	—	2	4	3
芦台经济开发区	—	2	—	—	1	—
汉沽管理区	—	2	—	1	—	3
丰南区	5	2	3	6	4	1
滦南县	5	3	6	2	1	4
乐亭县	2	—	—	—	1	—
曹妃甸区	3	2	4	1	6	5
海港经济开发区	—	2	4	—	3	1

结合 MEIC 城市清单，通过对清单中行业企业排放水平进行累加分析，发现由于部分行业在县（市、区）整体排放中具有较大排放占比，各县（市、区）在累加过程中存在突变现象，在对唐山市整体分析中，累计排放占应急减排清单总排放的 20% 为大部分县（市、区）的突变点，因此，以 20% 为限值，对整体行业进行累加优选。

部分县（市、区）整体大气污染物排放水平较低，且多数集中在 C 级及以下企业，较难进行行业优选，考虑到这些县（市、区）B 级评级企业整体排放水平较低，故对该县（市、区）B 级行业整体进行自主减排监管，而将其原有减排任务量交由 C 级及以下企业进行平衡。

以 2019 年应急减排清单为例，根据计算结果，最终得到结果见表 2。迁安、遵化、玉田、迁西、滦州对于县（市、区）内 B 级行业进行自主减排，高新技术产业开发区、古冶、路南、路北、汉沽、曹妃甸、海港经济开发区无非管控行业；迁西县非管控行业为焦化、丰润区非管控行业为钢铁和玻璃、开平区非管控行业为砖瓦、滦县非管控行业为钢铁和陶瓷、芦台非管控行业为陶瓷、丰南区非管控行业为水泥及砖瓦、滦南县非管控行业为陶瓷、乐亭县非管控行业为砖瓦。

表2 各县（市、区）优选行业

县（市、区）	钢铁	水泥	焦化	玻璃	陶瓷	砖瓦
迁安市	绿	绿				
迁西县	绿		红			
遵化市	绿					
玉田县	绿					绿
丰润区	红			红		
滦县（滦州市）	红				红	绿
高新技术产业开发区						红
开平区						红
古冶区						
路北区						
路南区	红					
芦台经济开发区					红	
汉沽管理区						
丰南区		红				红
滦南县					红	
乐亭县						红
曹妃甸区						
海港经济开发区						

注：红色部分为非管控行业，绿色为所对应县（市、区）B级企业统一保生产。

5.3 区域启停时间段设定

获取重点工业行业电力数据并对该区域工业部分大气污染物未来排放进行高时空分辨率预测，基于预测清单和未来气象数据，使用WRF-CMAQ进行空气质量未来预测模拟，获取未来区域大气污染物时空分布特征，并基于结果进行区域预警。

5.3.1 基于短期大气污染物排放预测和未来气象数据的未来预测模拟

高强度污染排放是内因、不利气象条件是外因、二次化学转化增强是动力，三者共同作用导致了区域性 $PM_{2.5}$ 污染快速恶化和蔓延。而受地形和气象因素影响，结合相关前述典型污染过程分类相关研究结果，不同气象型条件下相关污染时空分布具有较大差异，因此，对于未来污染物排放预测，需在区域大气污染物排放基础上，结合未来气象数据进行模拟，以此实现区域大气污染物排放时空变化未来预测及高污染水平区域识别和预警。

本规范使用的重点行业企业用电量数据来源于电力公司数据中台。污染物排放因子数据来源于清华大学研发的多尺度大气污染源排放清单 MEIC 及唐山市生态环境局提供的 2019 年唐山市大气污染物排放清单。产品产量则基于电力数据进行短期预测，结合上述预测模型对重点工业行业产品产量及污染物未来排放进行预测。使用大气污染物排放清单 MEIC 和 2019 年唐山市大气污染物排放清单校核后的本地清单作为基础排放清单。

本规范结合未来气象预测数据，结合空气质量模型 WRF-CMAQ 进行短期空气质量预测模拟，以常规污染物、SO_2、NO_x、$PM_{2.5}$ 为研究对象，结合其污染物未来时空变化预测结果划分重污染水平区域，将高浓度水平区域进行划分和预警，从而实现未来预测。

5.3.2　污染预警启停条件设置

通过对污染物时空变化进行量化，区分背景值及高污染浓度排放水平值。从相关污染时空分布特征及相关背景值来说，NO_x、SO_2 背景值较低，主要污染物为颗粒物。因此 NO_x、SO_2 划分预警实施启动浓度为 80 μg/m³、50 μg/m³，与《环境空气质量标准》（GB 3095—2012）中一级标准中 24 h 平均浓度标准一致；而 $PM_{2.5}$ 背景值浓度过大，已超过了二级 24 h 平均标准，结合相关红色和橙色污染预警条件，$PM_{2.5}$ 取 IAQI 值为 200 时对应浓度，即 150 μg/m³。

部分区域污染预警措施实施时段存在"断档"现象，对于实际应用有较大阻碍。且基于历史污控时段研究，污染物在管控过程中往往存在不止一种气象型，为更好实现相关行业减排实施和监控，需基于现有起始条件设置终止条件。

根据专家咨询，唐山市停止污染管控一般条件为全市 AQI 降级并持续 48 h 以上。考虑到不同县（市、区）存在污染物迁移传输等作用，本研究沿用此结束指标，以对应县（市、区）未来 AQI 预测达到降级条件即可停止对应预警监控。

5.4　行业企业生产负荷确定

为实现管控精细化，需在原有"一厂一策"基础上对各个企业限产比例进行确定。基于保生产行业的优选确定，新方案减排比例确定的技术路线如图 2

所示。即 A/B 保持原有减排比例，而非管控行业不考虑原有方案，全部可进行自主减排，而管控行业中 C 级及以下行业需进一步限产用以承担保生产行业原有承担的减排量。

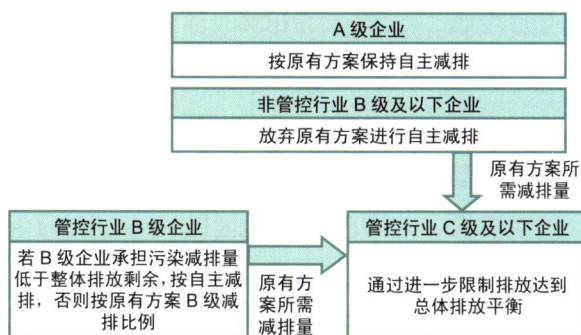

图 2 不同企业减排比例确定方法

部分县（市、区）整体大气污染物排放水平较低，且多数集中在 C 级及以下企业，较难进行行业优选，考虑到这些县（市、区）B 级评级企业整体排放水平较低，故对该县（市、区）B 级行业整体进行自主减排监管，而将其原有减排任务量交由 C 级及以下企业进行平衡。

5.5 综合措施制定

通过对减排比例（生产负荷）和区域预警启停进行确定，则可生成综合措施。即在区域重污染期间，通过对未来污染情况进行模拟预测，分析县（市、区）污染预警措施启停时间段，对于需要起始污染预警的区域，则该区域生产负荷按新生成的生产负荷进行确定，而其他区域则可进行自主减排。以 2019 年 1 月 8—14 日为例，在时空方面，第 1 天，除迁安、迁西以外，其他地区均需要进行污染预警，之后全市统一进行污染预警；在行业方面，对应红色预警措施，移动源和扬尘源沿用原方案减排比例进行；在工业源方面，迁西县焦化行业、丰润区钢铁行业、开平区砖瓦行业、滦县陶瓷行业、芦台陶瓷行业、丰南区水泥及砖瓦行业、滦南县陶瓷行业、乐亭县砖瓦行业为非管控行业，以及迁安、迁西、遵化、滦县的 B 级行业与 A 级企业一同进行自主减排，除上述 B 级自主减排以外的其他 B 级企业仍按原有方案减排比例减排，而其他管控行业 C 级及以下企业在更新后的加严比例进行减排。

钢铁行业对于长流程钢铁而言，产量增加44%，产值增加33%；而从钢铁行业整体而言，产量增加43%，产值增加30%。水泥、砖瓦、焦化均能高于10%的产量增加（10.91%、19.05%、41.86%），陶瓷和玻璃在其中主要用于平衡其他行业排放，故产量增加量较低（−2.84%、7.01%），5类行业工业产值总量在气象型Ⅱ条件下可达 20.2%增幅，对于县（市、区）级数据而言，钢铁行业产量增加范围为−0.18%～408.4%，产值增加−0.02%～246.52%，可能原因为部分县（市、区）在原措施下停产而在气象型Ⅱ新措施中正常生产，使得产量具有较高提升；水泥行业整体上几乎无产量变化，以滦州、丰南地区提升较高［由于部分县（市、区）预警条件下水泥行业停产，难以确定实际增长比例］；砖瓦产量增加 33.3%～343.44%，产值增加 0～58.82%；玻璃产量增加 0～11.1%，产值增加 0～11.1%；焦化行业产量增加 30.6%～70.3%，产值增加 30.6%～70.3%。能较好地说明本规范的可行性。

附录 3 基于电力网络、电力数据的区域大气污染防控措施精确实施、实时监控技术方案

1 适用范围

本规范适用于唐山市区域重污染天气企业实施大气污染防控措施实施及监控，并对相关内容进行了规定。

2 规范性引用文件

本规范内容引用了下列文件中的条款。不注明日期的引用文件，其有效版本适用于本规范。

GB 3095 环境空气质量标准

HJ 633 环境空气质量指数（AQI）技术规定

关于加强重污染天气应对夯实应急减排措施的指导意见

重污染天气重点行业应急减排措施制定技术指南

3 术语和定义

3.1 流场分型和气象分型

利用管控时段内模拟区域的温度-相对湿度剖面图，判断研究区域正逆温情况及成云降雨条件，利用管控时段内模拟区域平均风场-气压场分布图，结合风向、风速场及高低压中心分布情况。通过对不同温度-相对湿度情况进行分析和量化、分类，生成的不同温湿度条件分类为流场分型。

基于流场分型，可以大致判断未来特定时间段内是否易形成污染，再依据研究区域流场条件进行判断分类，生成和量化的气象分类定义为气象分型。

3.2 96 点数据

把 1 d 用电的数据进行整理采集，根据采样密度不同可分为不同点数据，96 点数据则是以 15 min 为采样时长的用点数据。

3.3 生产负荷

指投产项目某一时间段的产品产量与设计生产能力之比，本规范中生产负荷

一般指日生产负荷。

4　技术方法

4.1　随机森林算法

随机森林（RF）是一种统计学习理论。它采用 Bootstrap 从原始样本中抽取多个样本，对每个样本不同因子进行决策树建模并生成多个决策树，最后通过投票选择重复率最高的决策树得到结果。

随机森林算法的总体思路：首先根据一组特征值（工业总产值、企业产能、日用电量）预测企业产品生产负荷，并训练一个可靠的随机森林模型。然后，用该模型来预测一系列生产负荷（抽取 10%特征值和生产负荷数据，不计入随机森林算法）。在该算法中，通过对特征值和生产负荷采样，数据中随机采用 70%作为训练集，30%作为验证集。基于机器学习的 RF 算法的流程见图 1。

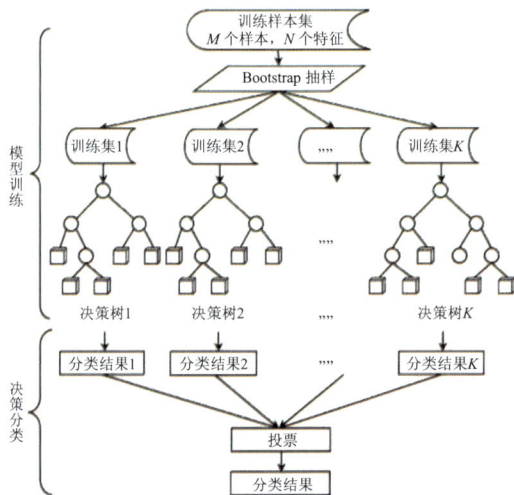

图 1　随机森林算法流程

本研究随机森林算法基于 scikit-learn（版本 1.0.1）、scipy（版本 1.8.1）的数据包中 sklearn 数据包。

由于随机森林版本问题，输出结果需要对参数进行修正。将数据输入到上述随机森林中，对随机森林进行不断地训练，调整各个参数，使计算结果与数据中输入结果不断接近。之后使用 10%的特征值进行预测，并与特征值对应的负荷值进行模型验证，以保证数据结果的准确性。

4.2 基于 DTW-KNN 预处理的 96 点数据优化方法

异常值采取每列用 3σ 标准限定数据范围 $x \in (\bar{x}+3\sigma, \bar{x}-3\sigma)$，式中 x 代表数据，$\bar{x}$ 为当前 x 的均值，σ 为 x 的标准差。数据补全方面，首先进行原始电力数据的预处理。将电能序列划分为缺失数据集 S_{miss}、完整数据集 S_{train}，其划分方法见图 2。

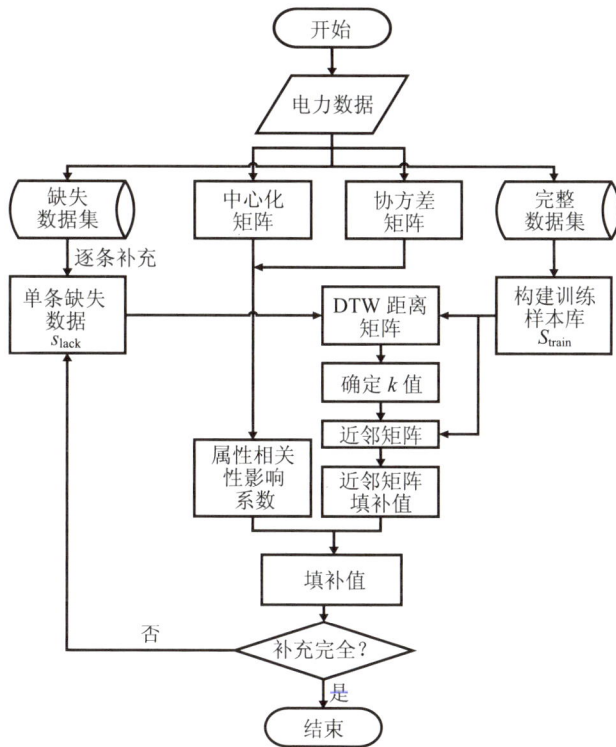

图 2　KNN 补全流程

输入特定的缺失样本 s_{lack}，计算其与 S_{train} 内所有样本的 DTW 距离矩阵 D_{DTW}，如式（1）所示：

$$D_{DTW} = \left\{ D_{DTW}(s_{lack}, s_{train\_1}), \cdots, D_{DTW}(s_{lack}, s_{train\_n}) \right\} \tag{1}$$

选取与训练样本 s_i 最接近的 k 个数据样本，并得到近邻矩阵 $S_{neighbor}$，计算公式如式（2）所示：

$$S_{neighbor} = \begin{bmatrix} s_1 \\ s_2 \\ \vdots \\ s_k \end{bmatrix} \tag{2}$$

依据曲线相似假设两条曲线数值关系为倍数关系，优化权重分配方法。计算权重分布矩阵 W，将 s_{lack} 与 $S_{neighbor}$ 相除：

$$W = \frac{s_{lack}}{S_{neighbor}} = \begin{bmatrix} W_1 \\ W_2 \\ \vdots \\ W_k \end{bmatrix} \tag{3}$$

式中，W_k——近邻数据矩阵第 k 行的权重系数向量，$W_k = \{w_1, w_2, \cdots, w_{24}\}$；在缺失点定义 $w_j = 0$；当分母为 0 时，$w_j = 0$。

由于在数据缺失点 $w_j = 0$，将权重分布矩阵 $\boldsymbol{W}$ 以行统一为行权重分配系数 W'，如式（4）所示：

$$W' = \begin{bmatrix} \bar{W}_1 \\ \bar{W}_2 \\ \vdots \\ \bar{W}_k \end{bmatrix} \tag{4}$$

式中，$\bar{W}_k$——W_k 中数据的均值。

依据式（5）对缺失值 M_l 进行填补：

$$M_l = \sum W' y_i + x' \tag{5}$$

式中，W'——近邻矩阵的行权重分配系数；

y_i——对应缺失值所在列的 k 个近邻样本数值；

x'——属性相关性影响参数。

重复上述步骤，将 S_{miss} 中的所有缺失值全部补充到对应的缺失位置，完成整个数据集缺失填补。

4.3 聚类分析算法

使用改进型 K-Means 算法，对各企业电量数据分档，算法流程见图 3。

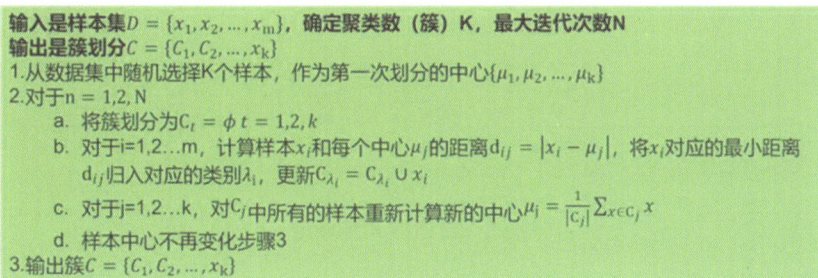

图 3 聚类算法流程

使用此算法，关键步骤在于 K 值的确定，主流研究方法中可基于手肘法（计算误差平方和 SSE，绘制 K-SEE 图像，依靠经验依据曲线中最大下降点辨别最优 K 值），如图 4 所示。借助其他的研究方法，将 K 值限定在（2，10）之间，分别计算不同 K 值下的 SSE，绘制手肘法曲线并确定相对最优聚类数。

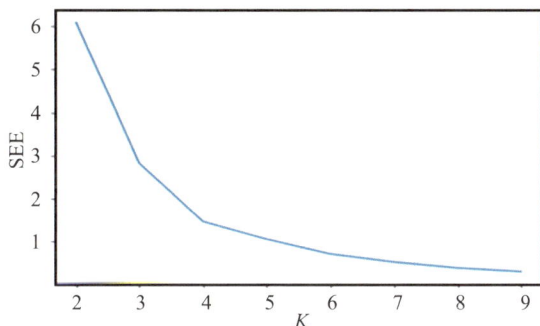

图 4 手肘法

自适应 K 值确定法手肘法中关系折线图的第一个点和最后一个点连接形成一条直线 $y=ax+b$（图 5）；利用折线图中 x 轴 K 值获取直线 $y=ax+b$ 中对应的 y 值，记为集合 $Y=\{y_1, y_2, \cdots, y_M\}$。手肘法折线图中每个 K 值对应的误差方和（SSE），记为集合 $Z=\{z_1, z_2, \cdots, z_M\}$，集合 Y 与集合 Z 计算对应元素差值，取差值最大者为最优分类数。

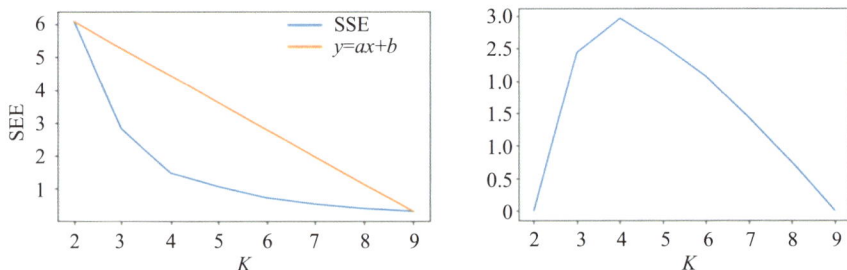

图 5　自适应 K 值确定

由图 5 可知，最佳分类数为 4，对电量进行分档绘制图 6。当前为水泥行业实例，该企业生产状态大致分为超负荷生产状态、平常生产状态、过渡状态、管控/限产状态四类，基于各自用电分布，可以进一步构建电量-负荷关系模型。

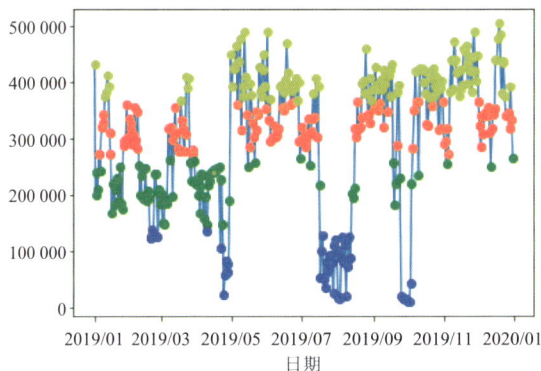

图 6　某水泥企业分档聚类实例

5　措施生成工作流程

精确实施和实施监控规范的思路：首先构建基于电力-污染负荷模型，通过对近 3 年的用电数据进行用电量-生产负荷的关系构建；基于动态时间规整-K 近邻算法（DTW-KNN）预处理得到的工业企业小时电力数据，结合应急减排中总产值和产能数据，利用随机森林算法建立重点行业企业 0～100% 梯度生产负荷对应

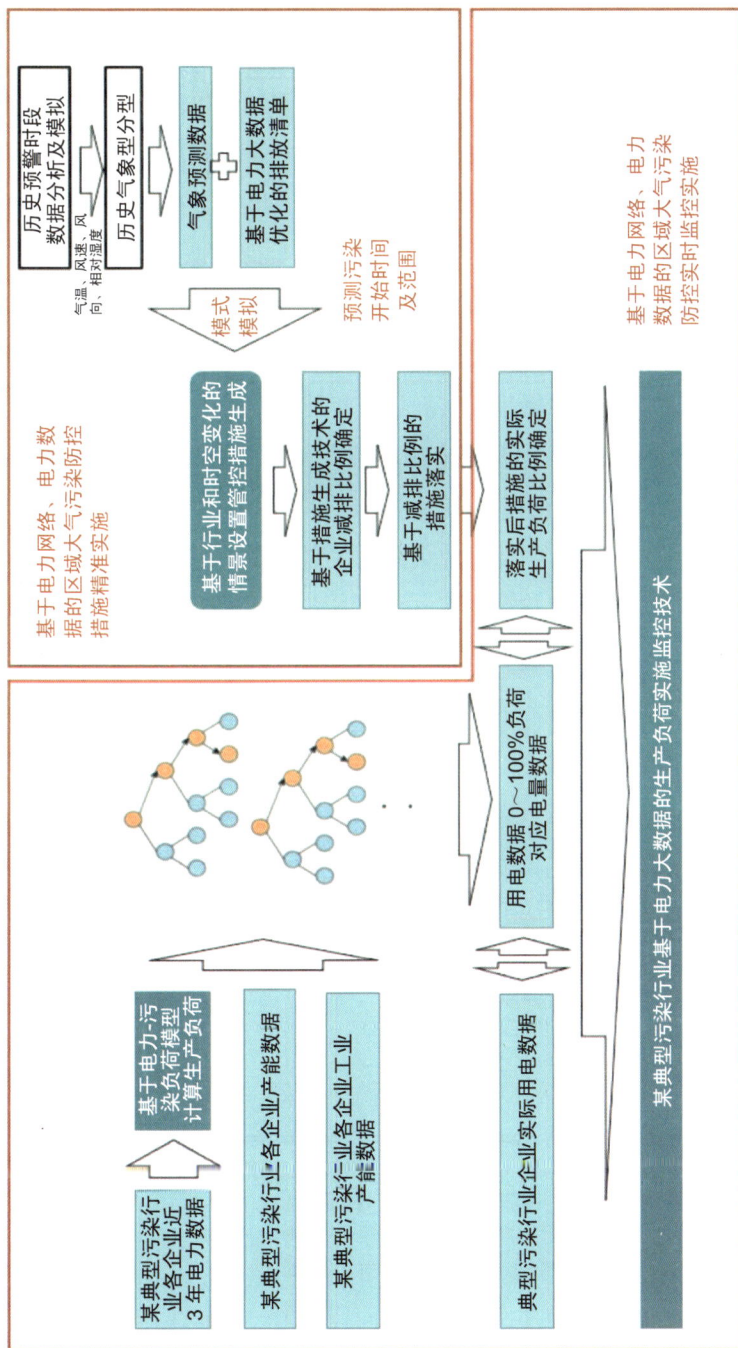

图 7　基于电力大数据的区域大气防控措施精确实施、实时管控流程

电量；基于对历史气象分型分析，通过基于电力-污染负荷-污染排放模型的优化排放清单，确定污染预警启停区域和时间；同时通过电力大数据优化后的区域重污染天气应急减排措施生产对应企业区域预警时期生产负荷，并建立预警期间工业企业生产负荷和梯度生产负荷对应电量联系，并通过和近实时电量对比，实现区域大气污染防控措施实时监控。基于电力网络、电力数据的区域大气污染防控措施精准实施具体步骤包括：重点行业电力-污染负荷模型构建、基于历史气象的分型、基于气象分型的污染预警启停时间和范围确定、污染防控措施生产负荷比例确定、基于减排比例的生产措施落实；基于电力网络、电力数据的区域大气污染防控措施实时监控具体步骤包括实际生产负荷比例确定、96 点数据处理、企业梯度负荷-用电关系构建、生产负荷实施监控。

5.1 重点行业电力-污染负荷模型构建

基于电力数据与企业生产及排放关系的关联假设，电力消耗尽管贯穿企业生产的始终，现实中常与企业及行业工艺特征具备关联。为探究重点行业用电规律及特征，需选取重点行业作为数据样本并探究其用电-生产-排污的关系。本规范案例选取唐山市为研究对象，基于相关电力及环境要求，选取了长流程钢铁、短流程钢铁、水泥、玻璃、陶瓷、焦化、砖瓦、玻璃等调研企业样本，详细调研了唐山地区企业生产特征。基于实地调研结果，总结归纳重点行业生产规律，将电力数据与生产线性规律进行总结性概括。调研结果表明，研究区域内的重点行业用电与生产直接相关，并归纳了不同行业的实际生产规律，分析的关键参数采用皮尔逊系数：常用 r 代表，用于表征两种数据的线性相关关系。其公式如式（6）所示：

$$r = \frac{\sum_{i=1}^{n}(X_i - \bar{X})(Y_i - \bar{Y})}{\sqrt{\sum_{i=1}^{n}(X_i - \bar{X})^2}\sqrt{\sum_{i=1}^{n}(Y_i - \bar{Y})^2}} \quad (6)$$

式中，$\bar{X}$，$\bar{Y}$ —— 分别为变量 X 和 Y 的样本平均值。

通过调查问卷及座谈等方式，归纳不同行业的一般年生产时间、实际生产时间和停产期间的最低生产负荷（参考值见表 1）。钢铁、水泥、陶瓷、焦化、砖瓦、陶瓷、玻璃等长流程工业企业，均具备炉、窑等关键设备，无法短时间内完全停产，具备最低生产负荷。电-生产线性关系方面，通过电力数据与生产数据分析，短流程钢铁、铸造、水泥等高电力依赖行业具备较强的线性相关性，长流程钢铁、焦化、砖瓦、陶瓷、玻璃等行业因存在其他能源的使用干扰，行业的电-生产线性相关性为强相关或相关等差异性分布。

表1　电量与产品产量的相关性分析

行业	一般年生产时间/d	实际生成时间/d	最低生产负荷/%	行业电-生产线性相关性
钢铁	300	243	80	强相关
水泥	310	253	30	强相关
焦化	300	243	30	相关
砖瓦	254	197	0	相关
陶瓷	330	273	10	相关
玻璃	365	308	90	弱相关

注：$0<|r|<0.3$ 为弱相关，$0.3>|r|<0.7$ 为相关，$1>|r|>0.7$ 为强相关。

典型行业生产负荷与用电量相关性明显，且基于电量数据观察可知负荷在不同区间内较为稳定。因此本规范基于聚类分析对不同企业用电数据进行分档处理，进而获得各用电区间范围。之后基于分档电量数据拟合确定分档区间内用电量与生产负荷的函数关系，进而通过用电量确定生产负荷。基于确定好的生产负荷即可计算出相关企业产量，结合排放因子法即可确定相关大气污染物排放情况，具体流程见图8。考虑到唐山为我国主要钢铁产地，且钢铁行业耗电量中的自发电占比往往接近或超过50%。因此，需将钢铁行业与其他行业剥离，单独构建排放模型。即根据行业不同企业产量进行归一化后所得外购电与总用电关系，利用外购电外推出来的不同企业总用电。之后基于聚类分析将用电分为两个层级即正常生产与非正常生产，并由此推至正常生产最大负荷。并基于文献、专家研讨会等收集相关工序用电比例，获得各工序最大用电负荷和生产负荷，进而实现产量与外购电的模型关系。

```
┌─────────────────────────────────┐
│      不同行业各企业用电负荷数据       │
└─────────────────────────────────┘
                 ↓
┌─────────────────────────────────┐
│        聚类分析进行分档处理          │
└─────────────────────────────────┘
                 ↓  外购电最大值对应 100% 负荷
┌─────────────────────────────────┐
│   分档电量数据拟合，确定用电量和生产负荷关系   │
└─────────────────────────────────┘
                 ↓
┌─────────────────────────────────┐
│        基于生产负荷计算产量          │
└─────────────────────────────────┘
                 ↓
┌─────────────────────────────────┐
│            模型校验              │
└─────────────────────────────────┘
```

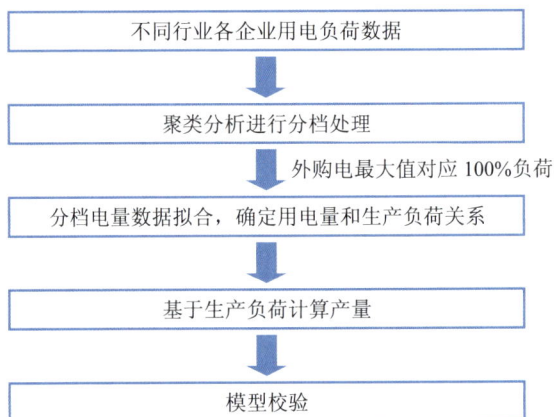

图 8　模型构建流程

5.1.1　钢铁行业生产与用电关系模型

本方案基于 2020 年唐山市应急减排清单和各个长流程钢铁企业 2021 年用电量进行模型构建，并使用钢铁企业实际用电进行模型校验。

（1）外购电量与总用电关系建立

由于大多数钢铁企业具有自备电厂，且自备电厂发电量通常高于 50%。故钢铁企业实际生产用电和外购电不一致。因此构建外购电量和总用电的关系，对于构建外购电和生产负荷的关系模型尤为重要。外购电与总用电相关性较好，拟合曲线外的离散点，大多对应外购电的峰/谷值。

此外，由于不同钢铁企业产能产量差异较大，一般根据铁水产量进行产量数据修正，具体为采用均吨铁水外购电（kW·h/t 铁水）与均吨铁水总电量（kW·h/t 铁水）进行拟合处理。当数据不足时，可采取外购电和总用电间显著的线性关系（关系式：$y = 1.2478x + 126.51$；x 为理想均吨铁水产量外购电，单位为 kW·h/t 铁水；y 为理想均吨铁水产量总用电，单位为 kW·h/t 铁水；R^2 为 0.7951）。研究随后以此线性函数进行所有钢铁长流程企业的总用电外推。

（2）工序用电占比确定

长流程钢铁行业工序复杂，不同企业工序情况略有不同，各个长流程企业工序生产情况由 2020 年应急减排清单获得。长流程钢铁企业各工序用电需根据实地及文献调研得到，当数据不足时，长流程钢铁企业各工序用电占比可取值：焦化

9.28%，烧结 8.20%，球团 2.47%，高炉 15.32%，炼钢 9.52%，轧制 21.14%。

钢铁企业典型长流程主要包括焦化、烧结/球团、高炉炼铁、转炉炼钢、连铸和轧钢。在污染物核算中轧钢排放量小，几乎可以忽略不计。

（3）钢铁行业用电及生产负荷关系模型的构建

考虑到钢铁企业的生产特性，研究首先使用聚类分析对企业用电状态进行区分，从而将企业总用电划分为几个电量区间。

研究基于聚类分析对各个钢铁企业总用电数据进行三类分级，分别对应检修时期、稳定生产和非稳定生产时期。根据分档结果，将最高档定义为检修时段，最低档定义为非正常生产时段，中间档为正常生产时段。选取正常生产时间段最大电量，定义为 100% 负荷用电。

考虑到企业不能达到满负荷生产，实际产量会略小于产能。为防止直接构建模型带来误差，需要根据工序产能与产量信息进行修正 [式（8）]，即引入工序修正系数。根据上一步 100% 负荷用电，使用日用电量和工序用电比例得出各工序用电量。各工序用电量乘以修正系数再除以 100% 负荷用电即可得出工序负荷。

$$E_i = E \times I \tag{7}$$

$$X_i = \frac{L_i}{N_i} \tag{8}$$

$$F_i = \frac{E_i}{E_{100\%}} \times X_i \tag{9}$$

式中，E —— 总电量；

I —— i 工序用电比例；

E_i —— i 工序用电；

X_i —— i 工序修正系数；

L_i —— i 工序年产量；

N_i —— i 工序年产能；

F_i —— i 工序用电负荷；

$E_{100\%}$ —— i 工序 100% 负荷用电。

钢铁企业典型长流程主要包括焦化、烧结/球团、高炉炼铁、转炉炼钢、连铸和轧钢。在污染物核算中轧钢排放量小，几乎可以忽略不计。因此基于上述钢铁行业生产与用电关系模型。结合负荷产量进行钢铁行业大气污染物排放预测。基于文献和实际案例，一般生产按 300 d 进行计算，但考虑到唐山市在重污染时段对于炼铁、炼钢等工序有停限产，而烧结工序在高炉之前，不考虑停限产影响，由此结合文献和唐山 2020 年应急减排时段，本研究选取 366 d 为 2020 年烧结工序生产总时间，选取 243 d 为炼铁、炼钢工序生产总时间。

5.1.2 其他行业生产与用电关系模型

水泥生产、玻璃生产、砖瓦生产、焦化行业及陶瓷制品制造工艺流程对于钢铁行业而言较短，且外购电量与企业生产的总用电基本相等。实际调研发现，这些行业的用电均贯穿于其主要生产环节，因此将上述行业合并，建立统一的关系模型。此外，由于企业流程简单，在构建模型的过程中，将整个企业视为整体进行讨论研究通过不同行业典型企业用电信息进行挖掘，发现企业负荷具有明显的阶梯状特征。因此，采用与钢铁行业类似的聚类分析方法进行用电量的分档，并在此基础上假设最高电量对应满负荷，值得注意的是，为了充分体现电力大数据的优势，研究假定不同分档间的电量和负荷函数曲线遵循用电量的变化特征。

（1）企业信息聚类分析

基于聚类分析，利用 python 聚类分析程序对数据进行分类处理，根据结果可知一般处理为四类较为合适。

当前实际为水泥行业实例，该企业生产状态大致分为超负荷生产状态、平常生产状态、过渡状态、管控/限产状态四类，基于各自用电分布，可以进一步构建电量-负荷关系模型。

（2）构建用电与负荷关系

假定各个企业以外购电最大值对应 100% 负荷，以此对各企业分档电量上下限进行负荷折算。不同分档间的电量和负荷函数曲线遵循用电量的变化特征。

（3）分档电量数据拟合

对于分档区间内部，对用电量和负荷进行数据拟合，进而确定函数曲线类型。

（4）基于随机森林的其他行业负荷模型

与钢铁行业排放不同，不备有自发电厂，且同一污染行业不同企业之间不存在工序间的重大差异。因此可探究基于电力大数据下的不同行业大气污染物排放模型。根据不同企业间的产品产能、产量及工业总产值等数据，基于随机森林建立的基于电力大数据的行业负荷模型，之后基于排放因子法即可建立相关排放模型，研究拟基于随机森林算法进行模拟计算。

将数据输入到随机森林中，对随机森林进行不断地训练，调整各个参数，使计算结果与数据中输入结果不断接近。之后使用 10% 的特征值进行预测，并与特征值对应的负荷值进行模型验证，以保证数据结果的准确性。

（5）基于排放因子结合负荷构建模型

结合上一步所得作为活动水平数据。通过企业调研和其他环境公开报告等，调查 2020 年唐山市其他大气污染物排放重点行业各企业污染物控制措施安装情况，在此基础上结合《城市大气污染物排放清单编制手册》确定各行业排放因子和污染控制效率。

基于外购电与负荷的重点行业负荷模型所得产量数据作为活动水平，结合排放因子计算所得大气污染物排放量，公式如式（10）所示：

$$E = A \times EF \times (1 - \eta) \qquad (10)$$

式中，E —— 其他大气污染典型行业某企业的大气污染物排放量；

A —— 其他大气污染典型行业某企业活动水平；

η —— 污染物控制减排效率。

5.2 典型气象场类型划分依据

基于温湿场，可以大致判断未来特定时间段内是否易形成污染，再依据研究区域流场条件判断其气象型。通过综合两个判据，研究将 2018—2020 年的污染预警时间段气象场划分为 8 个类型。各气象场类型 1～3 km 高空平均湿度、气温垂直递减率、平均风向和平均风速的判定依据见表 2。

表 2　各气象型气象参数量化范围

气象场型	1～3 km 高空平均湿度/%	气温垂直递减率	平均风向	平均风速/（m/s）
I 型	＜60	＜0	5～6	2～7
II 型	＜60	＜0	3～5	2～7
III 型	＜60	＜0	0～1 和 7～8	0～2
IV 型	＜60	＞0	5～7	2～7

气象分型	1～3 km 高空平均湿度/%	气温垂直递减率	平均风向	平均风速/（m/s）
V 型	<60	>0	0～1 和 7～8	0～2
VI 型	<60	>0	3～5	2～7
VII 型	<60	<0	6～8	2～7
VIII 型	<60	<0	0～2	2～7

注：气温垂直递减率小于零时，出现逆温；风向：0（0°）、1（45°）、2（90°）、3（135°）、4（180°）、5（225°）、6（270°）、7（315°）、8（360°）。

5.3　基于气象分型的污染预警启停时间和范围确定

基于气象分型结果，结合预警措施启停条件，对污染管控时段进行进一步研究。以气象型Ⅳ为例，可知第 1 天需在路南区、丰南区、曹妃甸区进行污染管控，第 2 天、第 3 天则需增加滦南县、乐亭县，第 4 天、第 5 天除迁安市、迁西县、遵化市、海港经济开发区以外，全市均需进行污染管控，直至预测结果显示达到结束条件。

5.4　污染防控措施生产负荷比例确定

结合精准化防控措施生成规范中具体预警及措施生成，可确定重点区域污染预警起始时间。以气象型Ⅰ为例，选取 2019 年 1 月 8—14 日为研究时段，在时空分布方面，第 1 天，除迁安、迁西以外其他均需要进行污染预警，之后全市统一进行污染预警；在行业管控方面，对应红色预警措施，移动源和扬尘源沿用原方案减排比例进行；在工业源方面，迁西县焦化行业、丰润区钢铁行业、开平区砖瓦行业、滦州市陶瓷行业、芦台陶瓷行业、丰南区水泥及砖瓦行业、滦南县陶瓷行业、乐亭县砖瓦行业为非管控行业，可进行自主减排，此外，迁安、迁西、遵化、滦县的 B 级行业与 A 级企业一同进行自主减排，除上述 B 级自主减排以外的其他 B 级企业则仍按原有方案减排比例减排，而其他非保生产行业 C 级及以下企业在更新后的加严比例进行减排。在此基础上，即可对各个企业限产比例进行确定。

5.5　基于减排比例的生产措施落实

"一厂一策"政策下，不同行业企业生产线/设备的管控方案不尽相同。长流程钢铁方面，一般而言，球团生产以炉窑生产为主，分为竖炉、链箅机-回转窑、带式焙烧机等方法，通常情况需要进行保温，故对于球团行业，多半为限值日产量，其他工序则是以转炉工序停产情况为基准进行对应调整；水泥行业则因其较高的颗粒物排放水平，多数情况直接停产；焦化行业则因焦炉不能直接熄炉，以延长结焦时间为主；砖瓦和陶瓷行业则是直接停止生产线为主。

在新污染预警措施下各企业的理论生产负荷水平，为确保预警期间落实相关减排措施的可行性，需对相关生产线理论负荷进行落实——根据负荷和生产线实际工序/设备情况进行措施调整，以此来达到措施可行有据可查。

研究考虑钢铁、水泥、陶瓷、焦化、砖瓦、玻璃六大行业，根据 2022 年唐山市应急减排清单对应行业企业生产线/设备相关设备信息、产能、产量、工业总产值、污染物排放量等数据进行初步收集。

考虑到理论生产负荷在不同行业实际落地执行中的可行性，研究通过向大"取整"的方式进行方案生成。

5.5.1 钢铁行业

考虑到唐山市钢铁企业主要分为长流程钢铁和钢压延企业，因此分开考虑。对于长流程钢铁而言，需对各工序分别考虑。

（1）转炉工序

转炉工序一般是通过限制每座转炉日出钢数实现监管，橙色预警期间一般 B 级企业日出钢数不大于 36 炉，C 级不大于 26 炉，D 级不大于 22 炉；B 级、C 级红色预警期间则分别不大于 32 炉、22 炉，C 级以下直接停产，带动降低整体生产负荷。故结合原有措施下生产负荷和每座转炉日出钢数进行确定。

$$C' = \frac{C}{P} \times P' \qquad (11)$$

式中，C，C' —— 分别为原管控措施条件下和新管控措施条件下的每座转炉日出钢数；

P，P' —— 分别为原管控措施条件下和新管控措施条件下的转炉生产负荷。

（2）烧结工序

独立烧结、球团企业一般在黄色及以上预警期间全部停产，而烧结机一般按需求停产部分生产线/设备。根据原有和现有措施生产负荷与原措施，同样采取取整进行新措施生成。

（3）焦化和球团工序

球团工序一般为竖炉、链篦机-回转窑、带式焙烧机三类生产方式，而焦化一般为焦炉生产，考虑到均需进行保窑生产，故只能通过进行调整每日生产产量进行限制。具体而言，焦炉出焦时间可按式（12）进行延长，而球团工序则按生产负荷和日产量进行进一步限制［式（13）］。

$$L = \frac{L_{max}}{F} \tag{12}$$

$$T' = T \times \frac{B'}{B} \tag{13}$$

式中，L —— 预警措施下焦炉出焦时间；

L_{max} —— 原全负荷生产出焦时间（设计出焦时间）；

F —— 预警期间限产措施下焦炉生产负荷；

T，T' —— 分别为原管控措施条件下和新管控措施条件下的每日球团矿产量；

B，B' —— 分别为原管控措施条件下和新管控措施条件下的球团工序生产负荷。

（4）其他工序

在应急减排措施下，在满足相应停限产比例要求情况时，企业一般根据每座转炉出钢量和出钢炉数合理安排调节对应冶炼设备。故在措施方面一般为自主调节。

（5）钢压延企业

钢压延企业一般除重点优质制造企业采取自主减排措施外，其他企业基本直接停产，直接沿用对应措施。

5.5.2 水泥行业

水泥行业一般包含水泥熟料、粉磨站、矿渣粉、水泥制品等生产行业，研究仅选取其中水泥熟料、粉磨站、矿渣粉等生产行业。

（1）水泥熟料行业

一般通过限制最高日产量进行措施生成，具体而言，对于 A 级企业一般进行自主减排，对于 B 级企业，橙色一般限产为前一年最高日产量的 20%，而红色预警期间直接停产，对于 C 级及以下企业，红色/橙色预警期间均直接停产。最高日产量数据一般来源于应急减排清单统计，对于无最高日产量信息企业，一般以330 d 为生产总天数求取平均日产量代替。协同处理废物企业通常沿用原有措施。

（2）粉磨站、矿渣粉等行业

此类行业一般可对负荷调整做出快速响应，一般而言，对于非引领性企业，通常直接采取停产措施。

5.5.3 玻璃行业

玻璃行业与球团工序类似，一般通过限制日产量进行。通过新措施生产负荷结合应急清单中原日产量信息即可获得限制日产量。

5.5.4 焦化行业

焦化行业可分为焦化部分和化产部分，对于化产部分一般不予考虑，焦化部分则与长流程焦化工序类似，焦炉出焦时间可按式（12）进行延长。

5.5.5 砖瓦及陶瓷行业

砖瓦和陶瓷工序较为类似，均为窑炉生产，对于生产负荷调整难以快速进行响应，同时难以直接监测对应生产负荷，故同样采取取整方式进行生产线停产，见式（14）：

$$Y' = \frac{Y}{Q} \times Q' \tag{14}$$

式中，Y，Y' —— 分别为原管控措施条件下和新管控措施条件下的停产生产线/
设备数；

Q，Q' —— 分别为原管控措施条件下和新管控措施条件下的生产负荷。

5.5.6 车辆运输

道路源车辆运输会带来一定污染，原有措施条件下一般停止使用国四及以下重型载货车辆运输，研究继续沿用车辆运输的相关措施。

5.6 实际生产负荷比例确定

结合上述原有措施实际生产负荷和基于电力数据、电力网络的污染防控措施精确实施技术，即可实现现有污染防控措施落实。由于技术方案中为实现措施的可行性，通常采取取整方法进行处理，这也导致由方案衍生的现有污染防控措施实际实施的生产负荷比例与落实前的理论生产负荷比例有所区别。为实现防控措施监控，则需对落实后的实际生产负荷进行进一步计算。

实际生产负荷通过实际措施计算得来。不同行业需采取不同方法进行计算而来。对于钢铁行业而言，考虑到唐山市钢铁企业主要分为长流程钢铁和钢压延企业，因此分开考虑。对于长流程钢铁而言，需对各工序分别考虑，转炉实际生产负荷由措施落实后的每日出炉量和原措施下每日出炉量进行比较，高炉一般配合转炉负荷调整进行自主减排，则高炉的实际生产负荷与转炉一致。烧结工序则是结合工序实际产能进行确定，即通过停产后的烧结总产量与每日产量进行比较。焦化、球团工序一般实际生产负荷和理论一致，故无须进行进一步确定。其他工序则是自主减排，直接以 100%负荷计算。钢压延钢铁行业除部分自主减排企业外一般直接停产，故非自主减排企业按 0 计算。水泥行业分熟料生产和水泥生产，熟料生产一般是通过限制最高产量进行负荷限制，则实际生产负荷与理论生产负荷一致，粉磨站一般情况下直接停产，按 0 计算。玻璃、焦化行业与焦化工序限产措施类似，故直接按理论生产负荷与实际生产负荷相等考虑。而对于砖瓦、陶瓷等对于生产线停产的行业而言，实际生产负荷则由停限产后实际生产的生产线数与正常生产状态下的实际运行生产线数相比而得。由此可匹配不同污染防控措施下实际企业用电负荷。

5.7 96 点数据处理

本方案基于电网公司数据中台，将研究企业 96 点电力数据接入数据中台，基于数据处理加工技术，将 96 点电力数据处理成小时数据。电力数据中的异常数据，通常在经过数据分析后会发现某些字段的一些属性值会与其他大部分属性值存在极大差异，我们便定义这部分数据不合理。这部分数据如果未经处理，将它们和其他正常数据混淆在一起，会放大数据噪声进而影响如负荷预测等应用。本方案考虑在识别出异常值后，采取直接删除异常值的方法删除异常值，删除后该值视作缺失值，再具体研究缺失值问题。因此，本项目研究以 3σ 判别法分析去除异常值的效果，完成异常值去除工作。因在电力数据采集过程中，由于智能电表故障、数据传输信道阻塞等因素，会造成电力数据的不规则缺失现象，表现为缺失数量多少和出现的时间点均不明确。当缺失量达到一定规模时，简单删除会造成大量的信息损失。研究电力数据补全方法能有效提升电力数据质量，提高电力数据在电力负荷预测、区域性电力调配及重点用电单位监测等诸多领域的实际应用价值。因此通过基于动态时间规整-K 近邻算法（DTW-KNN）预处理的方法完成整个数据集缺失填补。

5.8 企业梯度负荷-用电关系构建

在本研究中，结合根据"用电-生产-污染物"模型所得负荷及《唐山市 2020年应急减排清单》获得的不同企业间的产品产能、产量及工业总产值等数据，将开发一种高准确性、可进行未来排放预测的基于电力大数据的行业监测模型。研究拟基于随机森林法进行模拟计算。

5.9 生产负荷实施监控

结合上述模型结果，即可获取典型污染行业不同层级负荷对应电量。通过对企业用电进行监控，可获取对应企业实际负荷数据，通过比对上述研究中提供的实际生产负荷比例，可有效识别企业是否实施对应减排措施。

附录 4　基于电力数据的"煤改电"用户电采暖使用实时监控技术方案

1　系统技术设计

　　唐山市基于电力数据的"煤改电"用户电采暖使用实时监控技术方案构建如下：随着清洁化取暖的不断进步和智能化水平的提高，"煤改电"用户监控系统已成为政府部门提升管理效率的重要手段。本用电监控技术方案旨在设计一套全面、高效、智能的"煤改电"用户监控系统，通过对企业用电数据的实时采集、分析和处理，实现用电情况的实时监控、异常预警和能效优化，从而帮助提高政府部门决策效率，提高能源利用效率。整体涉及含 3 层，即硬件资源层、数据资源层、软件平台层。硬件资源层、数据资源层负责实时采集用电数据，并对采集到的数据进行清洗、分析和处理；软件平台层负责实现异常预警、能效优化建议等功能，此后数据展示层负责将处理后的数据以直观的形式展示给用户（图 1）。监控模块监控当前区域电采暖设备使用情况，包含 5 个单元，见图 2。

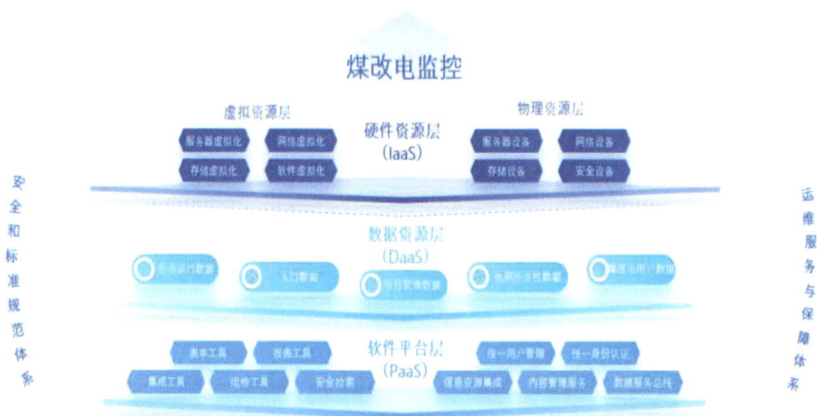

图 1　系统总体技术架构

"煤改电"识别与监控平台

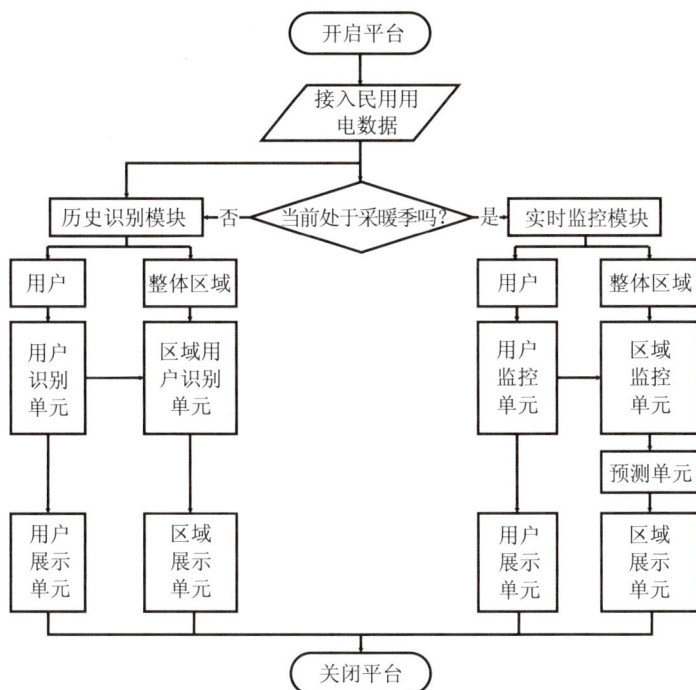

图 2　整体功能设计

2　系统技术需求设计

（1）实现实时数据采集功能：系统需能够实时采集企业内各类用电设备的用电数据，包括电压、电流、功率、电量等。

（2）数据处理与分析：系统需具备强大的数据处理能力，能够对数据进行清洗、筛选、聚合等操作，并通过分析算法提取出有价值的信息。

（3）异常预警：系统应具备异常预警功能，能够及时发现用电异常，如电压波动、电流过载等，并及时发出预警通知。

（4）能效优化建议：基于数据分析结果，系统应能够为电网公司、政府部门等提供煤改电用户情况，包括但不限于用户用电情况、采暖情况，以动态调控冬季用电负荷调配。

（5）报表生成与展示：系统应支持生成各类用电统计报表，并能够以图表、曲线等形式直观地展示"煤改电"用户用电情况。

本研究目标是做到煤改电用户的实时监控,即做到整个区域内所有用户的电采暖设备启用率的实时监控,以预测区域未来 1 h 内电采暖备开启率。整体对电采暖设备启用统计指标分析,对电采暖设备启用信息做出连续、准确的有效展示,从数据角度为煤改电相关工作提供参考依据。

3 系统模型设置

3.1 用户识别

依据预先分析,数据中存在一些特殊用户,现已表明数据中包含农村居民工商业、公共设备、变压器等特殊用户名称,利用相关技术手段精准识别"煤改电"用户,有助于做好"煤改电"用户统计工作。

3.2 电采暖设备最低开启功率判别

图 3 为研究地区内某户长期使用电采暖设备用户,依据图中分析可知,采暖季和非采暖季用电时间曲线存在较为明显的差异,各时刻采暖季电量同比大于非采暖季。该用户采暖季各时刻电量平均超出非采暖季 6 kW·h,依据更多样本实地调研结果,分析得出唐山地区电采暖设备平均功耗为 7 kW。

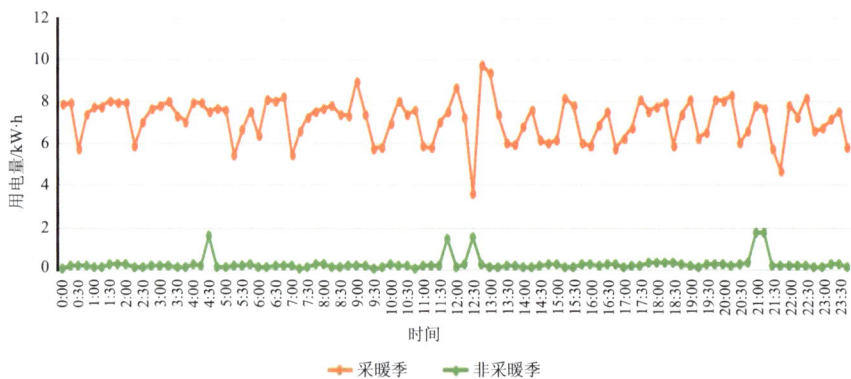

图 3 长期开启"煤改电"典型用户

图 4 为唐山地区实地调研获取的电采暖设备参数,该设备参数为额定功率 8 kW,即开启电采暖额定功率供暖单小时用电量至少应上升 8 kW·h。"煤改电"工程实施后,农村采暖电器如储能式电暖器,空气源热泵系统被农村地区大量使

用，较少使用直（蓄）电采暖炉，且由于地区差异，不同地区"煤改电"功率存在一定差异，由于气温、采暖面积和频繁启停等因素影响，实际功率会较额定功率偏差约为 30%。由上述分析可知，电采暖设备的开启需要满足一定的功耗条件。电采暖设备的具体参数可由实地调研与本地区实际情况相结合，设置采暖季电采暖设备开启电量阈值。在本案例中，实地调研得出电采暖设备开启功率综合为 7 kW·h，实际功率阈值设定为 7×（1–0.3）=4.9（kW·h），即开启电采暖设备小时用电量应上升 4.9 kW·h。

图 4　实地调研采暖设备功耗样本

3.3　模型参数设置

全年用电可由气温粗略划分为 3 个季节，依次为采暖季、空调季与过渡季。采暖季指每年的 11 月 15 日至次年的 3 月 15 日，空调季基本集中在 7 月、8 月、9 月，其中 10 月为过渡月份，依据该区域电量分析，该时段基本停用空调，整体负荷不高，如图 5 所示。

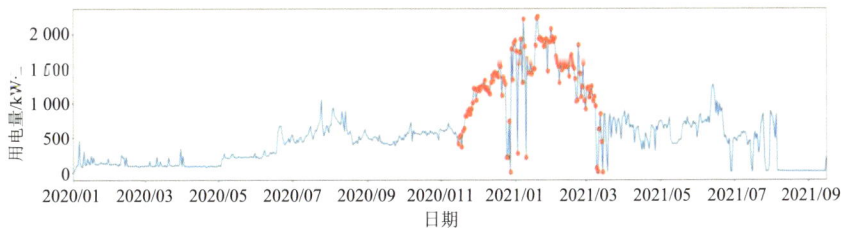

图 5　样本区域用电情况展示

非采暖季基准曲线设置，设置过渡季（10月1日—11月15日）的小时平均用电曲线为非采暖季基准曲线，此曲线包含了该用户在非采暖季的正常用电特征，且能忽略一些特殊状态（如全天外出）。启用"煤改电"用电曲线，以非采暖季基准曲线为准，开启电采暖设备后单小时用电量应至少增加4.9 kW·h，即非采暖季基准曲线加上电采暖设备开启功率。理论上气温越低，电采暖设备开启率越大，用电量越高，用电量与气温变化呈现一定的负相关关系。可以依据小时用电情况逐日识别当日生活状态。

• 房屋空置状态，该房屋全天无人且无耗电设备，不构成使用"煤改电"条件，此条件可识别长期空置用户。

• 全天外出状态，全天电量波动不大，小时最大最小差值小于0.2 kW·h，且最高用电量较小（暂定小于0.1 kW·h），判定为外出状态，不构成使用"煤改电"条件。

• 居家生活状态，正常用电且曲线中包含生活用电的峰谷特征。采暖季期间，当日是否开启电采暖设备可依据以下条件判断，依据分析确定煤改电最低开启功率，如果使用，该时刻电量应超过非采暖季同比上升4.9 kW·h以上，汇总当日"煤改电"使用时长，如图6所示。

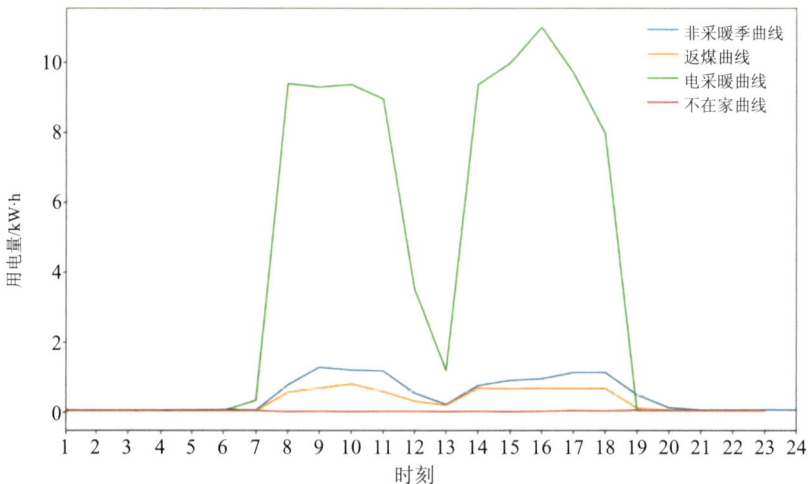

图6　各生活状态曲线对比

4 "煤改电"监控模块展示

4.1 用户监控单元

本单元能有效地从原始数据中提取实时用电信息,计算非采暖季基准用电曲线,并计算采暖季开启电采暖电量阈值。

4.2 用户展示单元

该单元接收来自用户监控单元的实时数据,能实时展示用电小时用电信息,并展示理论开启电采暖应有的电量使用水平,较为直观地反映用户的使用情况,下方表格以文字形式展示最新 3 h 内电采暖使用情况,见图 7。

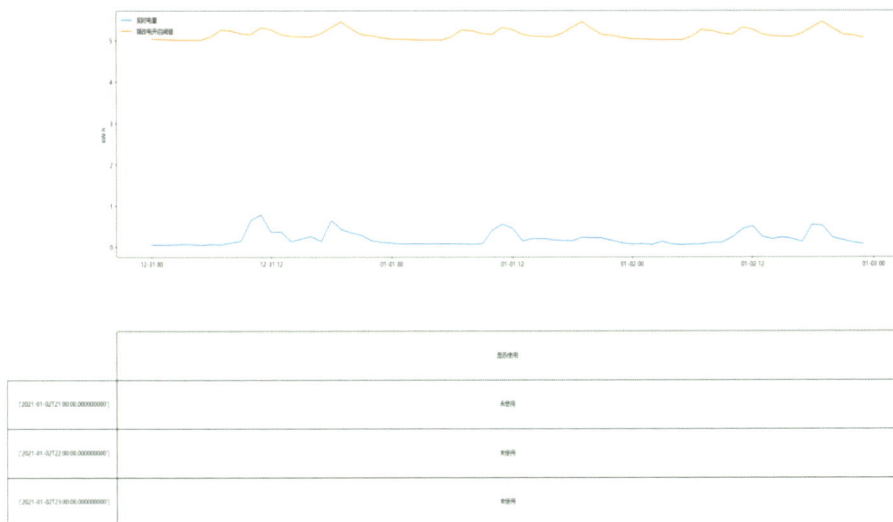

图 7 用户实时监控展示单元

4.3 区域监控单元

区域监控单元汇总来自用户监控单元参数,如表 1 所示,重点参数为电采暖设备是否使用。依据数据统计,汇总区域内用户数,用户平均使用率,采暖期间开启电采暖设备占比等,传输到预测单元与区域展示单元。

表 1　电采暖设备监控

用户	当前是否使用	前 1 h 是否使用	,,,,	前 72 h 是否使用
A	未使用	未使用	,,,,	未使用
B	未使用	未使用	,,,,	使用
C	未使用	使用	,,,,	使用
D	未使用	未使用	,,,,	使用
E	未使用	未使用	,,,,	未使用
F	未使用	未使用	,,,,	未使用
G	未使用	未使用	,,,,	未使用
H	未使用	未使用	,,,,	未使用
I	未使用	未使用	,,,,	未使用
J	未使用	未使用	,,,,	使用
,,,,	,,,,	,,,,	,,,,	,,,,
整体使用率	0	1%	,,,,	3%

4.4　预测单元

预测单元接收来自区域监控单元的整体使用率数据,并预测未来 1 h 内的区域使用率。预测模型使用 BP 神经网络,输入为过去的 72 h 整体使用率,输出为未来 1 h 使用率。

4.5　区域展示单元

展示该区域 72 h 实时用电监控曲线,见图 8,曲线可以反映基础的区域生活用电规律,用电高峰基本集中在晚间休息时段,电采暖设备在此期间开启可能性最高。

通过区域监控模块与预测模块得出数据,绘制区域内电采暖设备使用率监控图,见图 9。电采暖设备时间基本为晚 20:00—24:00,开启率为 1%~3%,电采暖设备使用率较低。当前时刻"煤改电"开启率为 0,下一时刻开启率预测为 0。

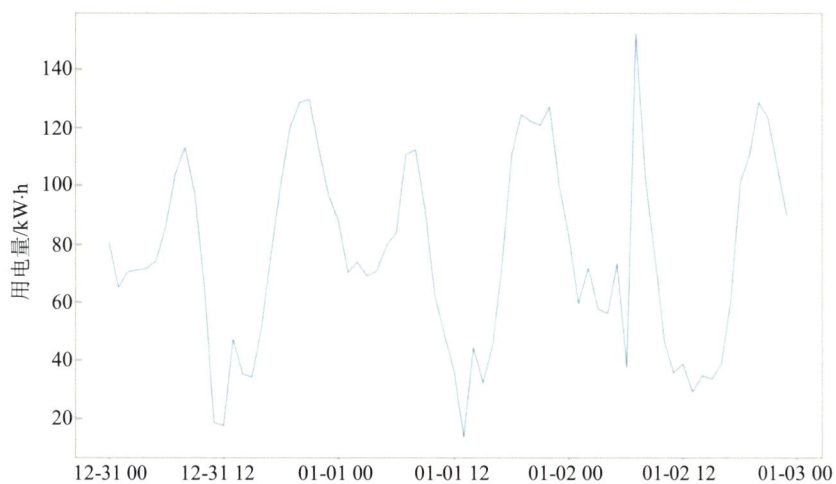

图 8　区域电量监控示意图

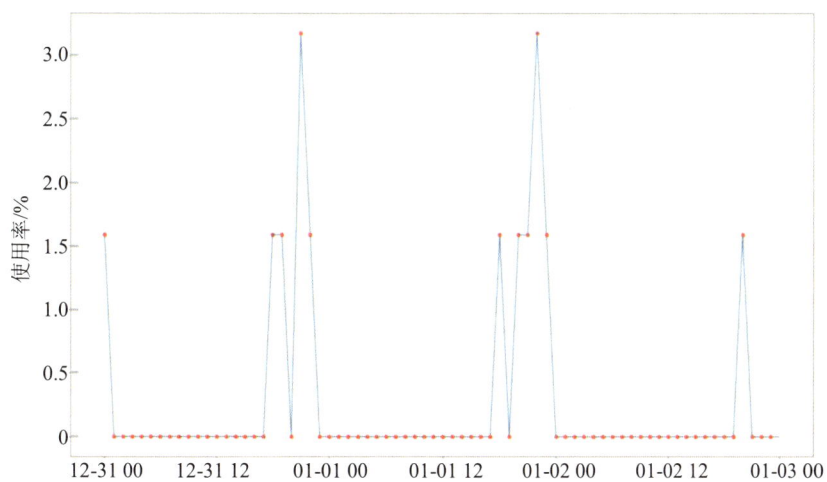

图 9　区域电采暖设备使用率监控